Dr. Elisabeth Ewald Dr. Ernst Venzl

PFLANZENKUNDE

2. Band

Bayerischer Schulbuch-Verlag München

Bildnachweis: Dr. W. Achtrich S. 126 — AEG-Zeiss S. 205 — Prof. Dr. R.-E. Bader, Hygiene-Institut der Universität Tübingen S. 202 — Bavaria-Verlag S. 54 links, 160 links — Bild der Wissenschaft, Deutsche Verlagsanstalt S. 241 oben links, 241 unten — L. Binder S. 217 — R. Drews S. 169 — E. Fischer S. 115 rechts, 129 oben links, 175 rechts — Fischer Lexikon, Biologie Band I S. 138, 176 — N. Herrmann S. 127, 128 rechts, 129 unten links, 129 unten rechts, 130 rechts, 135 links — Institut für Bild und Film S. 193 oben rechts, 206 links, 206 rechts, 210 links — Dr. Kinder S. 193 oben links — laenderpress S. 131 rechts, 133 rechts — Dr. W. J. Lorch S. 135 Mitte — „n+m" Böhringer & Söhne S. 240, 241 oben rechts — Missionsanstalt Neuendettelsau S. 128 links, 129 oben rechts, 130 links, 131 links, 132, 133 links — Dr. H. Pirson S. 128 Mitte — Dr. H. Reumuth S. 210 Mitte — H. Schaffer S. 115 links, 96 rechts — K. O. Schmidt S. 129 unten Mitte — K. Strüwe S. 210 rechts — Virus Laboratory, University of California, Berkeley S. 204 — Prof. Dr. H. Walter S. 129 oben Mitte — Zimmermann, Phylogenie der Pflanzen, G. Fischer, Jena S. 246. Die übrigen Aufnahmen stammen von Dr. Elisabeth Ewald.

1983
7. Auflage, 1. unveränderter Nachdruck

Textillustration: Hildegard Christ, Jürgen Ritter (S. 218, 219, 220, 224/225, 226, 227)
Einband: Karl Peschke
Offsetreproduktion: Reprotechnik Fockner, Nürnberg
Satz und Druck: Hanns Lindner, München
Bindearbeiten: Conzella, München
ISBN 3-7627-4074-7

Inhaltsverzeichnis

Laubbäume

Beobachtungen im Winter und Vorfrühling

Laubbäume sind auch nach Abwurf ihres Laubes an vielen Merkmalen zu erkennen. So können an ihren Zweigen noch vereinzelt dürre Blätter hängen, gelegentlich auch Früchte. Ferner fallen die unterschiedlichen Stamm- und Kronenformen auf, die Beschaffenheit der Rinde sowie Form und Anordnung der Laubknospen. Oft sind auch schon vor der Laubentfaltung die Blütenstände zu erkennen.

1. **Blätter:** Tief eingebuchtete Blätter sind kennzeichnend für die *Eiche,* ganzrandige oder flachwellig gebuchtete für die *Rotbuche* (achte auch auf das Fallaub unter den Bäumen).

2. **Früchte:** Die paarigen, geflügelten Früchte des *Spitzahorns* bilden einen stumpfen, die des *Bergahorns* einen spitzen Winkel (s. S. 8 und 20). An flachen Nüßchen mit langen, zungenförmigen Flügeln erkennt man die *Esche.* Bei der *Linde* entspringen

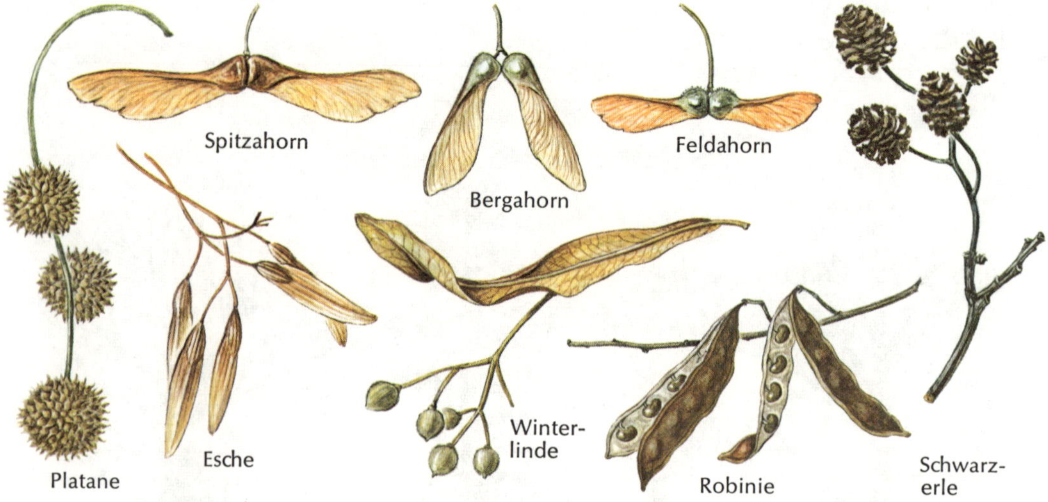

mehrere langgestielte, runde Nüsse an einem zungenförmigen Hochblatt. Die kugeligen, stacheligen Früchte der *Platane* hängen an einem auffallend langen Stiel herab. Kleine, holzige, braune Zapfen stehen an den Zweigenden der *Erle*.

3. **Stämme:** Am weißen Stamm erkennt man die *Birke,* am gedrehten die *Weiß-* oder *Hainbuche.* Die *Rotbuche* besitzt einen glatten, silbergrauen Stamm. Bei der *Eiche* fallen die rissige Borke und die knorrigen Äste auf. Der hohe Stamm der *Pyramidenpappel* trägt steilaufragende Zweige. Die Borke der *Platane* löst sich in großen Stücken vom Stamm ab.

4. **Knospen:** Die sehr spitzen Knospen der *Rotbuche* sitzen an »geknieten« Zweigen. Die schwarzen Knospen der *Esche* sind gegenständig, wie auch die auffallend dicken, harzigen Knospen der *Roßkastanie.* Die hochwüchsige *Schwarzpappel* trägt glänzendbraune Knospen, die der *Erle* sind gestielt. Bei der *Ulme* sind die wechselständigen Knospen an leicht geknieten Zweigen zweizeilig angeordnet.

5. **Blütenstände:** Knospenförmige Blütenstände mit »roten Federbüscheln« und langgestreckte, stäubende Kätzchen finden wir an der *Hasel,* silbergraue, samtartige, aufrechte Kätzchen mit Staubbeuteln oder mit gelben Narbenköpfen an der blühenden *Weide.* Lange, bewegliche Kätzchen und rötliche Zapfen besitzt die *Erle.* Die *Ulme* trägt dichte Büschel unscheinbarer, zwittriger Blüten. Die langen, beweglichen Kätzchen der *Pappel* enthalten entweder Staubblätter oder Stempel.

Birke

Rotbuche

Hain- oder Weißbuche

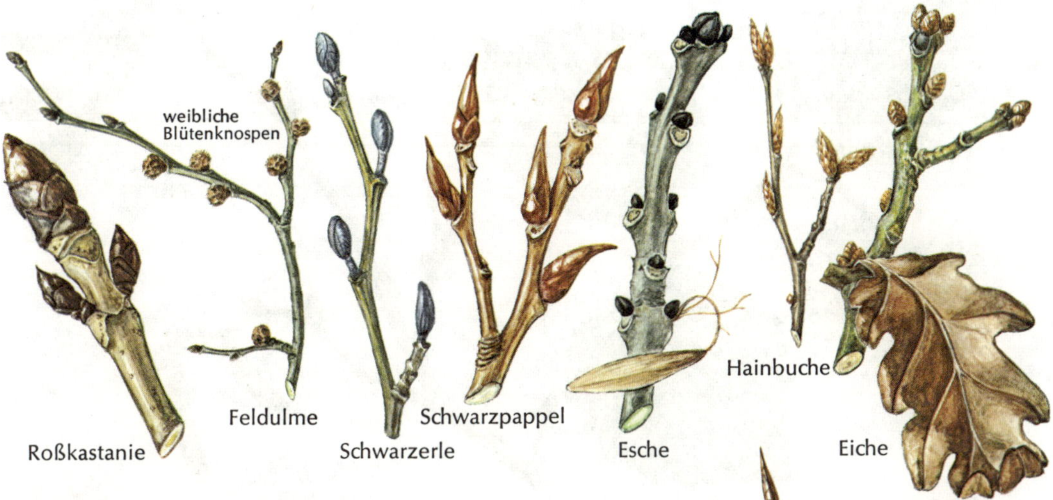

Familie: BIRKENGEWÄCHSE

Die Hasel (Corylus avellana)

Die Waldhasel wächst an Hecken, Berghängen und lichten Stellen unserer Laubwälder, besonders an Waldrändern. Der buschige Strauch wird 3 bis 7 m hoch. Er ist unempfindlich gegen Frost und steigt in den Alpen mitunter fast bis zur Baumgrenze empor.

Wiederholungs- und Beobachtungsaufgaben: 1. Aus welchen Teilen besteht die vollständige Blüte? — 2. Welche Teile sind zur Fruchtbildung unbedingt nötig? — 3. Welche Aufgaben erfüllen die anderen Teile? — 4. Schneide im Spätherbst einige kätzchentragende Haselzweige schräg ab, stelle sie ins Wasser und beobachte, wie sich im warmen Zimmer die Blüten entwickeln. (Wasser regelmäßig erneuern, Zweige jede Woche kürzen.)

Der blühende Strauch: Im Winter sehen wir an den rutenförmigen Zweigen neben kleinen bräunlichen Knospen walzenförmige Gebilde aus fest aneinandergelegten, bräunlichen Schuppen. Sie stehen steif vom Zweig ab. In den ersten warmen Frühlingstagen, manchmal schon Ende Februar, strecken sie sich bis auf das Dreifache der ursprünglichen Länge, werden biegsam und geschmeidig und hängen lose nach unten: *Kätzchen.* Die an langer Achse sitzenden schuppenförmigen Blätter rücken auseinander. Es sind Deckblätter, die zwei zarte Hochblättchen und acht Staubbeutel schützend bedecken. Allerdings finden wir keine Stempel und keine echte Blütenhülle. Diese unvollständigen Blüten werden als *Staubblüten* oder *männliche Blüten* bezeichnet (vgl. Gurke, Bd. I). Sie sind zu einem Blütenstand, dem Kätzchen, vereinigt. Zwischen den braunen Laubknospen finden wir stets Knospen, aus denen ein kleiner roter »Federbusch« herausragt. Öffnen wir sie, so erkennen wir zwischen winzigen Laubblattanlagen grüne schuppenförmige Deckblättchen, an deren Grund je zwei Stempel entspringen. Der Fruchtknoten ist von zwei bis vier zerschlissenen Hochblättern umgeben und trägt zwei rote Griffel. Die fedrigen Narben ragen aus der Knospe heraus. Die inneren Teile dieser *Stempelblüten* oder *weiblichen Blüten* werden durch die Blattanlagen und die derben Knospenschuppen geschützt (Abb. S. 10).

Hasel

Die männlichen Blüten stehen in anderen Blütenständen als die weiblichen, beide sind also voneinander getrennt. Da sie nur Staubblätter oder nur Stempel enthalten, bezeichnet man die Blüten als *getrenntgeschlechtig* oder *eingeschlechtig*. Die Hasel ist eine *einhäusige Pflanze*, weil sich sowohl Staub- als auch Stempelblüten an ein und demselben Strauch entwickeln.

Die Hasel, ein Windblütler: Aus den biegsamen Kätzchen schüttelt der Wind ganze Wolken von trockenem, leichtem, gelbem Blütenstaub. Die fedrigen Narben sind vorzügliche »Staubfänger« und werden so durch den Wind bestäubt. Um diese Jahreszeit fliegen noch sehr wenige Insekten. Sie würden den Weg zu den unscheinbaren Blüten kaum finden, da diese keinen Nektar enthalten und keinen Duft verbreiten. Die verblühten Staubkätzchen fallen als Ganzes ab.

ÜBERLEGUNGEN: 1. Die Hasel blüht, ehe sich ihre Blätter entfalten. Weshalb ist das günstig für die Pflanze? — 2. Warum sind die rutenförmigen Zweige für die Bestäubung vorteilhaft? — 3. Welche Eigenschaften der Blütenstände sind für die Windbestäubung günstig?

Blätter: Einige Wochen nach der Blüte entfalten sich die Blattknospen. Bäume, die vor der Laubentfaltung blühen, nennt man *vorblühend*. Die großen Blätter sind rundlich-eiförmig und besitzen einen herzförmigen Grund. Ihr Rand ist doppeltgesägt. Die Blattfläche ist drüsig behaart.

Frucht: Aus den 8 bis 16 Stempeln einer Knospe entwickeln sich in der Regel nur 2 bis 5 zu Früchten (warum wohl?). Die Haselnüsse sind Schließfrüchte mit harter Schale. Sie enthalten nur einen Samen. Jede Nuß steckt in einer Hülle, die sich aus den grünen, gefransten Hochblättern der Stempelblüte entwickelt. Eichhörnchen, Eichelhäher und Spechte holen die Nüsse erst, wenn sie reif sind und sich leicht aus der bitterschmeckenden Hülle lösen. Die Eichhörnchen vergraben die Früchte oft, ohne sie später wieder zu holen. Auch die Häher tragen zur Verbreitung der Hasel bei.

Aufgaben: 1. Zerquetsche einen Kern auf saugfähigem Papier. Halte das Papier gegen das Licht. Beobachtung? — 2. Schabe einen Kern mit dem Messer und gib in einem Gläschen einige Tropfen eines Fleckentfernungsmittels oder »Hofmannstropfen« dazu (Vorsicht, feuergefährlich!). Gieße die Lösung nach einiger Zeit auf Fließpapier, laß das Lösungsmittel verdunsten und halte das Papier wieder gegen das Licht. — 3. Prüfe den »Rückstand« mit Jodlösung. — 4. Spieße einen älteren, trockenen Nußkern an eine Gabel oder dgl. und versuche ihn anzuzünden (Vorsicht!).

Die Kerne enthalten ein helles, mildschmeckendes Öl (bis 60 Gewichtsprozent), außerdem Zucker, Eiweiß und Stärke. Man verwendet sie häufig bei der Herstellung von Backwaren. Die im Handel erhältlichen Nüsse stammen vorwiegend aus Südeuropa und aus der Türkei. Dort baut man vor allem die sogenannte *Lambertnuß* (Corylus maxima) auf großen Flächen an. Pro Hektar kann man über 1000 kg Nüsse ernten. Die Lambertnuß finden wir auch in unseren Gärten neben Zierhaselsorten.

Zur Vermehrung verwendet man am besten die Schößlinge, die in großer Zahl aus den Wurzeln hervorbrechen. Man schneidet sie im Herbst ab, hält sie während des Winters in feuchtem Sand und pflanzt sie im Frühjahr in Gartenerde.

In der mittleren Steinzeit (um 7000 v. Chr.) gab es in Mitteleuropa ausgedehnte Haselwälder. Bereits vor der Zeitenwende nahmen Griechen und Römer den Strauch in Kultur. Heute sind über 100 verschiedene Rassen im Handel. — Bei den Germanen stand der Strauch in hohem Ansehen. Seine Ruten sollten gegen Blitz und Unheil schützen, seine Kätzchen das Vieh vor Seuchen bewahren.

Schädlinge: Der *Haselnußbohrer,* ein kleiner Rüsselkäfer, vernichtet in manchen Jahren einen großen Teil der Früchte. Das Weibchen bohrt mit dem langen Rüssel in die noch weiche Nußschale ein Loch und legt ein Ei an den Kern. Die Einstichstelle verwächst wieder. Wenn die Larve den Samen verzehrt hat, frißt sie sich durch die verholzte Schale und verpuppt sich in der Erde.

Verwandte der Hasel: Die schlankwüchsigen *Schwarzerlen* (Alnus glutinosa) gedeihen an feuchten Stellen. Sie begleiten vor allem die Wasserläufe. Wie die Hasel blühen auch sie im zeitigen Frühjahr. Die leicht beweglichen männlichen Kätzchen stehen am gleichen Baum wie die rötlichen Zapfen der Stempelblüten. Die Deckblätter des weiblichen Blütenstandes verholzen später, und im Herbst fallen die kleinen Nüsse heraus. Die leeren Zapfen bleiben meist bis zum nächsten Frühjahr an den Zweigen. Die Blätter sind denen der Hasel ähnlich, aber oben abgestutzt und kahl.

Weißbirken

Schwarzerlen

An den rutenförmigen, biegsamen Zweigen der *Weißbirke* (Betula pendula) hängen zur Blütezeit die geschmeidigen Staubkätzchen. Meist am gleichen Zweig stehen die kleineren, steifen Stempelkätzchen. Im August liegen die winzigen, geflügelten Nüsse und die dreieckigen Deckschuppen in Mengen unter den Bäumen. Die gesägten, dreieckigen bis rautenförmigen Blätter der Birke sind anfangs mit stark duftendem Harz überzogen (Maien). Der Baum ist äußerst anspruchslos. Er gedeiht noch auf reinen Sandböden, im Moor und in der dürftigen Erdkrume der skandinavischen Gebirge. Dort wächst auch die sehr ähnliche *Moorbirke* (B. pubescens).
Eine große dreilappige Deckschuppe dient den kleinen Nüssen der *Weiß- oder Hainbuche* (Carpinus betulus) als Flugapparat. Ihre eiförmigen Blätter sind im Gegensatz zu denen der Rotbuche doppelt gesägt (Abb. S. 21). Hainbuchenhecken pflanzt man als »lebende Zäune«.

Merkmale der Familie Birkengewächse

Die windblütigen Bäume und Sträucher besitzen eingeschlechtige Blüten, die man stets auf der gleichen Pflanze findet. Sie sind also einhäusig. Die Früchte sind Nüsse. Die leichten, geflügelten werden durch den Wind verbreitet, die schweren, nährstoffreichen durch Tiere.

Schwarzerle

Blühender und fruchtender Zweig der Hainbuche

Salweide

Familie: WEIDENGEWÄCHSE

Die Salweide (Salix caprea)

Als Bäume oder Sträucher gedeihen die anspruchslosen Weiden an feuchten Orten, besonders an Gräben und Flüssen. Sie kommen aber auch im Laubwald vor. Baumartige Weiden verzweigen sich schon in geringer Höhe über dem Boden, der gedrungene Stamm ist häufig krumm gewachsen.

AUFGABEN: 1. Stelle im Winter Weidenzweige ins warme Zimmer und beobachte die Entwicklung der Knospen. Schneide die Zweige von verschiedenen Sträuchern. — 2. Wieviele Deckschuppen findest du an jeder Knospe? Wie sind sie beschaffen? — 3. Schneide einen beblätterten Weidenzweig ab, stelle ihn ins Wasser und beobachte die Wurzelbildung.

Blüten: Eine einzige derblederige, gewölbte Schuppe schützt während des Winters die dicken Blüten- und die schlanken Blattknospen. Sie wird bei der Entfaltung der Knospen beiseite gedrängt und fällt ab. Die Blüten stehen in Blütenständen. Sie sind in einen dicken Pelz weicher Haare eingehüllt (»Palmkätzchen«), denn jede Einzelblüte steht in der Achsel eines dicht behaarten, schuppenförmigen Hochblattes. Bei der Hasel finden wir männliche und weibliche Blütenstände auf ein und derselben Pflanze, niemals aber bei der Weide. Am Grunde der Hochblätter entspringen entweder zwei langgestielte, goldgelbe Staubbeutel *oder* ein grünlicher, flaschenförmiger Stempel mit goldgelber Narbe. In jeder Blüte liegen am Grund zwei Nektardrüsen. Die Staubblüten bilden dicke, eiförmige Blütenstände, die Stempelblüten lange und walzenförmige. Die leuchtendgelben Staubblüten und die Stempelblüten mit ihren gelben Narben sind recht auffällig. Da die getrenntgeschlechtigen Blütenstände auf verschiedenen Sträuchern stehen, bezeichnet man die Weide als *zweihäusige Pflanze.*

ÜBERLEGUNG: Welche Unterschiede bestehen zwischen zwittrigen und eingeschlechtigen Blüten, welche zwischen einhäusigen und zweihäusigen Pflanzen?

Bestäubung: Oft wachsen männliche und weibliche Weiden weit voneinander entfernt. Die blühenden Bäume werden bei gutem Wetter von zahlreichen Bienen und

Hummeln besucht, die durch die auffälligen Blütenstände und ihren Duft angelockt werden. Der klebrige Pollen der Staubblüten bleibt an den Haaren der Insekten hängen und wird so auf die Narben der Stempelblüten übertragen. Die Weiden sind also insektenblütig. Aus dem Nektar bereiten die Bienen im Frühjahr den ersten Honig. Der Wintervorrat im Stock ist um diese Zeit meist völlig verbraucht. Man hat daher die »Palmkätzchen« unter Naturschutz gestellt.

Blätter und Zweige: Nach den Blütenknospen entfalten sich an den biegsamen Zweigen die Blattanlagen. Die jungen Blätter sind von einem Flaum feiner Härchen bedeckt, die älteren unterseits graufilzig. Ihr Rand ist wellig gekerbt.

Früchte und Samen: Die männlichen Kätzchen fallen bald ab. Aus den Stempeln bilden sich kleine Kapselfrüchte. Sie springen bei trockenem Wetter mit zwei Klappen auf. Die winzigen, mit einem Büschel feiner Flughaare versehenen Samen quellen hervor und können dann durch den Wind verbreitet werden. Landen sie auf feuchtem Boden, so kleben sie mit ihren Haaren fest. Im Gegensatz zu den Samen der Hasel keimen sie nur am Licht.

Verschiedene Weidenarten bilden häufig dichte Bestände. Merkwürdigerweise entwickeln sich auch dann Samen, wenn die Stempelblüten mit dem Blütenstaub einer anderen Art belegt werden. Überträgt eine Biene z. B. Pollen einer Salweide auf die Narben einer Korbweide, so besitzen die aus den Samen hervorgehenden Pflanzen Merkmale beider Weidenarten. Solche Mischformen nennt man *Bastarde.* Sie treten bei den Weiden sehr häufig auf und sind oft schwer voneinander zu unterscheiden. Weiden lassen sich sehr leicht durch *Stecklinge* vermehren (vgl. Aufgabe 3). Aus den abgeschnittenen Zweigen brechen Nebenwurzeln hervor. Diesen Vorgang bezeichnet man als *Regeneration.* Stecklinge bilden in feuchtem Boden nach kurzer Zeit ein dichtes Wurzelgeflecht, mit dem man Ufer und Dämme befestigen kann.
Die geschmeidigen Zweige der *Korbweide* (S. viminalis) werden zum Flechten von Körben verwendet. Um glatte Zweige zu erhalten, schneidet man die Sträucher alle zwei bis vier Jahre oder man köpft die Bäume. Aus dem Stamm wachsen dann ganze »Besen« rutenartiger, glatter Zweige hervor (Kopfweiden). Ihre Blätter sind schmallanzettlich und wie die der Salweide auf der Unterseite mit grauen Haaren bedeckt. — Die durch Erbänderung entstandene, auffällige »Trauerweide« wird oft als Zierbaum in Gärten und Parkanlagen gepflanzt.

Korbweide

Kopfweide

Schwarzpappel

Fruchtender Zweig der Espe oder Zitterpappel

Verwandte der Weide: Die *Schwarzpappeln* (Populus nigra) wachsen meist zu mächtigen Bäumen heran. Sie werden oft zur Entwässerung feuchter Böden in größeren Beständen angepflanzt. Die *Silberpappel* (P. alba) erhielt ihren Namen von den silbrigen Haaren auf der Blattunterseite. Wie die *Pyramidenpappel* (P. pyramidalis) wird sie als Allee- und Parkbaum angepflanzt. Die *Zitterpappel* oder *Espe* (P. tremula) findet sich als Baum oder Strauch in lichten Wäldern. — Die Pappeln haben langgestielte Blätter. Bei vielen sind die Blattstiele seitlich zusammengedrückt, so daß sie schon vom leisesten Windhauch bewegt werden (»Zittern wie Espenlaub«). Die Blätter werden manchmal mit denen der Birke verwechselt. Sie sind aber kreisrund und gebuchtet (vgl. S. 12). — Wie bei den Weiden stehen bei den Pappeln die Staub- und Stempelblüten auf verschiedenen Pflanzen. Der Blütenstaub aber ist

Trauerweide

Schwarzpappel und Pyramidenpappel

trocken, die Narben sind klebrig und Nektardrüsen fehlen. Die Pappeln werden durch den Wind bestäubt. In Kapselfrüchten entwickeln sich, wie bei den Weiden, Samen mit Flughaaren, die im Mai und Juni reifen. Der Boden unter den Pappeln ist um diese Zeit mit abgefallenen Fruchtständen und zahllosen Samen bedeckt. Die künstliche Vermehrung wird meist durch Stecklinge vorgenommen. Diese erhält man aus Stockausschlägen am Stamm oder am Wurzelhals (Wurzelbrut).

Merkmale der Familie Weidengewächse

Die zweihäusigen Holzgewächse tragen kätzchenartige Blütenstände. In ihren Kapselfrüchten entwickeln sich Samen mit Flugeinrichtungen. Die Weiden werden durch Insekten, die Pappeln durch den Wind bestäubt.

Vergleich von Hasel und Weide

<table>
<tr><th></th><th>Hasel</th><th>Weide</th></tr>
<tr><td>Männlicher Blütenstand (»Kätzchen«)</td><td>hängend
leicht beweglich
trockener, leichter Pollen

Blütenstand unauffällig</td><td>aufrecht
steif
klebriger Pollen
Nektarien
Blütenstand durch Duft und die goldgelben Staubblätter auffallend</td></tr>
<tr><td rowspan="2">Weiblicher Blütenstand</td><td colspan="2">aufrecht, steif</td></tr>
<tr><td>Stempel mit fedrigen, »staubfangenden« Narben

Blütenstand unauffällig</td><td>Stempel mit knopfförmiger, gelber Narbe
Nektarien
Blütenstand durch starken Duft und die goldgelben Narben auffallend</td></tr>
<tr><td>Bestäubung</td><td>durch den Wind</td><td>durch Insekten</td></tr>
<tr><td rowspan="2">Blütezeit</td><td colspan="2">vor der Laubentwicklung</td></tr>
<tr><td>Blätter würden den Pollen »abfangen«</td><td>Blätter würden den Insekten die Blütenstände verbergen</td></tr>
<tr><td>Verteilung der eingeschlechtigen Blüten</td><td>Staub- und Stempelblüten auf der gleichen Pflanze: einhäusiges Gewächs</td><td>Staub- und Stempelblüten auf verschiedenen Pflanzen: zweihäusiges Gewächs</td></tr>
</table>

Stieleiche

Traubeneiche

Familie: BUCHENGEWÄCHSE

Eiche und Rotbuche

Zu unseren wichtigsten bestandbildenden Laubbäumen gehören Eiche und Rotbuche. Ihre Blütenknospen öffnen sich erst im Mai, gleichzeitig mit den Blattknospen. Im Gegensatz zu anderen Kätzchenblühern besitzen ihre Blüten eine Hülle, die allerdings unscheinbar ist. Sie sind einhäusige Pflanzen. Ihre Früchte stehen in holzigen Bechern (Eichelnäpfchen, vierklappige Hülle der Buchecken). Daher bezeichnet man die Familie auch als Becherfrüchtler.

Unsere einheimischen Eichen fallen durch ihre mächtigen Stämme und knorrigen Äste auf. Ihre Borke ist sehr hart und rissig. Die Krone läßt viel Licht durch, denn die Eiche ist ein lichthungriger Baum. Sie kann ein Alter von mehr als 1000 Jahren erreichen.

Die Laubblätter sind anfangs rötlich, werden aber bald grün und derb. Der Blattumriß ist eiförmig, der Rand tief gebuchtet. — Aus den locker stehenden männlichen Kätzchen trägt der aufsteigende warme Luftstrom selbst an windstillen Tagen die leichten Pollenkörner zu den höher stehenden weiblichen Blüten. In dem ringförmigen Blütenbecher steht nur je ein Stempel mit dreilappiger Narbe.

Rotbuche

Spitz- oder Roteiche

Bei der *Stieleiche* (Quercus robur) sind die Blätter kurz- und die Früchte langgestielt. Die Eicheln der *Traubeneiche* (Qu. petraea) besitzen dagegen ganz kurze Stiele, ihre Blätter sind langgestielt. Als Alleebaum wird bei uns jetzt oft die raschwüchsige amerikanische *Spitzeiche* oder *Roteiche* (Qu. rubra) angepflanzt. Ihre Blattlappen sind zu spitzen Zähnen ausgezogen. Die Blätter werden im Herbst prächtig rot.

Die *Rotbuche* (Fagus sylvatica) trägt auf dem glatten, schlanken, silbergrauen Stamm eine mächtige, dichtgeschlossene Krone. Im Sommer herrscht daher im Buchenwald dichter Schatten (Blattstellung?).
Das junge Buchenlaub ist lichtgrün, die zarten, eiförmigen, ganzrandigen oder buchtig gewellten Blätter sind am Rande und auf der Unterseite fein behaart. Später verlieren sie die Härchen, werden fest und dunkelgrün. — Die männlichen Blüten hängen in Büscheln an langen Stielen, die weiblichen stehen aufgerichtet an den Zweigenden.
Der stachelige Fruchtbecher umschließt zwei dreikantige Nüsse, die ölreichen Bucheckern. Er öffnet sich bei der Reife mit vier Klappen.

Die Hain- oder Weißbuche (S. 12) gehört einer anderen Familie an als die Rotbuche.

Die Kätzchen der *Edelkastanie* (Castanea sativa) stehen aufrecht. Am oberen Teil der Blütenachse finden wir nur Staubblüten. Am unteren Teil sind die weiblichen Blüten knäuelartig angeordnet. Wenn nicht Insekten die Blüten bestäuben, fällt der Pollen unmittelbar auf die Narben herab. Die Heimat der frostempfindlichen Pflanze ist Südeuropa. Doch wird sie auch in den warmen Gebieten Südwestdeutschlands als Obst- und Waldbaum angepflanzt. Trotz der späten Blütezeit, im Juni, kommen auch hier die braunen Nüsse (Maronen) noch zur Reife. Sie sind von dem großen, stacheligen Fruchtbecher umgeben. Der Baum ist an den bis 19 cm langen, scharfgezähnten Blättern leicht zu erkennen. — Den Becherfrüchtlern steht der im Mai blühende *Walnußbaum* (Juglans regia) nahe. Er besitzt unpaarig gefiederte, würzig duftende Blätter. Das derbe, grüne Fleisch der Steinfrucht (!) ist ungenießbar. Die »Walnuß« besteht aus der holzigen Innenschicht, die den süßen, ölreichen Samen umschließt. Seine zwei Keimblätter sind merkwürdig gelappt. Der Walnußbaum ist seines wertvollen Holzes und seiner wohlschmeckenden Früchte wegen aus dem Orient eingeführt worden. Er gedeiht bei uns vorwiegend in milden Gegenden.

LAUBBÄUME AUS ANDEREN FAMILIEN

Ulme, Ahorn, Esche

Zu den vorblühenden Bäumen gehört die *Feldulme* oder *Rüster* (Ulmus carpinifolia). Ihre unscheinbaren zwittrigen Blüten erscheinen schon im März. Die rötlichen Staubbeutel stehen auf langen Staubfäden. Die Bestäubung erfolgt durch den Wind. Die Samen der geflügelten Nüßchen sind nur wenige Wochen keimfähig. Die eiförmigen Blätter sind doppelt gesägt. Die Hauptader halbiert das Blatt nicht; die beiden Teile sind verschieden groß, das Blatt ist also wie das der Linde unsymmetrisch. In den letzten Jahrzehnten drohte der Ulmenbestand an einer Krankheit zugrunde zu gehen, die durch einen winzigen Pilz hervorgerufen wird. Manche Bäume haben sich aber der Krankheit, dem »Ulmensterben«, gegenüber widerstandsfähig erwiesen. Aus ihnen hat man durch Züchtung »pilzfester« Sorten den Ulmenbestand erneuert.

Der *Spitzahorn* (Acer platanoides) blüht im April. Seine schön geformten, fiedernervigen Blätter entfalten sich erst nach der Blüte. Sie sind meist fünflappig und grob gezähnt. Die Blüten stehen in Doldentrauben. Obwohl Kelch und Krone unscheinbar gelblichgrün gefärbt sind, fallen die Blütensträuße an dem noch kahlen Baum schon von weitem auf. Eine ringförmige Verdickung des Blütenbodens sondert Nektar ab, der die bestäubenden Insekten speist. Wie die Roßkastanie hat der Spitzahorn neben zwittrigen Blüten auch rein männliche. Die Frucht spaltet sich beim Reifen in zwei geflügelte Nüsse. Die beiden »Teilfrüchte« bilden einen stumpfen Winkel. — Auch der *Bergahorn* (A. pseudo-platanus), der in unseren Gebirgswäldern heimisch ist, wird wie der Spitzahorn gerne als Alleebaum gepflanzt. Durch locker herab-

hängende Blütentrauben, fünflappige, gesägte Blätter und im spitzen Winkel stehende Teilfrüchte unterscheidet er sich vom Spitzahorn. — Der kleinblättrige *Feldahorn* (A. campestre) wächst meist strauchförmig, besonders an Hecken und im Gebüsch. Er hat ganzrandige, fünflappige Blätter.

Die *Eschen* (Fraxinus excelsior) blühen im April und Mai, ehe sich die großen, unpaarig gefiederten Blätter entfalten. Ihre Blüten sind wie die aller Windblütler unscheinbar. Auffallend sind dagegen ihre langgeflügelten Früchte. Die hochwüchsigen Bäume stehen einzeln oder in kleinen Gruppen in Laubwäldern und Flußauen, ihre Nachbarn oft weit überragend. Auch als Alleebäume werden sie angepflanzt.

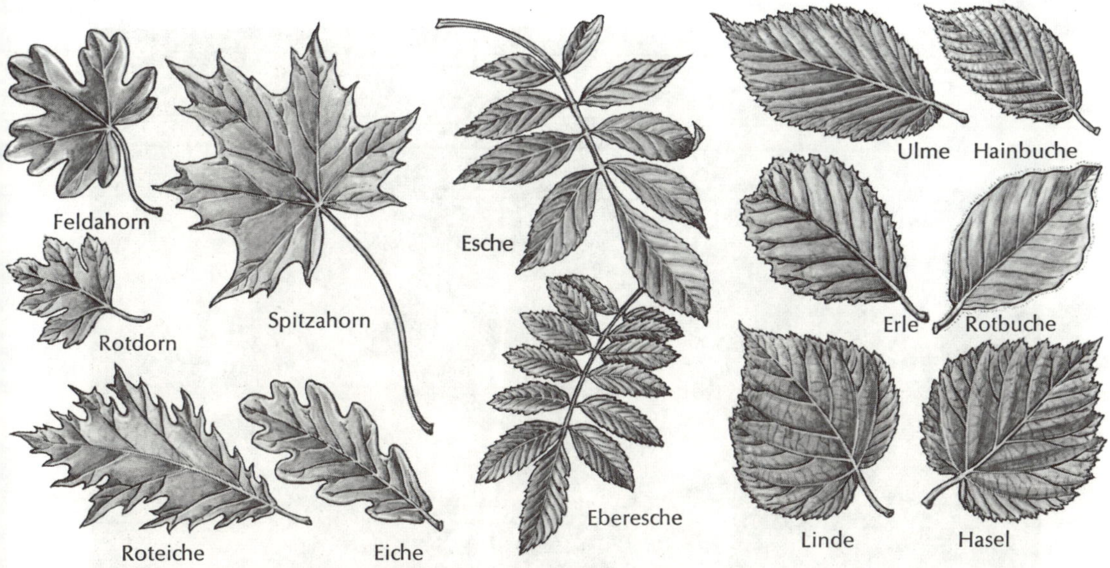

Beobachtungen im Sommer und Herbst

1. Lege eine Sammlung gepreßter Blätter der wichtigsten Laubbäume an.
2. Zeichne sie und beachte dabei genau den Blattrand.
3. Vergleiche Form, Äderung und Rand der Blätter folgender Bäume miteinander: Spitzahorn und Eiche — Rotbuche, Weißbuche und Ulme — Feldahorn und Rotdorn — Birke, Schwarzpappel und Espe — Linde und Ulme — Hasel und Schwarzerle — Esche und Eberesche.
4. Beobachte die Stellung der Blätter an Linden-, Buchen- und Ulmenzweigen.
5. Beobachte die fliegenden Samen von Weide und Pappel. Betrachte den Flugapparat genau und zeichne die Samen mit ihrem Haarschopf. Wie muß der Boden beschaffen sein, damit die Samen haften bleiben und keimen können?
6. Beobachte im Juni die frischen Laubausschläge (Johannistrieb).
7. Welche Laubbäume wachsen in geschlossenen Beständen? Welche stehen verstreut zwischen anderen? Welche eignen sich besonders als Alleebäume?
8. Öffne die Gallen an den Blättern von Eichen, Linden usw. Beobachtung?
9. Unterschiede in der Verfärbung der Blätter von Roßkastanie und Spitzahorn?
10. Lege eine Sammlung getrockneter Früchte an. Welche Früchte werden durch Tiere verbreitet, welche durch den Wind? Anpassungen?
11. Welche Früchte verwendet der Mensch? Wozu?

Herbstlicher Mischwald

Der herbstliche Laubfall

Wenn sich in den Herbstnächten der Boden zunehmend abkühlt, nehmen die Wurzeln immer weniger Wasser auf. Nahe dem Gefrierpunkt wird schließlich die Wasseraufnahme ganz eingestellt. Da die Blätter aber weiter Wasser verdunsten, würde der Baum schließlich austrocknen. Durch das Abwerfen der Blätter wird die Verdunstung stark eingeschränkt.

Ehe die Blätter fallen, tritt eine Verfärbung ein. Das Blattgrün wird abgebaut und mit anderen wertvollen Stoffen, wie Eiweiß und Stärke, in den Stamm transportiert und dort gespeichert. Farbstoffe, die vorher vom Chlorophyll überdeckt wurden, treten nun in Erscheinung. Außerdem entstehen weitere Farbstoffe als Folge der Abbauvorgänge. Unbrauchbare Stoffe werden in die Blätter transportiert und dort abgelagert. Zwischen Zweig und Blattansatz bildet sich ein Korkgewebe. Es trennt das Blatt ab und verschließt gleichzeitig die »Wunde« wasserdicht. Das verrottende Fallaub düngt den Waldboden. Im Frühjahr werden Nähr- und Aufbaustoffe aus den Speicherorganen und dem Boden beim »Saftsteigen« den Blatt- und Blütenknospen zugeführt. Diese haben den Winter im Schutz harziger, derber Schuppen überdauert.

Fällt schon vor der Laubverfärbung Schnee, so können unter der auf den Blattflächen liegenden Last Äste abbrechen. Zu dieser Zeit enthalten die Blätter noch viele wertvolle Stoffe, so daß der Baum erheblich geschädigt wird.

Merke: Der Laubfall stellt eine Maßnahme gegen das Austrocknen während des Winters dar. Wertvolle Stoffe werden in den Stamm abtransportiert.

Überlege, weshalb die »immergrünen« Gewächse wie Efeu, Preiselbeere, Immergrün, Heidekraut und die meisten Nadelbäume ihre Blätter behalten können.

Sträucher und Kletterpflanzen

Üppig wachsendes Strauchwerk bildet am Waldrand einen schützenden Abschluß gegen die offene Landschaft. Auch als Unterholz finden viele Sträucher im Inneren des Waldes noch ausreichend Licht. Kletterpflanzen winden sich an den Stämmen hinauf oder halten sich mit Haftorganen fest.

Im März öffnet der streng geschützte *Seidelbast* (Daphne mezereum) seine duftenden, violetten Blüten, aus denen sich im Herbst leuchtend rote Beeren entwickeln. — Unscheinbar sind die vierzähligen Blüten des *Spindelbaumes* (Euonymus europaea), aus dessen Holz man früher Spindeln fertigte. Im Herbst hängen zwischen den rötlichen, gegenständigen Blättern auffallende, seltsam gestaltete rote Kapseln. Sie haben Ähnlichkeit mit einem Barett: »Pfaffenhütchen«. Ein orangeroter »Samenmantel« umhüllt vier weiße Samen. Auch nach dem Aufspringen der Kapsel bleibt er mit ihrer Mittelsäule verbunden. Die Samen sind giftig, den fleischigen Samenmantel aber verzehren die Rotkehlchen mit Vorliebe. — Vorzügliches hartes Holz liefert der gemeine *Hartriegel* (Cornus sanguinea). Im Herbst trägt er in Doldentrauben angeordnete, blauschwarze Steinfrüchte. Blätter und sogar die Zweige färben sich dann violett bis blutrot. So ist er auch im Winter leicht zu erkennen. — In den Blattachseln des *Pulverholz-* oder *Faulbaumes* (Rhamnus frangula) entspringen rote Steinfrüchte, die sich später schwarz färben. Das Holz hat einen eigenartigen, unangenehmen Geruch. Es liefert die beste Holzkohle zur Herstellung von Schießpulver. — Der *Schneeball* (Viburnum opulus) trägt im Mai und Juni kugelige, weiße Doldentrauben. Die meisten Blüten sind klein und unscheinbar, die unfruchtbaren Randblüten fallen durch ihre Größe auf und dienen als Lockblüten. Die Blätter haben Ähnlichkeit mit denen des Bergahorns, sind aber auf der Unterseite flaumig behaart. Die roten Steinfrüchte werden von den Vögeln verschmäht. — Die *Berberitze* oder der *Sauerdorn* (Berberis vulgaris) ist an den zahlreichen dreiteiligen Blattdornen zu erkennen. Im Herbst fällt der Strauch durch die vielen Fruchttrauben aus langgestreckten,

leuchtend roten Beeren auf. — Sehr verbreitet ist die *gemeine Heckenkirsche* (Lonicera xylosteum). Die gelblichen »Geißblattblüten« (s. u.) stehen paarweise an einem Stielchen, das in der Achsel der gegenständigen Blätter entspringt. Die roten Beeren eines Paares sind meist am Grunde miteinander verwachsen. — Dicht ist das Gewirr der *Himbeer-* und *Brombeersträucher* in den Wäldern. — Vorzugsweise am Waldrand stellt sich die *Hasel* ein. — Die weißen Trugdolden des schwarzen *Holunders* (Sambucus nigra) geben getrocknet schweißtreibenden Heiltee, die schwarzen Beeren werden gekocht verzehrt. Die mit lockerem Mark gefüllten Zweige tragen unpaarig gefiederte Blätter. — Das *Waldgeißblatt* (Lonicera periclymenum) umwindet mit dem schwachen Stamm andere Pflanzen. An Bäumen klettert es bis zur Krone. Die gelben, duftenden Blüten locken besonders Schwärmer an, die durch die lange Blütenröhre zum Nektar gelangen. Die weißblütige *Waldrebe* (Clematis vitalba) klettert mit Hilfe der Stiele ihrer unpaarig gefiederten Blätter. Bei der Fruchtreife werden die zahlreichen Griffel zu gefiederten Flugwerkzeugen. — Wo der immergrüne *Efeu* mit seinem Stamm eine Stütze berührt, entwickelt er »Luftwurzeln«, die mit der Unterlage verwachsen. Die schöngeformten, fünflappigen Blätter dieses Wurzelkletterers sind derblederig. Die blühenden Zweige mit eiförmigen, ganzrandigen Blättern wachsen von der Unterlage weg dem Licht entgegen.

Buchenwald im Frühling

Buchenwald im Sommer

Die Entstehung der Wälder

Während der Eiszeit war ein großer Teil Mitteleuropas von einer bis zu 1000 m mächtigen Eisschicht bedeckt. Vor etwa 30 000 Jahren wurde das Klima wärmer, das Eis schmolz. Im Wechsel von warmen und kalten Perioden (Zwischeneiszeiten), von regenreichen und trockenen Zeiten siedelten sich auf dem freiwerdenden Land verschiedene Pflanzengesellschaften an. Ihre Zusammensetzung änderte sich mit den klimatischen Schwankungen immer wieder grundlegend. Mit Hilfe der Pollenanalyse (s. S. 176) ist es möglich, diese Veränderungen ziemlich genau zu rekonstruieren (Tabelle S. 246).
Überlege, welche Bedingungen zu dem in der Tabelle aufgeführten Wechsel in den Waldformen geführt haben mögen.
Das Waldkleid war um die Zeitenwende durchaus nicht lückenlos. Tacitus berichtet in seinen Schriften von den »lichten Wäldern Germaniens«. Vermutlich war zur Römerzeit ein Viertel der Fläche ohne Waldbedeckung. Rodungen größeren Umfanges erfolgten erst zur Zeit der Karolinger von 700 bis 1300 (Beginn der »Waldbauzeit«). Der Urwald mußte nun den Anbauflächen und den Wiesen Platz machen. Da in Mitteleuropa das Klima für den Wald günstig blieb, stellten sich die verheerenden Folgen der Abholzung, wie sie im Mittelmeerraum zu beobachten waren, nicht ein. In unserem Klima würde jede sich selbst überlassene, ehemalige Anbaufläche bald vom Wald zurückerobert werden. Durch Abholzung und Anpflanzung bestimmter Baumarten entstanden aus den einstigen Urwäldern die heutigen Kulturwälder. Bewirtschaftete Wälder bezeichnen wir als Forste. Nur in einigen Naturschutzgebieten, z. B. im Böhmerwald, ist noch »Urwald« erhalten. Von den heutigen Kulturwäldern sind die Mischwälder in Aussehen und Zusammensetzung dem einstigen Urwald am ähnlichsten.

AUFGABE: Suche Ortsnamen, die sich von Wäldern oder Bäumen ableiten (Postleitzahlenbuch, Atlasregister).

Gegenwärtig ist das Gebiet von Deutschland etwa zu 26% mit Wald bedeckt. Davon entfallen 50% auf die Kiefer und 25% auf die Fichte, der Rest verteilt sich auf Laubgehölze und andere Nadelwaldarten. Die ursprünglichen Wälder waren dagegen überwiegend Laubwälder. Nur auf mageren Sandböden und in klimatisch rauhen Hochlagen breiteten sich Nadelwälder aus. Von etwa 6000 Ortsnamen, die sich von Wäldern und Bäumen herleiten, stehen nur 800 im Zusammenhang mit Nadelwald.

Das Klima im Wald

BEOBACHTUNGSAUFGABEN: 1. Stelle zu verschiedenen Tageszeiten mit dem Belichtungsmesser den Lichtwert im Wald und am Waldrand gegen die offene Landschaft fest. Vergleiche. — 2. Wiederhole diese Messungen zu verschiedenen Jahreszeiten. Vergleiche mit den Ergebnissen von 1. und versuche, die Werte zu deuten. — 3. Stelle durch Messungen mit einem empfindlichen Thermometer den täglichen »Temperaturgang« im Wald und über freien Flächen fest. — 4. Miß die Bodentemperatur in trockenem Sand bei ungehinderter Sonneneinstrahlung und vergleiche sie mit der Temperatur des Bodens im Laubwald. — 5. Bestimme mit einem Hygrometer die Luftfeuchtigkeit im Wald und über freien Flächen. Versuche, die Ergebnisse zu deuten.

Lichtverhältnisse, Temperatur, Feuchtigkeit von Luft und Boden sowie Bodenbeschaffenheit verändern sich unter einzelnstehenden Bäumen nur geringfügig. In dichten Beständen dagegen stellen wir beträchtliche Veränderungen der Klimafaktoren fest.

Das Licht: Licht ist für das Gedeihen der Pflanze äußerst wichtig (s. S. 54). Nach ihrem Lichtbedarf unterscheiden wir Schattenpflanzen und lichthungrige Pflanzen (Beispiele?). — Beim Fotografieren im Wald muß man eine weit größere Blende verwenden als bei Aufnahmen in offener Landschaft. — Der Boden im Innern des Laubwaldes erhält im Durchschnitt nur 2—10% des einfallenden Lichtes, stellenweise sogar weniger als 1%. Auch jahreszeitlich ergeben sich große Unterschiede. Vor der Laubentfaltung im Frühjahr erhält der Boden viel Licht. Während des Sommers verschlechtert sich das »Lichtklima« ständig, da die Blätter mit zunehmendem Alter immer weniger lichtdurchlässig werden.

Die Temperaturen: Auf freiliegenden Flächen kann bei ungehinderter Sonneneinstrahlung die Bodentemperatur bis auf 70 Grad ansteigen. Im Walde liegen im Sommer die Bodentemperaturen meist unter den Lufttemperaturen. Während der Nacht können wir im Wald häufig höhere Temperaturen messen, da die wenig bewegte Luft Wärme speichert. So sind also Luft- und Bodentemperaturen im Wald gegenüber freien Flächen wesentlich ausgeglichener.

Luftfeuchtigkeit und Luftbewegung: Das Innere des Waldes ist windgeschützt. Die Kraft des Windes wird bereits am Waldrand gebrochen. Der Luftaustausch und die Austrocknung des Bodens werden erheblich herabgesetzt. Obwohl ein Teil des Regens bereits durch das Blätterdach der Bäume aufgefangen und abgehalten wird, erhält der Boden genügend Wasser. Die durch Verdunstung entstehende Luftfeuchtigkeit bleibt im Wald besser erhalten als über den freien Flächen. So herrscht im Wald fast immer eine wesentlich höhere Luftfeuchtigkeit als in offenem Gelände. — In der windstillen Bodenschicht des Waldes ist der Gehalt an Luftkohlensäure größer als in der freien Atmosphäre. Dies ist für die Assimilation der hier wachsenden Pflanzen wichtig (s. S. 30).

Boden: Die Beschaffenheit des Bodens erfährt durch die Pflanzen- und Tierwelt des Waldes eine besondere Prägung. Es entsteht die »Walderde« (s. S. 31).

Durch die »Massenwirkungen« der bestandbildenden Bäume werden wichtige Klimafaktoren wie Lichteinfall, Temperatur und Feuchtigkeit des Bodens und der Luft, auch Luftbewegung und Bodenbeschaffenheit entscheidend beeinflußt. Der Wald schafft ein Mikroklima für seine Bewohner und damit die Voraussetzungen für das Gedeihen einer feuchtigkeitsliebenden Pflanzengesellschaft mit geringen Lichtansprüchen. Man spricht auch von »Waldklima«.

Stockwerkartiger Aufbau des Waldes

Urwald im Naturschutzgebiet

Die Stockwerke des Laubwaldes

Im Wettbewerb um das vorhandene Licht entsteht im Laubwald ein »Stockwerkbau«, an dem wir in der Regel vier Schichten unterscheiden können: Boden-, Kräuter-, Strauch- und Baumschicht.

Die Baumschicht

Die Zahl der heimischen Baumarten ist gering, ihr Anteil an der natürlichen Pflanzendecke jedoch bedeutend. Waldbildend treten bei uns vor allem *Eiche* und *Rotbuche* auf. Wo der Mensch keine Forstwirtschaft treibt, sind reine Bestände selten. Das Vorherrschen einer bestimmten Baumart verleiht durchforsteten Wäldern ein besonderes Gepräge. Auch die Tierwelt eines Waldes ändert sich mit der Zusammensetzung seiner Pflanzenwelt. Der Mischwald, besonders der Auenwald, enthält den größten Reichtum an Pflanzenarten und bietet besonders vielen Tieren Unterkunft, Zuflucht und Nahrung.

Wichtige »Begleiter« von Eiche und Buche sind *Weißbuche, Ulme, Esche, Ahorn* und *Birke.* Die folgende Tabelle gibt die Mindestlichtmenge für einige wichtige Laubbäume an (1 = volles Licht):

Esche	bis 1/6	Eiche	bis 1/26	Weißbuche	bis 1/56
Birke	bis 1/9	Feldahorn	bis 1/43	Rotbuche	bis 1/60
Schwarzpappel	bis 1/11	Spitzahorn	bis 1/55		

Esche, Birke, Schwarzpappel und Eiche bezeichnen wir als »Lichtbäume«. Sie wachsen in lockeren Beständen oder am Waldrand, auch sind sie an lichten Waldstellen eingestreut.

An den Außenseiten der Baumkronen steht Licht reichlich zur Verfügung, nach innen zu aber nimmt es rasch ab. Bei manchen Laubbäumen, z. B. Rotbuche, finden sich daher im Innern der Krone größere, wesentlich dünnere, durchscheinende Blätter, die die geringere Lichtmenge besser ausnutzen, die *Schattenblätter.* — Die Baumschicht ist dem Wind am stärksten ausgesetzt. Die meisten der angeführten Arten sind

Windblütler (Ausnahme: Ahorn). Auch ihre Früchte und Samen werden durch den Wind verbreitet, sie tragen daher Flugeinrichtungen (s. S. 117). Nur Eicheln und Bucheckern werden oft durch Eichelhäher und Eichhörnchen verschleppt.
In den Kronen mancher Laubbäume finden sich gelegentlich *Misteln* als Halbschmarotzer (s. S. 65). Bei uns kommen mehrere Rassen vor, die auf bestimmten Wirtsbäumen schmarotzen. Ihre Beeren werden von Vögeln verzehrt, dabei werden auch die klebrigen Samen verbreitet (s. S. 65). — Die Baumschicht dient vielen Vögeln als Brut- und Wohnstätte, z. B. Drosseln, Pirolen, Hähern, Elstern, Krähen und Raubvögeln.

Die Strauchschicht

Die Entwicklung der Strauchschicht ist abhängig vom Grad der Beschattung durch die Baumkronen. Die Artenzahl der einheimischen Sträucher ist wesentlich größer als die der Bäume. Sträucher bilden nicht nur das Unterholz, sie stellen auch die »Pioniergesellschaft« bei der Neubesiedelung unbewaldeter Flächen.
Im reinen Buchenwald fällt durch das dichte Laubdach nur selten ein Sonnenstrahl bis auf den Waldboden. Daher fehlt hier das Unterholz fast völlig. Die Eiche ist dagegen ein lichthungriger Baum und bildet keine geschlossene Krone. So dringt im Eichenwald mehr Licht zum Boden. Hier gedeiht daher viel Unterholz, das zahlreichen Tieren Nahrung und Wohnung bietet.
Die Strauchschicht reicht bis etwa 6 m Höhe. Wichtige Vertreter sind Hasel, Spindelbaum oder Pfaffenhütchen, Hartriegel, Faulbaum, Heckenkirsche, Weißdorn, schwarzer und roter Holunder, Brombeere. Am Waldrand finden sich Himbeere, Schlehe, Weißdorn, Schneeball und Holunder (s. S. 24). Die Grenzhecken bieten Vögeln, die nach Insekten jagen, Nistplätze. Viele dieser Sträucher wachsen in die Breite und bilden ein *Blattmosaik* aus, um das Licht möglichst vollständig zu nutzen. Fast alle werden von Insekten, meist von Fliegen und Bienen, bestäubt. Nur die Hasel, die am Waldrand in größeren Beständen auftritt und schon vor der allgemeinen Laubentfaltung stäubt, ist ein Windblütler. Die Früchte der Sträucher sind meist auffällig gefärbte, saftige Beeren (Beispiele?), *Lockfrüchte.* Sie werden vor allem von Vögeln gefressen, die im dichten Astwerk ihre Nester bauen. Die unverdaulichen Samen werden ausgeschieden und so verbreitet.
Kletterpflanzen, wie Waldrebe, Geißblatt, Hopfen, Efeu und Zaunrübe, reichen bis zur Strauchschicht und dringen teilweise darüber hinaus bis zu den Baumkronen vor, z. B. Efeu und Geißblatt. Sie wurzeln im Boden und arbeiten sich mit dünnen, biegsamen Stengeln an Sträuchern und Bäumen zum Licht empor. Die Kletterpflanzen bedienen sich zum Festhalten der *Ranken,* oder ihre Stengel führen *Windebewegungen* aus (s. S. 59). Mit Ausnahme des Hopfens werden die angeführten Arten durch Insekten bestäubt. Die Verbreitung ihrer Früchte und Samen erfolgt teilweise durch den Wind und teilweise durch Tiere.

Die Krautschicht

Infolge der schlechten Lichtverhältnisse während des Sommers stellt sich am Boden des Laubwaldes eine Auslesegesellschaft von »Frühblühern« und ausgesprochenen »Schattenpflanzen« ein (s. S. 59).

Die Frühblüher wie Maiglöckchen, Salomonssiegel, Einbeere und Schlüsselblume besitzen in ihren Rhizomen unterirdische Vorratsbehälter. Sie können sich daher

vor der Laubentfaltung entwickeln. In *Zwiebeln* halten Schneeglöckchen, Bärenlauch und Blaustern, in fleischigen *Knollen* Scharbockskraut, Lerchensporn und Aronstab (s. S. 112) die zur raschen Entfaltung notwendigen Stoffe bereit. Die Frühblüher besitzen im allgemeinen dünne Blattspreiten, so daß das Licht im ganzen Gewebe genutzt werden kann. — Die Schattenpflanzen haben sehr zarte, oft durchscheinende Schattenblätter. Die geringe Festigkeit dieser Blätter bedeutet keinen großen Nachteil, da ja die Windwirkung hier weitgehend ausgeschaltet ist. Kennzeichnende Vertreter sind Goldnessel, kleines und großes Springkraut, Waldziest und Hexenkraut. Sie alle kommen mit sehr wenig Licht aus und gedeihen daher auch nach der Laubentfaltung gut. Wie die Sträucher bilden viele Kräuter ein »Blattmosaik«. Sauerklee und Springkraut sind der geringen Lichtmenge in besonderer Weise angepaßt. Sie stellen ihre zarten Blättchen durch ständige Bewegungen so ein, daß sie möglichst viel Licht auffangen.

Die Kräuter werden vielfach durch Insekten bestäubt. Ihre Verbreitung besorgen vor allem Tiere. Beeren besitzen Aronstab, Maiglöckchen, Weißwurz und die sehr giftige Tollkirsche. Während sie auf den Menschen giftig wirken, können Vögel sie unbeschadet verzehren. Dabei werden die Samen verbreitet. Eine Reihe von Früchten mit sog. Kletteinrichtungen bleiben an vorüberstreifenden Tieren hängen und werden verschleppt. Beispiele hiefür sind Klebkraut, Hexenkraut, Waldmeister, Zweizahn, Odermennig, Nelkenwurz. Die Samen von Schöllkraut, Lerchensporn, u. a. besitzen fettreiche Anhängsel, die Ölkörper. Diese werden von Ameisen verzehrt und die Samen dadurch verbreitet. Die Früchte des Springkrautes »explodieren« und streuen dabei ihre Samen aus.

Da die bestandbildenden Buchen und Eichen auf Böden von sehr verschiedenartiger mineralischer Zusammensetzung gedeihen, die Kräuter in dieser Hinsicht aber bei weitem nicht so anpassungsfähig sind und oft besondere Ansprüche an den Boden stellen, konnten jeweils nur einzelne Beispiele angeführt werden. Es ist unmöglich, allgemeingültige Pflanzenlisten für die Krautschicht des Laubwaldes aufzustellen (s. Bestimmungstabelle S. 35 ff.).

Die Bodenschicht

Den bodennahen Raum nehmen vor allem Moose und Pilze ein. Er erhält am wenigsten Licht. Für die blattgrünlosen Pflanzen wie die Pilze, aber auch für die schmarotzende Nestwurz, ist das Licht von untergeordneter Bedeutung. Moose und Farne wachsen, wie die Tabelle zeigt, bei äußerst geringen Lichtmengen. Die *Farne* reichen mit ihren zarten Blattwedeln in die Krautschicht. Die *Moosschicht* saugt bei Regen viel Wasser auf und gibt es nur langsam wieder ab. Dadurch wird dem Boden auch während längerer Trockenzeiten die Feuchtigkeit erhalten. Die *Pilze* erheben nur ihre »Fruchtkörper« über den Boden, der Hauptteil der Pflanze lebt unterirdisch (s. S. 218) und hat wesentlichen Anteil am Abbau faulender Stoffe. Dabei entsteht Kohlendioxid, das die Assimilation der dicht am Boden wachsenden Pflanzen fördert.

Lichtbedarf einiger Pflanzen der »Bodenschicht« des Laubwaldes:

Sauerklee	bis 1/100
Lebermoose	bis 1/600
Farne	bis 1/700
Laubmoose	bis 1/2000

Aufbau und Entstehung der braunen Walderde

Der Boden des Laubwaldes

Bodenaufbau: Wo Bäume entwurzelt wurden, an den »Seitenwänden« eines Hohlweges und an ähnlichen Stellen erkennen wir den Aufbau des Bodens. Einen Schnitt durch die Bodenschicht (»Aufschluß«) bezeichnen wir als *Bodenprofil.* Oben liegt eine meist dunkel gefärbte, lockere Schicht mit zerfallenden pflanzlichen und tierischen Stoffen, die Humusdecke. Sie birgt eine reiche Lebewelt aus Pilzen, Bakterien und tierischen Lebewesen der verschiedensten Art. Ein dichtes Netz von Pflanzenwurzeln und Pilzfäden breitet sich hier aus. Darunter befindet sich eine vorwiegend aus mineralischen Bestandteilen aufgebaute Bodenschicht, deren rötlichbraune Färbung mit wachsender Tiefe dunkler wird. Unter ihr liegt im einfachsten Fall das anstehende Gestein.

Die Wurzeln der Krautschicht breiten sich meist im lockeren Humus aus, während die Wurzeln von Bäumen und Sträuchern oft weit in die Tiefe vordringen. Die Schichtenfolge des Bodens ist in allen Laubwäldern ähnlich. Nach der charakteristischen Färbung der »Unterschicht« bezeichnet man den Boden als *braune Walderde.*

Bodenentstehung: Da in unserem Klima mehr Niederschläge fallen als verdunsten können, sickert das Wasser im Boden nach unten bis zum Grundwasserspiegel. Auf seinem Weg löst es Salze und rötlich gefärbte, eisenhaltige Bodenbestandteile auf. Diese werden so aus oberen Schichten teilweise ausgewaschen und in tiefer liegende eingeschwemmt. Das Ausmaß dieses Vorganges hängt dabei mehr von Klimabedingungen und Bodenlebewelt ab als von der mineralischen Zusammensetzung des Bodens, der Bodenart. Im Laufe der Zeit entstehen aus verschiedenen Bodenarten Bodenprofile mit ähnlichem Aufbau, die wir als Bodentypen bezeichnen. — Die braune Walderde ist also ein Bodentyp, der unter dem Einfluß von ähnlichen Klima- und Vegetationsbedingungen aus verschiedenen Bodenarten entstanden ist.

Kreislauf der Stoffe

Gute Walderde birgt eine Fülle von Leben. In einem Gramm Humus sind Millionen von winzigen Bakterien enthalten. Sie verursachen die Verrottung des abgefallenen Laubes und beseitigen durch Fäulnis und Verwesung die Tier- und Pflanzenleichen. Pilze entnehmen als Fäulnisbewohner ihre Nahrung der Bodenschicht und tragen auf ihre Weise zur *Zersetzung und Umwandlung der Stoffe* bei. Auch Insektenlarven, Käfer, Asseln, Tausendfüßler, Ameisen und Würmer beteiligen sich an solchen Vorgängen. Sie zerstören morsches Holz, indem sie Löcher und Gänge graben, manche von ihnen zehren von abgestorbenen Tieren und Pflanzen und wirken dadurch als »Gesundheitspolizei«. Die Wühlarbeit der größeren Tiere schließlich lockert den Boden auf und fördert dadurch seine Durchlüftung.

Im Urwald ist der Kreislauf der Stoffe geschlossen und ausgeglichen. In den bewirtschafteten Forsten dagegen werden dem Kreislauf durch Einschlagen und Abtransport der Bäume erhebliche Stoffmengen entzogen. Dadurch verarmt der Boden an Nährstoffen, er wird unfruchtbar. Die Forstwirtschaft sucht durch entsprechende Maßnahmen zu verhindern, daß durch unnatürlichen und unvernünftigen Raubbau das heute noch vorhandene Waldkleid zerstört wird (s. S. 156 ff.).

Das biologische Gleichgewicht im Wald

Wie in jedem Lebensraum, so herrscht auch im Wald unter den Lebewesen ein harter *Wettbewerb um die Lebensbedingungen.* Am schärfsten wird der Kampf zwischen gleichstarken Gegnern ausgetragen. In dichten Baumbeständen gleicher Art und gleichen Alters nehmen ober- und unterirdische Organe etwa die gleiche Ebene ein und stellen die gleichen Ansprüche an die Umwelt. Da Licht und Nahrung nicht für alle ausreichen, werden die weniger leistungsfähigen von den stärkeren verdrängt. Die *Auslese* ist dabei äußerst scharf.

In einem unbewirtschafteten zehnjährigen Buchenbestand zählte man über eine Million Jungbuchen pro Hektar, in einem 120jährigen Bestand pro ha nur gegen 500. Wir können daraus schließen, daß von 2000 Jungbuchen unter natürlichen Bedingungen nur eine einzige ein Alter von 120 Jahren erreichen wird, die anderen aus Mangel an Raum, Licht und Nahrung zugrunde gehen. Alte, einheitliche Baumbestände von Buchen oder Eichen erneuern sich schwer, da die Keimlinge im Boden sich nur schlecht entwickeln. Heute weiß man, daß die Wurzeln der alten Bäume chemische Stoffe abscheiden, die auf die Keimung der eigenen Art hemmend wirken.

Obwohl jede Pflanzenart eines Lebensraumes zahlreiche Samen erzeugt, bleibt die Anzahl der Einzelwesen auf längere Zeit gleich. *Jede Art behauptet ihre Zahl und ihren Platz im Lebensraum,* dessen Bedingungen sie oft in ganz besonderer Weise angepaßt ist.

Die grünen Pflanzen erzeugen durch Assimilation die Nährstoffe, von denen eine ganze Reihe von Tieren des Waldes entweder direkt als Pflanzenfresser oder indirekt als »Raubtiere« leben. So stellen die Pflanzen die »Erzeuger«, die Tiere die »Verbraucher« im Lebensraum dar. Die Verluste der Pflanzen infolge von Tierfraß werden unter natürlichen Bedingungen durch Wachstum und Vermehrung ausgeglichen, doch besitzen zahlreiche Pflanzen auch Schutzeinrichtungen wie Dornen, Haare, Gifte u. dgl. Das üppige Wachstum der Pflanzen hat also einen biologischen Sinn, es schafft die Voraussetzung für tierisches Leben im Wald.

Auch die Zahl der im Wald lebenden Tiere ist begrenzt. Für die Tiere gelten ganz ähnliche Überlegungen, wie wir sie für die Pflanzen angestellt haben. Die Möglichkeit zu starker Vermehrung wird eingeschränkt durch die vorhandene Nahrung und durch die natürlichen Feinde der jeweiligen Tierart (suche Beispiele).

Die Gemeinschaft bietet ihren Gliedern auch Vorteile. So schützen sich die Bäume des Waldes gegenseitig vor Wind und Austrocknung. Schädlingsvertilger unter den Tieren nützen den Pflanzen. Sogar »fremddienliche Zweckmäßigkeit« kommt vor, wie uns die vielfachen Gallenbildungen beweisen (s. S. 21). Wechselbeziehungen treten umso vielfältiger und zahlreicher auf, je mehr Arten in dem betreffenden Raum leben.

Überlege, welche Bedeutung diese Tatsachen für unsere durchforsteten Wälder haben könnten.

Wir erkennen: Im Lebensraum Wald nimmt jedes Lebewesen einen bestimmten Platz ein und zeigt vielfältige Wechselbeziehungen zu den anderen und zum Boden. Es entsteht so eine Lebensgemeinschaft oder *Biozönose* (gr. bios = Leben, koinos = gemeinsam). Die Zahl ihrer verschiedenen Glieder ändert sich über längere Zeit nicht wesentlich. Denn der Wettbewerb führt zu einem Gleichgewichtszustand, den man »Biologisches Gleichgewicht« nennt.

Störungen des Biologischen Gleichgewichtes und ihre Regulierung: Nimmt eine Tier- oder Pflanzenart im Lebensraum überhand, so werden dadurch über die Wechselbeziehungen auch die anderen Mitglieder der Gemeinschaft betroffen: das »Gleichgewicht« wird gestört, pendelt sich aber bald wieder ein. Denn unter natürlichen Bedingungen, etwa im Urwald, können sich die Feinde der betreffenden Art nun reichlicher vermehren, da sie mehr Nahrung finden. Das Biologische Gleichgewicht ist also nicht starr, sondern beweglich (dynamisch). In Kulturwäldern dagegen ist diese »Selbstregulierung« nicht mehr so wirksam (s. S. 154).

Häufig vorkommende Raubtiere wie Wolf, Luchs und Bär wurden durch den Menschen in geschichtlicher Zeit fast völlig ausgerottet. Manche Pflanzenfresser wie Hasen und Rehe verloren dadurch ihre natürlichen Feinde und konnten sich stärker vermehren. Der Mensch muß nun als Jäger die Rolle der ausgerotteten Tiere übernehmen. Sein Eingreifen ist sehr bedeutsam für die Erhaltung des biologischen Gleichgewichtes in unseren bewirtschafteten Wäldern.

Der bevorzugte Anbau bestimmter Baumsorten, die Monokultur (s. S. 154), stellt Tieren, die sich ausschließlich von ihnen ernähren (Ernährungsspezialisten) einen reich gedeckten Tisch bereit. Nur selten leben in solchen Monokulturen auch ihre natürlichen Feinde in ausreichender Zahl. So finden in den heutigen Forsten die als Schädlingsvertilger so nützlichen Vögel oft keine zusagenden Nistplätze. Daher können sich manche Schädlinge ungehemmt vermehren und ganze Wälder verwüsten, z. B. Nonne, Buchenrotschwanz, Eichenprozessionsspinner, Frostspanner. Eine Schädlingsbekämpfung durch den Menschen ist deshalb dringend notwendig. Der Einsatz von chemischen Mitteln hat oft unerwünschte Nebenwirkungen. Besser ist es, durch Anpflanzen von Mischwäldern, Aussetzen von Ameisen, Vogelschutz (Anbringen von Nistkästen) und ähnliche Maßnahmen dafür zu sorgen, daß sich die Schädlinge nicht massenhaft vermehren und ausbreiten können.

Veränderung der Lebensgemeinschaft

Wenn die »Massenwirkungen« der Bäume fehlen, wird das im Wald herrschende Mikroklima beseitigt. Damit verändern sich vor allem für die Pflanzen der unteren Stockwerke die Lebensbedingungen entscheidend. Die Frühblüher und die meisten Schattenpflanzen ertragen die starke Sonneneinstrahlung nicht, der Boden trocknet zudem aus und die Humusdecke verwandelt sich unter den veränderten Bedingungen in Rohhumus (s. S. 154), auf dem sich Pflanzen der Heide breitmachen können. Auf Kahlschlägen verschwinden deshalb die typischen Pflanzengesellschaften der Kraut- und Strauchschicht.

Für andere Pflanzen verbessern sich jedoch die Lebenbedingungen. Sie vermehren sich stärker, z. B. Waldschmiele, Weidenröschen, Fingerhut, Greiskraut, Hohlzahn, Berufkraut, und Kratzdistel. Dazu gesellen sich noch eingeschleppte Weg- und Schuttpflanzen (»Ruderalpflanzen«) wie Brennessel, Vogelknöterich, Löwenzahn und Wegerich, so daß sich in kurzer Zeit eine ganz andere Pflanzengesellschaft entwickelt. Entsprechend ändert sich die Tierwelt.

Merke: Pflanzen und Tiere des Waldes bilden mit dem Boden eine aufeinander abgestimmte Lebensgemeinschaft, in der ein biologisches Gleichgewicht herrscht. Zu Störungen kommt es, wenn wichtige Glieder der Biozönose beseitigt werden, ebenso in Monokulturen. Grundlegende Veränderungen der Umweltbedingungen durch Abholzen führen eine Umwandlung der bestehenden Lebensgemeinschaft herbei.

Überlege, welche Folgen die Entwaldung größerer Gebiete hervorrufen könnte.

Blumen des Laubwaldes

Verwendete Abkürzungen: Pfl. = Pflanze, Blt. = Blüte, Bl. = Blatt. Die Zahlen vor den Standorten der einzelnen Pflanzen geben die Monate an, in denen sie blühen, z. B. 6. = Juni, 5.—8. = Mai bis August.

1. a) Pflanzen mit ganzrandigen, parallelnervigen Blättern (Ausnahme s. unter 4b) und drei- oder vierzähligen Blüten 2
   b) Pflanzen mit fiedernervigen Blättern und meist fünfzähligen, nur selten vierzähligen Blüten 9

2. a) Blütenhülle strahlig (Liliengewächse) 3
   b) Blütenhülle zweiseitig, scheinbar zweilippig, mit nur einem Staubblatt (Knabenkrautgewächse) 8

3. a) Blütenhülle vierzählig 4
   b) Blütenhülle drei-(sechs-)zählig . . . 5

4. a) Blütchen der kleinen Traube weiß, zwei wechselständige Bl. am Blütenstengel. 5./6. . . . . . . **Schattenblume** Maianthemum bifolium
   b) Blt.hülle aus vier äußeren, breiteren und vier inneren, linealischen Bl. bestehend, vier quirlständige, netzadrige (Ausnahme!) Laubblätter am Blütenstiel, Frucht eine schwarze, **giftige** Beere von der bleibenden Blt.hülle umgeben. 5. **Einbeere** Paris quadrifolia

5. a) Blt.krone aus sechs freien, weißen Bl., ganze Pflanze stark nach Knoblauch riechend. 4./5. . . . . . **Bärenlauch** Allium ursinum
   b) Blt.hülle aus sechs verwachsenen Bl. bestehend 6

6. a) die weißen Blt.glocken fast kugelig, in einseitswendiger Traube, 2 große, gestielte Bl., Frucht eine rote Beere, **giftig**. 5. . . . . . **Maiglöckchen** Convallaria majalis
   b) Blt.glocke länglich 7

7. a) Bltn. meist einzeln oder zu zweit entlang der Unterseite des zweizeilig beblätterten vierkantigen Stengels. Frucht blauschwarze, **giftige** Beere. 5./6. . . . . . . **Salomonssiegel** Polygonatum officinale (odoratum)
   b) Bltn. zu 3—5 entlang der Unterseite des zweizeilig beblätterten, runden Stengels, Frucht eine blauschwarze, **giftige** Beere. 5./6. . . **vielblütige Weißwurz** Polygonatum multiflorum

8. a) Pfl. ohne Blattgrün, Blt. wie der Stengel und die schuppenförmigen Blätter bräunlich-gelb (Schmarotzer). 5./6., geschützt . . . . **Nestwurz** Neottia nidus-avis

b) Blt. weiß, mit langem Sporn, stark duftend, 2—3 grundständige große, eiförmige Blätter. 5./6., geschützt . **Stendelwurz** Platanthera bifolia

9\. a) Pflanzen mit freien Kronbl. 10
b) Pflanzen mit verwachsenen Kronbl. 23

10\. a) Pflanzen mit strahligen Bltn. 11
b) Pflanzen mit zweiseitigen Bltn. 20

11\. a) Bltn. vierzählig, 4 lange u. 2 kurze Staubbl. (Kreuzblütler). Die herzeiförmigen Bl. beim Zerreiben stark nach Knoblauch riechend, 5. . . **Knoblauchhederich** Alliaria officinalis (petiolata)
b) Blt. fünfzählig 12

12\. a) Bltbl. 6—8, zahlreiche Staubblätter und viele Stempel (Hahnenfußgewächse) 13
b) Blt. fünfzählig, höchstens 10 Staubblätter, 1 Stempel 16

13\. a) Blt.hülle einfach, kronblattartig gefärbt 14
b) Blt.hülle doppelt 15

14\. a) Blt. weiß, außen rötlich oder violett überlaufen, unter der Blt. 3 laubbl.artige Hochbl. 3./4. . . **Buschwindröschen** Anemone nemorosa
b) Blt. gelb, sonst wie vorige, nur in manchen Gegenden verbreitet. 3.—5. . . . . **gelbes Windröschen** Anemone ranunculoides

15\. a) Blt. blau, von 3 kelchartigen Hochbl. umgeben, Laubbl. dreilappig, mit tief herzförmigem Grund, auf der Unterseite violett. 3./4. . . **Leberblümchen** Hepatica nobilis
b) Blt. goldgelb, 3 grünlichgelbe Kelchbl., Bl. herz-nierenförmig, in den Blattscheiden oft Brutknollen. 3./4. **Scharbockskraut** Ranunculus ficaria

16\. a) Bltn. in zusammengesetzten Dolden (Doldengewächse) 17
b) Blt.stand keine Dolde 18

17\. a) Pfl. sehr hoch (1—2 m). Dolde meist nach oben gewölbt, mit vielen (bis 30) Döldchen, Hülle meist fehlend, Hüllchen vielblättrig, Bl. 3fach gefiedert, mit bauchig aufgetriebener Bl.scheide. 7.—9. . . **Waldengelwurz** Angelica sylvestris
b) Pfl. nicht groß, Doldenstrahlen verschieden lang, Döldchen kugelig, Bl. tief handförmig, geteilt, Klettfrucht. 5./6. . . . . . . **Sanikel** Sanicula europaea

18\. a) Bl. einfach, gegenständig an den Stengelknoten entspringend, Blt. weiß, tief zweispaltig (Nelkengewächse). 4./5. . . . . . **große Sternmiere** Stellaria holostea
b) Bl. zusammengesetzt 19

19. a) Bl. kleeartig, sauer schmeckend, Blt.bl. sehr zart, weiß, violett geädert. 3.—5. (Sauerkleegewächse) . — **Sauerklee** Oxalis acetosella

b) Bl. handförmig, mit fiederspaltigen Blättchen, Blt. rosa, Kelch u. Stengel meist rot überlaufen, Fruchtkapsel durch die 5 einrollbaren Griffel (Samenschleuder) schnabelartig verlängert. 6.—10. (Storchschnabelgewächse) . . . . . — **Ruprechtskraut** oder stinkender Storchschnabel Geranium robertianum

20. a) Kelch kronbl.artig gefärbt, in einen langen Sporn ausgezogen, 3 der 5 Blt.bl. verwachsen, Krone daher scheinbar nur dreiblättrig (Balsaminengewächse) 21

b) Kelch grün, Blt. aus Fahne, Schiffchen und Flügeln (Schmetterlingsblütler) 22

21. a) Blt. groß, goldgelb, Stengel saftig, durchscheinend, die lange Kapsel öffnet sich beim Berühren blitzartig (Samenschleuder). 7./8. . . — **gemeines Springkraut** Impatiens noli-tangere

b) Blt. klein, hellgelb, sonst wie vorige. 6.—9. . . . . . — **kleines Springkraut** Impatiens parviflora

22. a) Blt. violett, Bl. meist 5—6paarig gefiedert, beim Trocknen schwarz werdend. 6./7. . . . . . — **schwarze Platterbse** Lathyrus niger

b) Blt. anfangs rötlich, später blauviolett-blau, Blt. mit 2, höchstens 3 Paar eiförmigen Blättchen. 3./4. — **Frühlingsplatterbse** Lathyrus vernus

23. a) Zahlreiche zungenförmige Bltn. von einem gemeinsamen grünen Hüllkelch umgeben (Korbblütler) 34

b) Jede Blt. mit einem grünen Kelch, Blt. nicht zu einem Körbchen vereinigt 24

24. a) Blt. strahlig 25

b) Blt. zweilippig, 2 lange, 2 kurze Staubblätter, 4 Teilfrüchtchen (Lippenblütler) 32

25. a) Blt. fünfzählig 26

b) Blt. vierzählig, Bl. quirlständig (Labkrautgewächse) 30

26. a) Blt.krone trichterförmig 27

b) Blt.krone glockig, violett (Glockenblumengewächse) 29

27. a) Blt. gelb, Blt. in einseitswendiger einfacher Dolde, grundständige Blattrosette, Frucht eine Kapsel (Schlüsselblumengewächse) 28

b) Blt. anfangs rötlich, später blauviolett, Bl. rauhhaarig, Frucht zerfällt in 4 Teilfrüchtchen. 3.—5. (Rauhblattgewächse) . . . . — **Lungenkraut** Pulmonaria officinalis

28. a) Blt. goldgelb mit orangefarbenen Tupfen am Schlunde. 3.—5. . . . **duftende Schlüsselblume** Primula veris

b) Blt. schwefelgelb mit dottergelbem Ring am Schlunde. 3./4. . . . . **hohe Schlüsselblume** Primula elatior

29. a) Blt.glocke weit, groß, hellblau-violett, Bl. schmal, fein gesägt. 6.—8. **pfirsichblättrige Glockenblume** Campanula persicifolia

b) Blt.glocke trichterig, rotviolett, Bl. herz-eiförmig, grob doppelgesägt, rauhhaarig. 7./8. . . . . . . **nesselblättrige Glockenblume** Campanula trachelium

30. a) Blt.chen röhrig-glockig, Bl. unten zu 6, oben zu 8 und mehr in einem Quirl, lebhaft grün, leicht welkend, jung stark duftend, Klettfrucht. 5./6. . . . . **Waldmeister** Galium odoratum

b) Blt. radförmig mit sehr kurzer Röhre 31

31. a) Bl. blaugrün, zu 8—10 in einem Quirl, Stengel rund, Frucht kahl. 7./8. . . . . **Waldlabkraut** Galium silvaticum

b) Der niederliegende oder aufsteigende, sehr lange Stengel und die Blattränder dicht mit rückwärtsgerichteten Stacheln besetzt, auch die Frucht hakig-borstig. 6.—10. . . **Klebkraut** Galium aparine

32. a) Blt. blau, Bl. nieren-herzförmig, gekerbt, Stengel kriechend-aufsteigend. 4./5. . . . . **Gundelrebe** Glechoma hederacea

b) Blt. rötlich, untere Bl. langgestielt 33

33. a) Blt.röhre mit Haarring, Bl. herz-eiförmig, gesägt, Scheinquirl meist aus nur zweimal 3 Bltn. 6.—8. . . . . . . **Waldziest** Stachys sylvatica

b) Blt.röhre ohne Haarring, Bl. herzförmig-länglich, gekerbt, Scheinquirl, reichblütig. 6.—8. . . . . **Betonie** Stachys officinalis

34. a) Frucht mit Haarschopf (Pappus) 35

b) Frucht ohne Haarschopf 36

35. a) Haarschopf aus steifen, zerbrechlichen Haaren, mehrere der ziemlich großen Blt.körbe an einem Blt.stengel, grundständige Rosette und nur 2—3 Stengelbl., weichhaarig. 5.—9. . . . . **Waldhabichtskraut** Hieracium silvaticum

b) Blt.köpfchen klein, mit meist nur 5 zungenförmigen, goldgelben Bltn. Pappus aus feinen, schneeweißen Haaren. Die Köpfchen stehen in einer auffallend sperrigen Rispe. 5.—9. . **Mauerlattich** Mycelis muralis

36. Blt.köpfe klein mit etwa 8—15 hellgelben Zungenbl. ohne Pappus. 7.—9. . . . . **Rainkohl** Lapsana communis

Tiere des Laubwaldes

Im Vorfrühling können wir die Vögel in den unbelaubten Bäumen und Sträuchern noch gut beobachten. Das Erkennen der Vögel am Gesang gelingt jedoch erst nach einiger Übung.

1. Beobachte, besonders nach hartem, schneereichem Winter, die Nagespuren und Bißwunden an jungen Stämmen und Sträuchern. Sie stammen von *Hasen* oder *Rehen.*
2. Wann und wo beobachtest du den ersten *Igel?*
3. Beobachte, wie *Schwarzspecht* und *Buntspecht* das trommelnde Geräusch erzeugen. In welcher Richtung klettern sie am Stamm? Wie bewegt sich der *Kleiber* am Stamm?
4. Von wem stammen die hellblau, schwarz und weiß gestreiften Federn, die man häufig auf dem Waldboden findet? — Beobachte *Eichhörnchen* und *Eichelhäher.*
5. Beobachte bei feuchter Witterung die schwarzen oder roten *Wegschnecken* (ohne Haus), die *Feuersalamander* und — im Juni — den »Froschregen« (junge Grasfrösche). Die *Frösche* ergreifen die Flucht. Warum flüchten Salamander und Wegschnecke nicht?
6. Versuche festzustellen, welche Tiere den häufig zu beobachtenden Kahlfraß an den Eichen verursacht haben. Es kommen in Frage:
   a) der *Maikäfer;*
   b) der *Eichenwickler:* Seine schwarzgrünen Raupen findet man in zigarrenartig zusammengerollten Blättern. Die kleinen Schmetterlinge (mit hellgrünen Vorderflügeln) kann man am Tag und noch am Abend in großer Menge in den Baumkronen fliegen sehen. Die Ästchen kahlgefressener Bäume hängen voller Spinnfäden der kleinen Raupen, die sich »abseilen«, um sich in der Rinde zu verpuppen. Beobachte die befallenen Bäume im Juni (Johannistrieb).
   c) der *Eichenprozessionsspinner:* Seine Raupen halten sich den Tag über in großen Gespinstnestern in den Astgabeln auf. Sie tragen auf dem Rücken viele Büschel leicht abbrechender Haare (Vorsicht! Giftig, Juckreiz). Abends ziehen sie, von einer Raupe »angeführt«, in Dreier- und Viererreihen auf Futtersuche und kehren morgens ins Nest zurück.
7. Suche am Saft »blutender« Eichen nach Käfern. Manchmal findet man dort unseren stattlichsten einheimischen Käfer, den bis 6 cm langen *Hirschkäfer.* Die Männchen tragen bis zwei Zentimeter lange »Geweihe«. Die Larve lebt 5 bis 8 Jahre im mulmigen Holz und wird etwa 11 cm lang. Heute ist der Käfer selten geworden und daher geschützt.
8. Suche am Waldboden oder an Baumstämmen nach langbeinigen Laufkäfern. Besonders der stahlblaue, grüngoldene Puppenräuber ist sehr nützlich (weshalb?).

Eichenprozessionsspinner

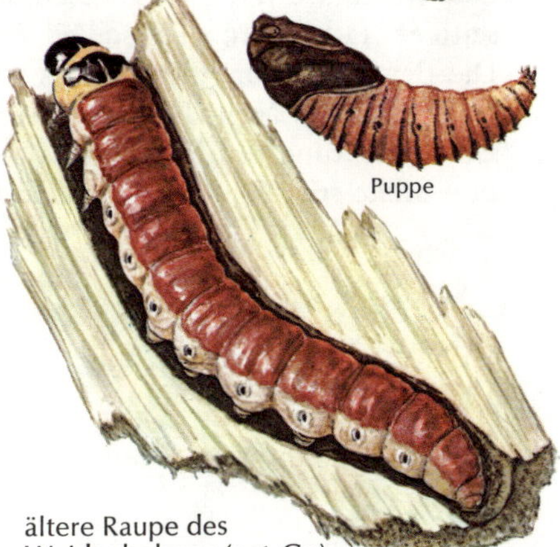

ältere Raupe des
Weidenbohrers (nat. Gr.)

9. In der Nähe mancher Weiden nimmt man einen starken Essiggeruch wahr. Untersuche ihre Stämme genau. Im Juni ragen da und dort aus ihnen aufgeplatzte, leere Puppenhüllen. Ziehe sie heraus. Am hinteren Ende tragen sie einen Dornenkranz. Mit ihm hat sich die Puppe des *Weidenbohrers* aus dem Holz nach außen gearbeitet. Schon im Mai kann man manchmal die große, rote bis schmutzigfleischfarbene Raupe entdecken. Sie verpuppt sich mitunter auch in der Erde, nahe am Stamm, den sie zwei Jahre bewohnte. Sie scheidet einen nach Essig riechenden Saft aus. Versuche die Schmetterlinge des Weidenbohrers in ihrer Ruhestellung am Stamm aufzufinden. Sie besitzen eine hervorragende Schutzfärbung. Es sind Nachtfalter, die in der Ruhestellung ihre Vorderflügel dachartig über den plumpen Leib legen. Die oft zahlreich auftretenden Raupen sind auch in anderen Laubbäumen, manchmal sogar in Birnbäumen zu finden. Da die gefräßigen Tiere lange senkrechte Gänge in dem weichen Holz hinterlassen, richten sie oft beträchtlichen Schaden an.
10. Achte auf tote »Mäuse«. Häufig handelt es sich um *Spitzmäuse,* die nach Moschus riechen. Sie werden von Fuchs und Marder getötet, aber des unangenehmen Geruchs wegen nicht gefressen.
11. Welche Vögel sind besonders eifrige Raupenverzehrer? Welche verzehren auch langhaarige Raupen, wie die Prozessionsspinner? Welche holen sich die Raupeneier? Welcher Vogel stellt den im Holz liegenden Insektenlarven (Buchdrucker, Bockkäferlarven, Raupen des Pappel- und Weidenbohrers) nach?

Zusammenfassung: Lebensraum Wald

1. Unsere heutigen Wälder, die Forste, sind durch die Tätigkeit des Menschen entstanden. Den einstigen Urwäldern sind die Mischwälder noch am ähnlichsten.
2. Durch die »Massenwirkung« der Bäume entsteht ein Waldklima.
3. Im Kampf um das Licht ordnet sich die Pflanzenwelt des Laubwaldes in Stockwerken an. Sie ist aber auch den anderen Bedingungen der Stockwerke angepaßt, z. B. der Feuchtigkeit, den Möglichkeiten der Bestäubung und der Samenverbreitung.
4. Unter dem Einfluß des Klimas und der Lebewesen des Waldes entwickelt sich ein einheitlicher Bodentyp, die braune Walderde.
5. Die Pflanzen und Tiere des Waldes bilden eine Lebensgemeinschaft, in die auch der Boden einbezogen ist.
6. In unbewirtschafteten Wäldern unterliegen alle Stoffe einem weithin geschlossenen, ausgeglichenen Kreislauf.
7. Der Wettbewerb der Lebewesen um die Lebensbedingungen, aber auch die gegenseitigen Hilfeleistungen stellen im Urwald ein biologisches Gleichgewicht her. Die Bewirtschaftung des Waldes stört das Gleichgewicht. Es muß daher durch das Eingreifen des Menschen erhalten werden.
8. Eine Änderung des Waldklimas zerstört die vorhandene Lebensgemeinschaft. An ihre Stelle tritt eine neue, den veränderten Bedingungen besser angepaßte.

Übersicht: Die Stockwerke des Laubmischwaldes

	Lichtansprüche	Lichtanpassung	Bestäubung	Samen-u. Fruchtverbreitung
Buche und Eichen, als Begleiter: Weißbuche, Ulme, Esche, Birke, Ahorn	Lichtpflanzen: 1* bis ca. $^{1}/_{30}$ Esche, Birke, Schwarzpappel, Eiche Schattenpflanzen: 1 bis ca. $^{1}/_{60}$ Ahorn, Weißbuche, Rotbuche	hoher Wuchs, raschwüchsig, Abwerfen der unteren Äste vielfach hohe, wenig verzweigte Stämme	Fast ausschließlich Windblütler Ausnahme: Ahorn	Flugeinrichtungen zur Windverbreitung, Eicheln und Bucheckern werden durch Tiere verbreitet
Sträucher	Lichtansprüche geringer	weitausladende Wuchsform, Blattmosaik	Insektenbestäubung (Fliegen und Bienen)	Beerenfrüchte überwiegen, Verbreitung durch Vögel
Kletterpflanzen		Klett. Stengel mit Ranken, Windebewegungen		
Frühblüher		raschwüchsig, dünne Blattspreiten (unterirdische Vorratsbehälter)	Insektenbestäubung überwiegt	Klettfrüchte
Sommerblumen	ausgesproch. Schattenpfl. bis $^{1}/_{100}$	viele bilden Blattmosaik	sehr geringe Luftbewegung	Früchte mit Elaiosomen, Verbr. durch Ameisen
Farne	bis $^{1}/_{1700}$			
Pilze	ohne Chlorophyll, leben auch ohne Licht	nur die »Fruchtkörper« erheben sich über den Boden (Sporen werden durch leisesten Luftzug verbreitet)		
Moose	sehr geringe Lichtansprüche bis $^{1}/_{2000}$	speichern Wasser, bedecken den Boden wie ein feuchter Schwamm, erhalten Bodenfeuchtigkeit		
Humus: Pilze Bakterien mannigfache Tierwelt		Pilze leben als Fäulnisbewohner oder Schmarotzer, Bakterien und Tiere beseitigen Tier- und Pflanzenleichen führen die Stoffe in den Boden zurück		

1* = volles Tageslicht

Die Sonnenblume (Helianthus annuus)

Die Heimat der Sonnenblume ist Mexiko. Doch wird sie seit Jahrhunderten in Europa als Nutz- und Zierpflanze gezogen. Ihren deutschen Namen erhielt sie wohl wegen der goldgelben Blätter, die die bräunliche Scheibe der großen »Blume« wie Strahlen umgeben.

BEOBACHTUNGEN: 1. Lege die Wurzeln einer Pflanze frei. Vergleiche den Abstand der Blattspitzen von dem krautigen Stengel und den der Wurzelenden von der Pfahlwurzel. — 2. Miß die Höhe des Sprosses. Schneide die »Rinde« auf. Wie ist das Innere des Stengels beschaffen? (Windfestigkeit).

Wurzel und Sproß: An kurzer Pfahlwurzel entspringen zahlreiche Seitenwurzeln, die einen dichten Wurzelfilz bilden. Die Wurzelenden sind von der Pfahlwurzel ebensoweit entfernt wie die äußersten Blattspitzen von dem markhaltigen Stengel (Bedeutung?). Die wechselständigen, großen Blätter sind herzförmig und rauhhaarig. Von der Spitze der oberen kurzgestielten Blätter tropft das Regenwasser auf die langgestielten unteren und von deren Träufelspitzen gerade dort auf den Boden, wo die Wurzeln enden.

Blütenstand und Blüte: Der dicke Blütenstiel verbreitert sich oben zu einem scheibenförmigen Blütenboden. Dieser ist von einem Kranz grüner Hochblätter, dem *Hüllkelch,* umgeben. Die gelben, zungenförmigen »Strahlen« am Rande der Blütenscheibe sind keine Kronblätter, wie man bei flüchtiger Beobachtung vermuten könnte. Jede Zunge sitzt an einer kleinen Röhre, die nur einige Millimeter lang ist. Diese wiederum steht auf einem weißen Fruchtknoten. Den *Zungen-* oder *Randblüten* fehlen jedoch Griffel und Staubblätter. Als unfruchtbare Lockblüten machen sie aber den Blütenstand auffällig.

In dem vom Hüllkelch und den Zungenblüten gebildeten *Blütenkorb* stehen zahlreiche röhrenförmige, fruchtbare Blüten auf dem scheibenförmigen Blütenboden: Korbblütler. Der unterständige Fruchtknoten dieser *Röhren-* oder *Scheibenblüten* steckt in der Achsel eines trockenhäutigen, dreizackigen Blättchens, des *Spreublattes.* Der Hüllkelch umgibt den jungen Blütenstand, die Spreublätter tragen die Einzelblüten. Die zwei häutigen Blätter auf beiden Seiten der gelbbraunen, fünfzipfeligen Blütenröhre sind verkümmerte Kelchblätter. Die Blütenröhre ist über dem unter-

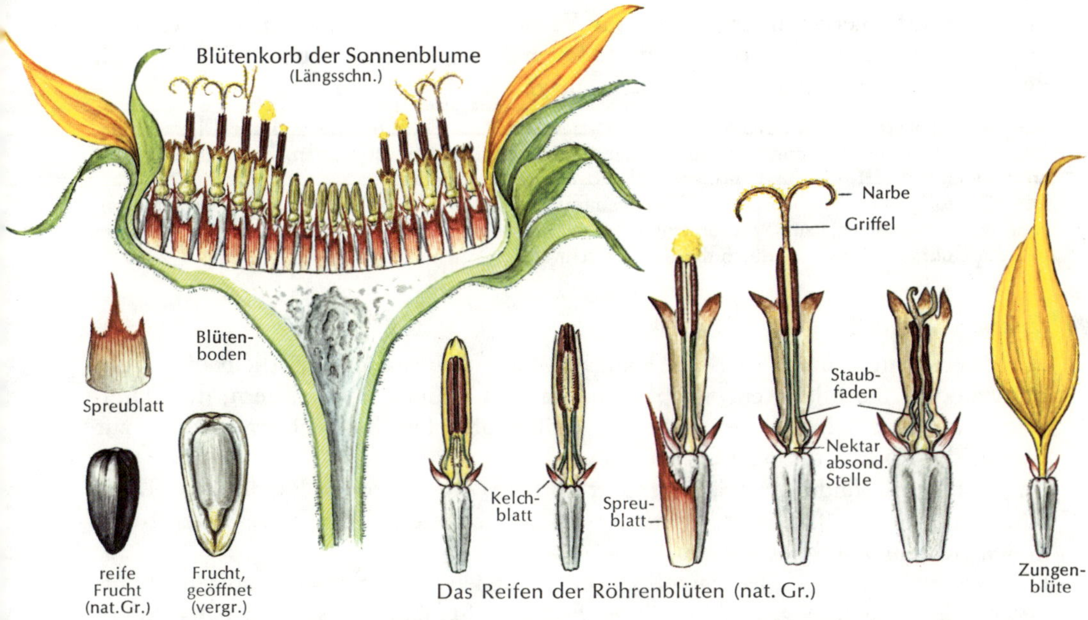

Das Reifen der Röhrenblüten (nat. Gr.)

ständigen Fruchtknoten aufgeblasen. Am Grunde der Erweiterung entspringen die fünf freien Staubfäden. Die dunkelbraunen Staubbeutel sind mit ihren Rändern zu einer Röhre verbunden, die den Griffel umschließt.

BEOBACHTUNGEN: 1. Durchschneide einen Blütenkorb. Wie ist der Blütenboden beschaffen? Versuche den Stiel des Blütenbodens dicht unter dem Hüllkelch abzubrechen. Ergebnis? — 2. Wodurch unterscheiden sich die weiter innen stehenden Röhrenblüten von den außen stehenden älteren? — 3. Öffne verschieden alte Röhrenblüten der Länge nach, ebenso die Knospen aus der Mitte des Blütenkorbes und stelle die Unterschiede fest. Achte besonders auf die Lage der Griffel und Staubblätter. — 4. Löse die feste Fruchtwand von den weißen Samenkörnern. Koste davon. Zerreibe ein anderes zwischen Papier. Beobachtung?

In der Knospe sind die Staubfäden leicht gewunden. Die Staubbeutelröhre ist daher noch völlig von den Kronblättern umschlossen. In jungen Blüten haben sich die Staubfäden gestreckt, die *Staubblattröhre* ragt über die Krone heraus. Der wachsende Griffel schiebt den in die Röhre entleerten Pollen vor sich her. Dieser liegt am oberen Ende der Röhre zum Abholen für die Insekten bereit. Aus noch älteren Blüten ragt der Griffel heraus und breitet seine zwei Narbenäste aus.

Bestäubung: Die Blüten sind vorstäubend oder erstmännlich. Auf der Suche nach Nektar oder Blütenstaub bringen die Insekten von jüngeren Blüten Pollen auf die Narben der älteren. Doch werden zunächst von den mehr als tausend Blüten eines Korbes manche nicht bestäubt. Die Narbenäste solcher Blüten wachsen dann weiter und rollen sich spiralig ein. Da am Griffel und an der Narbenunterseite — diese ist unfruchtbar — stets etwas Blütenstaub hängt, geraten Pollenkörner der gleichen Blüte auf die zurückgerollte Narbenoberseite. Es tritt dadurch Selbstbestäubung ein. In den welkenden Blüten schrumpfen Griffel und Staubfäden und ziehen sich in die Blütenröhre zurück.

Frucht: Die ölreichen Samen verschmelzen mit der schwarzen, seltener weißen Fruchtwand zu einer *Achäne.* Die Samen werden von Vögeln gerne verzehrt. Da diese manche Frucht verlieren, tragen sie zur Verbreitung der Pflanze bei. Die vertrockneten Blütenreste und die reifen Früchte fallen auch unmittelbar zu Boden, wenn sich der fruchtschwere Blütenkorb nach unten neigt.

Nutzen: Im warmen Südrußland wird die Sonnenblume als Futterpflanze und zur Ölgewinnung feldmäßig angebaut. In unserem Klima erzielt man keine ergiebigen Ernten. Die Kerne werden an das Geflügel verfüttert und auch sonst als Vogelfutter verwendet.
Die nährstoffreichen Knollen einer als Topinambur bekannten *kleinblütigen Sonnenblume* (Helianthus tuberosus) dienen zur Wildfütterung. Im Garten wird die hübsche Pflanze schnell zu einem lästigen Unkraut, da sie sich durch die Knollen sehr stark vermehrt.

Zusammenfassung

Die zahlreichen Einzelblüten der Sonnenblume sitzen auf einem scheibenförmigen Blütenboden. Sie bilden ein »Köpfchen«, das von grünen Hochblättern, dem Hüllkelch, umgeben wird. So entsteht ein Blütenkorb. Die Sonnenblume gehört zur Familie der Korbblütler oder Compositae.
Im Blütenkorb finden wir äußere unfruchtbare Zungen- oder Randblüten (Lockblüten) und innere fruchtbare Röhren- oder Scheibenblüten. Die Einzelblüten sitzen in den Achseln von Spreublättern.
Die zwei verkümmerten, häutigen Kelchblätter stehen auf dem unterständigen Fruchtknoten der fünfzipfeligen Blütenröhre. Die fünf Staubbeutel sind zu einer Röhre verbunden, die Staubfäden dagegen sind frei. Der wachsende Griffel schiebt den Blütenstaub aus der Röhre heraus. Die Blüten sind vorstäubend. Auch Selbstbestäubung führt zur Fruchtbildung.
Der Fruchtknoten ist unterständig. Seine Wand verwächst mit dem Samen zu nußartigen Früchten, den Achänen.

Der Löwenzahn (Taraxacum officinale)

AUFGABEN: 1. Das Vieh frißt den Löwenzahn gern (Kuhblume). Warum sieht der Bauer ihn trotzdem als lästiges Unkraut an?
2. Grabe eine Löwenzahnpflanze so aus, daß ein Teil der Wurzel im Boden bleibt, und kennzeichne die Stelle. Warum wächst hier nach kurzer Zeit wieder ein Löwenzahn?
3. Vergleiche Löwenzahnpflanzen verschiedener Standorte (z. B. Wiese, Wegrand oder zwischen Steinen). Achte dabei auf Blattform, -größe und -stellung, Schaftlänge und Größe der Blütenkörbchen. Zeichne oder presse zum Vergleich je ein Blatt von Pflanzen dieser verschiedenen Standorte.
4. Wie sieht eine mit Löwenzahn bewachsene Wiese bei sonnigem und bei trübem Wetter, bzw. abends aus? Wie verändert sich der Fruchtstand, die »Laterne«, am Abend oder bei feuchter Witterung?
5. Beobachte die Stellung des Haarkelches zum Fruchtknoten zur Blütezeit und bei der Fruchtreife. Zeichnung! Beobachte den Flug der Früchte. Was beobachtest du am Blütenboden, wenn du die Früchte weggeblasen hast?
6. Halbiere eine Löwenzahnpflanze samt Wurzel der Länge nach und pflanze die eine Hälfte in guten Boden, die andere in sandigen. Beobachte die Entwicklung der halbierten Pflanze.
7. Was beobachtest du an verletzten Stellen der Pflanzen? Wie wirkt die Ausscheidung auf Haut und Stoff? Vorsicht!

Der Löwenzahn ist ein weitverbreitetes Unkraut, das auf fruchtbarem, feuchtem Boden gedeiht, aber auch auf steinigem und sandigem Boden fortkommt.

Wurzel: Der unterirdische kurze Sproß schickt eine kräftige Pfahlwurzel ins Erdreich. In schwerem Boden fände er auch ohne sie genügend Wasser und Nährstoffe;

trotzdem ist sie ihm auch hier von Vorteil: beim Jäten, Hacken und Pflügen bleiben meist Wurzelstücke im Erdreich, die von neuem austreiben.

Blätter: Die Zähne des tiefeingeschnittenen Blattrandes sind zum Blattgrund gerichtet: das Blatt ist »schrotsägig«. An trockenem Standort liegt die grundständige Blattrosette dem Boden dicht an. Die Bodenfeuchtigkeit unter den Blättern verdunstet so nur langsam und kommt damit den wenigen Seitenwurzeln zugute. Die rinnenartige Vertiefung der Blattmitte leitet das Regenwasser der Pfahlwurzel zu (vgl. dagegen die Wasserleitung bei der Sonnenblume). Viel größer, zarter und weniger tief eingeschnitten sind die Blätter der saftstrotzenden Löwenzahnpflanzen der Wiese. Die Rosetten strecken ihre Blätter schräg nach oben, dem Licht entgegen. Die kräftige Pflanze nimmt den benachbarten Wiesenpflanzen Licht und Nahrung weg und liefert nur schlechtes Heu. Daher sieht der Bauer die »Kuhblume« nicht gerne in der Wiese, obwohl das Vieh sich die frische Pflanze schmecken läßt.

Blütenstand und Blüten: Der »Wiesenlöwenzahn« trägt seine Blütenkörbchen auf hohem, kräftigem Schaft. Bei Pflanzen trockener Standorte ist er dünn und niedrig. Bricht man den Stengel ab, so quillt weißer *Milchsaft* hervor. An der Menge des austretenden Saftes erkennt man sofort, auf welchem Boden die Pflanze gewachsen ist. Der längliche Hüllkelch besteht aus schmalen Hochblättern. Schon an der Knospe sind die äußeren Hüllblätter nach unten geklappt. Der Hüllkelch fällt besonders auf, wenn sich Blüten- oder Fruchtstände abends oder bei feuchter Witterung schließen. Im Sonnenschein breiten sich die zahlreichen goldgelben Zungenblüten des Körbchens weit auseinander. Röhrenblüten fehlen völlig. Am Grunde der fruchtbaren Zungenblüten findet sich eine drei bis fünf Millimeter lange Blütenröhre. Sie ist von einem Kranz einfacher, seidiger Haare, dem *Haarkelch* oder *Pappus,* umgeben. Der unterständige Fruchtknoten steckt in einer kleinen Vertiefung des gewölbten Blütenbodens. Der Griffel mit den beiden Narben schiebt den Pollen aus der Staubbeutelröhre hervor. Er bleibt an den Bauchhaaren der Blütenbesucher hängen und wird von ihnen auf die sich spreizenden Narben der Nachbarblüten übertragen. Wie bei der Sonnenblume kann durch Einrollen der Narbenäste Selbstbestäubung eintreten. Neuere Untersuchungen haben ergeben, daß der Blütenstaub häufig unfruchtbar ist; trotzdem entwickeln sich auch in solchen Blüten Früchte.

Frucht: Während die Frucht reift, schiebt sich zwischen den Haarkelch und den Fruchtknoten ein feiner Stiel, der *Schnabel.* An seiner Spitze breiten sich bei schönem Wetter die Haare des Pappus schirmartig auseinander. Der Wind hebt die Früchtchen von dem kissenartigen Fruchtboden und verweht die kleinen »Fallschirme«. Bei feuchtem Wetter bleiben die Fruchtstände geschlossen. Bei schönem Wetter öffnet sich der Hüllkelch, die Haare des Pappus breiten sich wieder schirmartig auseinander. Fällt das Früchtchen zu Boden, so wird es durch Zähnchen der Fruchtwand festgehalten. Die Nüßchen enthalten nur einen Samen, der mit der Fruchtwand verwachsen ist, also eine Achäne bildet, wie die Früchte der Sonnenblume.

Unterschiede zwischen Sonnenblume und Löwenzahn

Sonnenblume	**Löwenzahn**
Zahlreiche unfruchtbare Rand- oder Zungenblüten und fruchtbare Scheiben- oder Röhrenblüten	nur fruchtbare Zungenblüten
Röhrenblüten vorhanden	Röhrenblüten fehlen
Einzelblüten mit zwei winzigen, trockenhäutigen Kelchblättern	Einzelblüten mit einem Haarkelch, dem Pappus
Einzelblüten in den Achseln trockenhäutiger Spreublätter	keine Spreublätter
Nußfrucht (Achäne) fällt bei der Reife aus dem nickenden Fruchtkorb oder wird durch Vögel verbreitet	Auf dem Schnabel des Nüßchens (Achäne) eine Haarkrone, der Pappus; Verbreitung durch den Wind
Pflanze ohne Milchsaft	Pflanze mit Milchsaft
Röhrenblütiger Korbblütler	Zungenblütiger Korbblütler

Korbblütler als Gartenblumen

In gut gedüngtem Boden entwickeln sich die gelben Röhrenblüten des *Gänseblümchens* (Bellis perennis) zu weißen, rötlich überlaufenen Zungenblüten. Diese Zuchtform, das gefüllte *Maßliebchen,* vermehrt man durch Stockteilung, da aus Samen gezogene Pflanzen wieder »verwildern«. Von vielen Korbblütlern hat man gefüllte und großblütige Formen in herrlichen Farbtönen und Schattierungen gezüchtet. Die »Stammpflanzen« kommen meist aus fremden Ländern. In Amerika finden sich die Wildformen der *Gaillardie* oder *Kokardenblume,* der *kleinblütigen Sonnenblume* (Helenium) und der *Gartengoldrute,* in Mexiko wachsen die der *Samtblume* oder *Tagetes* mit den warmen Farben und dem strengen Geruch, sowie die Stammformen der farbenfrohen *Zinnien* und *Dahlien.* An Mannigfaltigkeit der Farben, der Blütengrößen und der Formen übertreffen die Dahlien sogar die vielen *Asternsorten,* die man aus einer in China heimischen Wildpflanze gezüchtet hat. Bis in den Herbst hinein blühen die wunderschönen *Chrysanthemen,* wenn auch unsere Sorten nicht mit der Pracht der japanischen wetteifern können. Aus Vorderasien ist die Wildform der *Ringelblume* bis nach Südeuropa vorgedrungen. In Deutschland pflanzt man sie oft in den Gärten.

Röhrenblütige und zungenblütige Korbblütler

Röhrenblütige Korbblütler: Die Sonnenblume ist ein Vertreter der röhrenblütigen Korbblütler (Asteroideae, bisher Tubuliflorae). Einige ihr verwandte Arten besitzen nur Röhrenblüten und keine Randblüten, z. B. das *gemeine Greiskraut* (Senecio vulgaris) (s. S. 49). Zu diesen »strahlenlosen« Röhrenblütlern gehört der *Rainfarn* (Chrysanthemum vulgare). An dem Stengel der hohen Pflanze stehen doppeltfiederteilige Blätter, die denen des Farnkrautes ähneln. Die goldgelben, knopfartigen Blütenkörbchen sind in reichblütigen Doldenrispen angeordnet. Auch unsere seltenste, strenggeschützte Pflanze, das *Alpenedelweiß* (Leontopodium alpinum), gehört — so merkwürdig es auf den ersten Blick erscheint — zu den »strahlenlosen« Röhrenblütlern. Was man für Randblüten halten könnte, sind dicht behaarte Hochblätter, in deren Mitte fünf bis sechs kleine Blütenkörbe mit goldgelben Röhrenblüten stehen. Auch die Laubblätter sind filzig behaart. So ist die Pflanze vortrefflich vor dem Austrocknen durch die starke Sonnenbestrahlung und den Höhenwind geschützt. Sie kann noch in großer Höhe in der spärlichen Erdkrume der Felsspalten gedeihen. — Die seidig glänzenden, weißen zungenförmigen Blätter der stengellosen *Eberwurz* oder *Wetterdistel* (Carlina acaulis) sind ebenfalls keine Randblüten, sondern die inneren Blätter des Hüllkelches. Die äußeren Blätter des Hüllkelches sind, wie bei den Disteln, mit Dornen bewehrt. — Die Wetterdistel steht wie der *Bergwohlverleih* oder die *Arnika* (Arnica montana) unter Naturschutz. Diese würzig duftende Heilpflanze hat dottergelbe Röhren- und Zungenblüten.

Zungenblütige Korbblütler: Der Löwenzahn wird zu den zungenblütigen Korbblütlern (Liguliflorae) gerechnet. Diese besitzen nur fruchtbare Zungenblüten. Zu ihnen gehören die bekannte blaue *Wegwarte* (Cichorium intybus) (s. S. 103), die ungezählten Spielarten des *Habichtskrautes* (Hieraciumarten) und des *Pippaus* (Crepisarten). Alle Vertreter dieser Unterfamilie enthalten Milchsaft.

AUFGABE: Stelle nach dem Bau der Einzelblüten und dem Vorhandensein oder Fehlen des Milchsaftes von schon früher besprochenen Korbblütlern fest, ob sie zu den röhrenblütigen oder zu den zungenblütigen Korbblütlern gehören.

Merkmale der Familie Korbblütler

Ein Kranz von Hochblättern, der Hüllkelch, umschließt die Einzelblüten und bildet mit ihnen das »Blütenkörbchen«. Die Einzelblüten sind dem scheibenförmigen oder gewölbten Ende der Blütenstandsachse, dem Blütenboden, eingefügt.

Die aus fünf verwachsenen Blumenblättern gebildete Blütenkrone ist zungen- oder röhrenförmig. Die am Rande des Blütenkorbes stehenden Zungenblüten sind oft unfruchtbare Lockblüten.

Der Kelch der Einzelblüten ist verkümmert oder fehlt. Oft wird er durch einen Kranz feiner Haare ersetzt, der sich erst bei der Fruchtreife zum Pappus entwickelt.

In den fruchtbaren Blüten sind die Staubbeutel miteinander zu einer Röhre verbunden, die Staubfäden sind frei.

Der unterständige Fruchtknoten trägt einen Griffel mit zweiteiliger Narbe. Der wachsende Griffel schiebt den Pollen der vorstäubenden Blüte aus der Röhre.

Die unterständigen Fruchtknoten sind entweder trockenhäutigen Spreublättern des Blütenbodens eingefügt oder sitzen ihm unmittelbar auf.

Fruchtwand und Samenschale verwachsen zur Achäne. Früchtchen mit Pappus werden stets durch den Wind verbreitet.

Die Familie umfaßt mehr als 20 000 Arten.

Rainfarn
Jakobs-
Greiskraut
zweijähriger Pippau
Gold-
distel
Wiesen-
flockenblume
Schafgarbe
Mauerlattich
Rainkohl
filziges
Habichts-
kraut
Katzenpfötchen
Edel-
weiß

Die Orchideen

Bei uns kommen mit einer Ausnahme nur kleinblütige Orchideen vor. Sie stehen alle unter Naturschutz, auch das *breitblättrige* und das *gefleckte Knabenkraut* (Orchis majalis und O. maculata), die auf feuchten Wiesen mitunter in stattlichen Beständen auftreten. Die schwarzbraun gefleckten, wechselständigen, stengelumfassenden Blätter beider Arten sind lanzettlich, ganzrandig und parallelnervig. Die handförmigen, hellen jungen Knollen werden im Volksmund Christus-, Marien-, Johannis- oder Glückshändchen genannt, die braunschwarzen alten Wurzelknollen Teufels- oder Satansfinger. Die Knollen speichern Nährstoffe, die für die Blüten- und Fruchtbildung aufgebraucht werden. — Man kann die beiden Orchisarten am Bau des Stengels unterscheiden: das breitblättrige Knabenkraut hat einen hohlen, das gefleckte einen markhaltigen Stengel. — Bei flüchtigem Betrachten werden die zweiseitigsymmetrischen Blüten manchmal für Lippenblüten gehalten. Aber die Drei-

zähligkeit der Blüte und die parallelnervigen Blätter zeigen, daß die Knabenkräuter zu den einkeimblättrigen Gewächsen gehören. Das untere gespornte Perigonblatt ist lippenförmig verbreitert. Drei der oberen Perigonblätter neigen sich über das einzige Staubblatt, zwei stehen nach außen. Die Narbenplatte liegt dem unterständigen Fruchtknoten unmittelbar auf (Einzelheiten über Bau und Bestäubung der Blüte s. S. 111). Die reife Fruchtkapsel entläßt zwar unzählig viele winzige Samen. Da sich aber die Pflanzen bei uns fast nur durch die Knollen vermehren, ist die Einhaltung des Ausgrabeverbotes besonders wichtig.

Andere Orchideen: Zu den einheimischen Orchideen gehört das *Salepknabenkraut* (O. morio), bei dem sich die fünf oberen Perigonblätter alle helmartig zusammenschließen. Wir finden es im Frühsommer auf Wiesen und Triften, wo auch die *schwarzköpfige Orchis* (O. ustulata) und die angenehm *duftende Höswurz* (Gymnadenia conopea) blühen. — Verhältnismäßig häufig begegnet uns in Eichen- und Nadelwäldern die *Stendelwurz* (Platanthera). Ihre weißen, langgespornten Blüten stehen in lockeren Ähren und duften nach Vanille, wie die des *Kohlrösleins* (Nigritella nigra) der Kalkalpen (Standort über 1600 m). Seine dunkelpurpurnen Blüten sind in kopfigen Ähren angeordnet. — Beim *roten und weißen Waldvöglein* (Cephalanthera rubra bzw. longifolia)

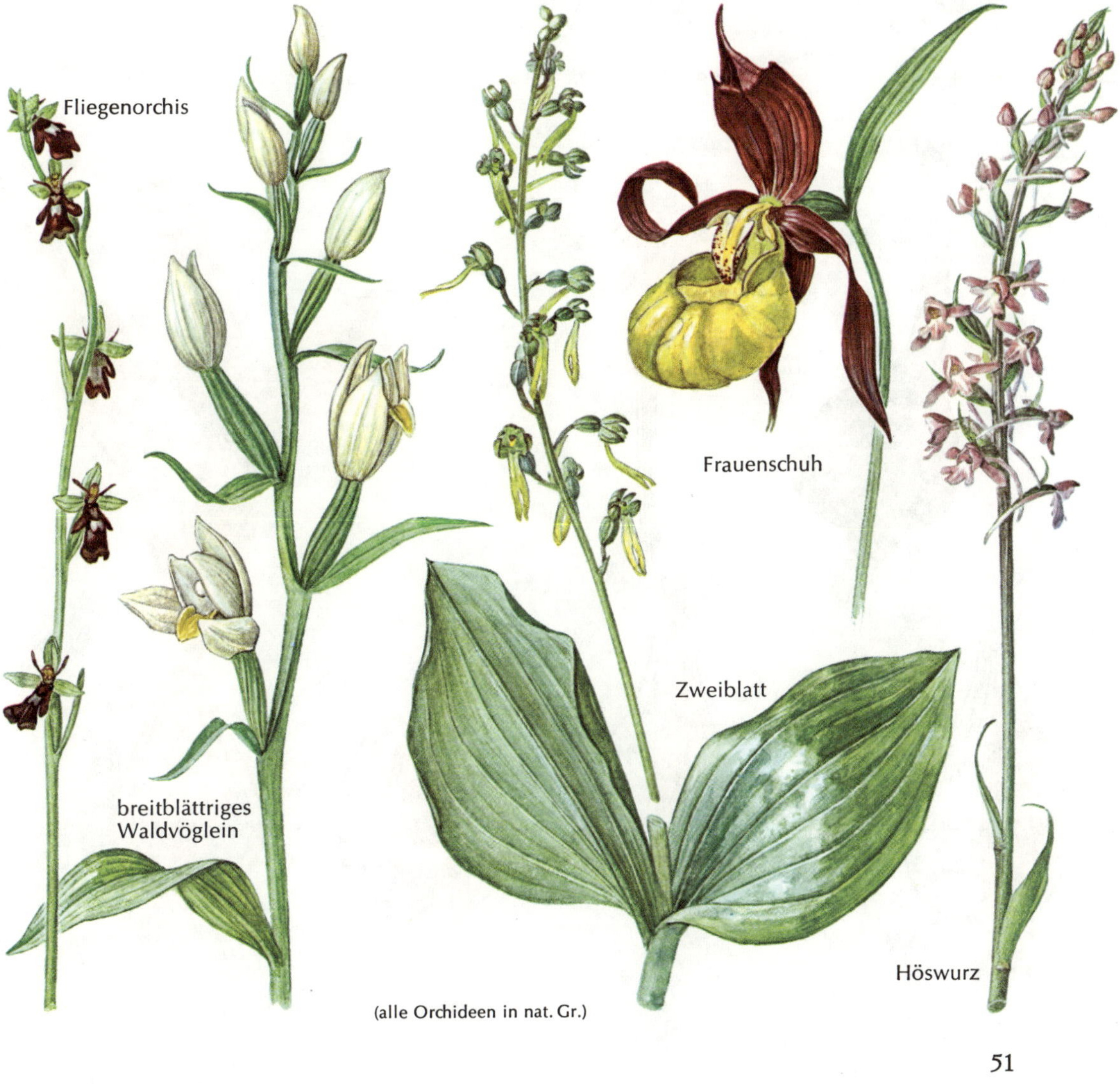

(alle Orchideen in nat. Gr.)

trennt eine Einschnürung die Lippe von dem napfförmigen Nektarbehälter. Es kommt in Wäldern und auf Kalkhügeln vor. Ähnlich gestaltet ist die Lippe der *echten Sumpfwurz* (Epipactis palustris), die stellenweise auf moorigen Wiesen blüht. Bei ihr spreizen aber die trübroten Perigonblätter glockenförmig auseinander. — Tief gespalten ist die auffallend lange Unterlippe der grünlichen Lippen des *Zweiblattes* (Listera ovata). An den zwei großen eiförmigen, fast gegenständigen Blättern kann man diesen Bewohner des Laubwaldes leicht erkennen. — Auf Wiesen und Hängen unserer Kalkgebiete findet man, leider nur noch selten, die *Ophrisarten*. Die samtige, dunkle Unterlippe und die hellen, z. T. flügelartig abstehenden Perigonblätter erwecken den Eindruck, als ob Fliegen, Bienen oder Hummeln an den Blütenstengeln hingen. — Noch seltener ist die größte und schönste unserer einheimischen Orchideen, der *Frauenschuh* (Cypripedium calceolus). Die aufgeblasene gelbe »Lippe« ist wie ein Pantoffel geformt und steht in eigentümlichem Gegensatz zu den lanzettlichen, dunkelpurpurnen oberen Perigonblättern. Man findet den Frauenschuh zerstreut in unseren Kalkgebirgen. — Die gelblichgrüne *Korallenwurz* (Corallorrhiza) und die bräunliche *Nestwurz* (Neottia nidus-avis) werden später besprochen (s. S. 68).

Große, buntfarbige Vertreter dieser Familie sind heute in den Schaufenstern vieler Blumenläden zu sehen. Es sind im Gewächshaus gezogene Orchideen der tropischen Urwälder.

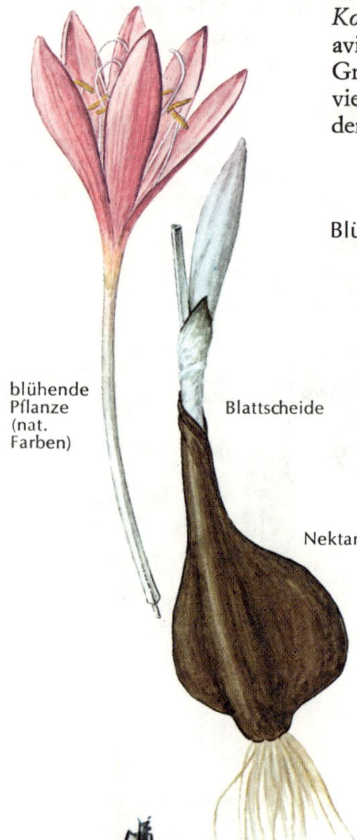

Blühen und Fruchten der Herbstzeitlose im Laufe von zwei Jahren.

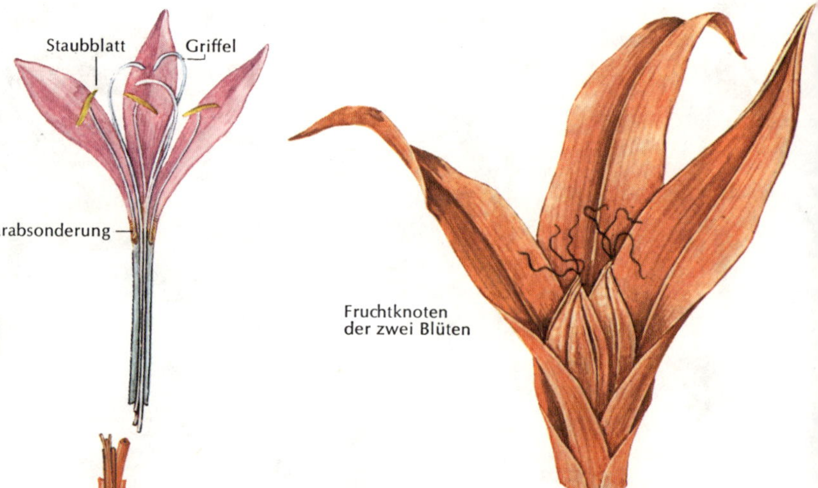

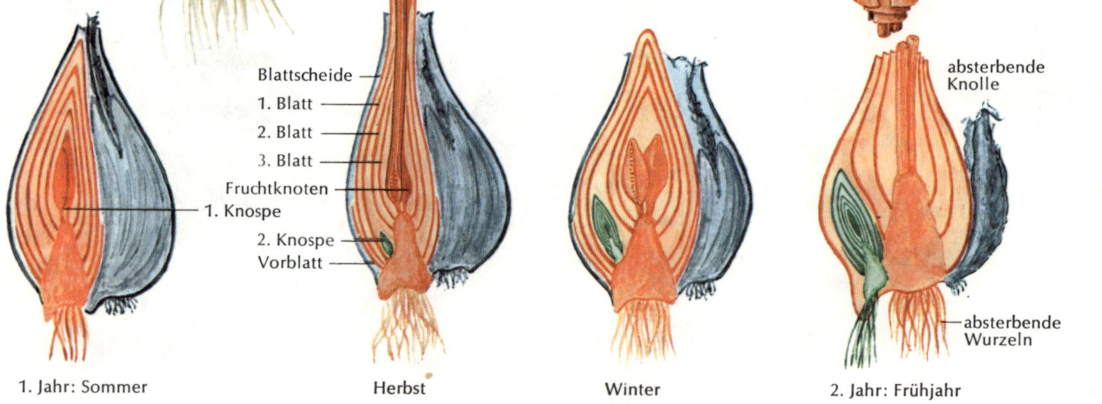

Die Herbstzeitlose

Etwa im September, wenn bei den meisten Blumen Blüte- und Reifezeit vorüber sind, finden wir auf feuchten Wiesen die zarten, blaßvioletten Blüten der Herbstzeitlose (Colchicum autumnale). Sie ähneln denen des Krokus. Aber die lange Perigonröhre der sechszipfeligen Krone umschließt sechs Staubblätter, außerdem die drei auffallend langen Griffel des oberständigen Fruchtknotens, der im Herbst noch tief im Boden steckt. Die Blüte entwickelt sich aus einem kurzen bewurzelten Sproß an der Seite einer Sproßknolle, die ihm die Nährstoffe liefert. Die bestäubte Blüte welkt rasch. Der Fruchtknoten überwintert in der Erde. Im nächsten Frühjahr streckt sich der Sproß und hebt inmitten von drei großen parallelnervigen Blättern den reifenden Fruchtknoten über den Boden. Erst im Juni entläßt die Kapsel zahlreiche Samen, die sich mit ihren klebrigen Anhängseln leicht an die Hufe weidender Tiere heften. So wird die Pflanze verbreitet. Die in den grünen Blättern bereiteten Nährstoffe werden in einer neuen Sproßknolle gespeichert, während die alte einschrumpft. An der Seite der neuen Knolle entwickelt sich wieder eine junge Pflanze. Diese entfaltet schon im Herbst ihre Blüten, im folgenden Frühjahr erst die im Sommer vorher angelegten Blätter. Die sehr giftige Pflanze wird vom Vieh verschmäht. Der Giftstoff wird auch beim Trocknen im Heu nicht zerstört. Er findet aber als Heilmittel Verwendung.

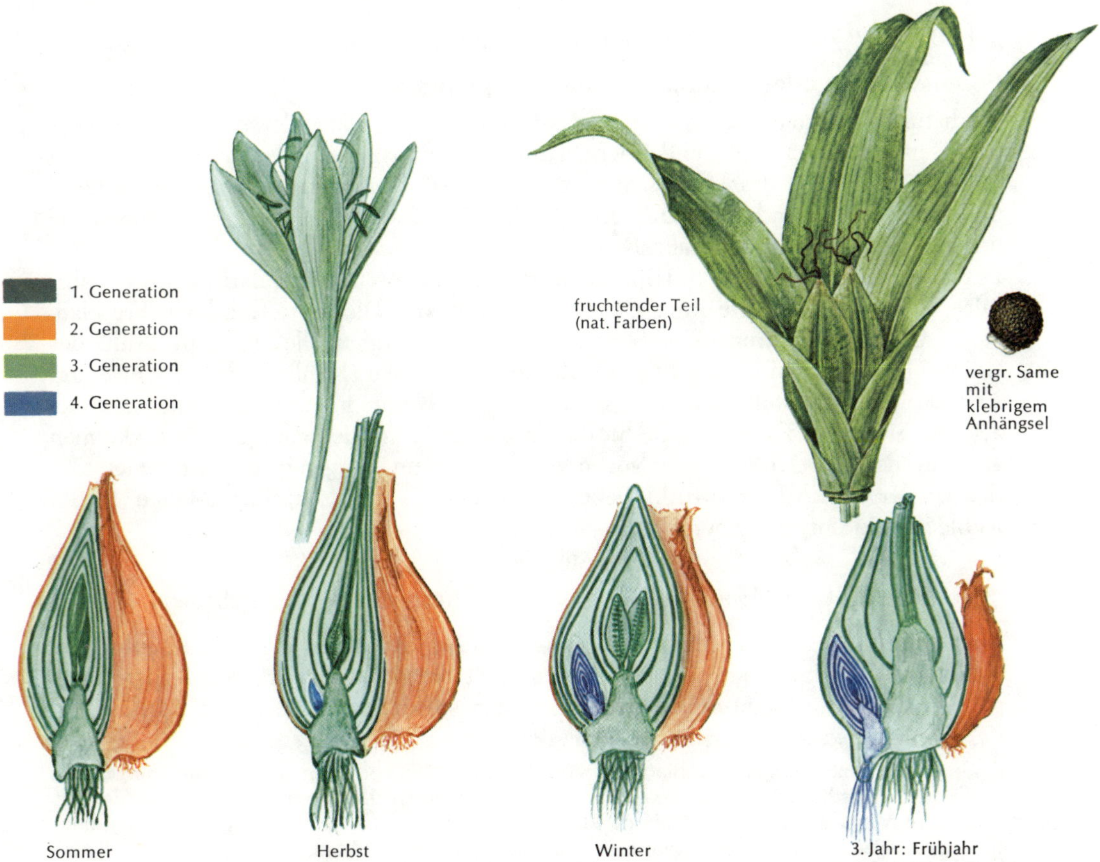

Die Ernährung der Pflanzen

Rundblättriger Sonnentau

Nestwurz

I. LEBENSVORGÄNGE UND LEBENSERSCHEINUNGEN

Photosynthese oder Assimilation des Kohlendioxides

Wachstum ist ohne Stoffaufnahme unmöglich. Aber auch alle anderen Lebensvorgänge bedürfen dauernder Stoff- und Energiezufuhr. Daher ist die Aufnahme von Nahrung eine Voraussetzung des Lebens. Bei den Tieren ist die Stoffaufnahme sehr auffällig und leicht zu beobachten. Auch die Pflanze nimmt ständig Stoffe auf, wandelt sie um und gibt die für sie unbrauchbaren ab.

Dem Boden entnimmt sie mit ihrem Wurzelgeflecht Wasser und darin gelöste Nährsalze, der Luft mit Hilfe ihrer Blätter Kohlendioxid. Diese Stoffe bilden ihre Nahrung. Unter Mitwirkung des Sonnenlichtes als Energiequelle und mit Hilfe des Chlorophylls werden in den Blättern Zucker und Stärke (Kohlenhydrate), Fette und Eiweißstoffe hergestellt. Diese findet man in der Natur nur in Organismen und bezeichnet sie daher als organische Stoffe, im Gegensatz zu den anorganischen, die man auch in der unbelebten Welt vorfindet. Bei diesem Vorgang entsteht Sauerstoff, der wieder in die Luft zurückgegeben wird, und zwar in derselben Menge, in der Kohlendioxid aufgenommen wurde.

$$\text{Wasser} + \text{Kohlendioxid} \xrightleftharpoons{\text{Licht, Blattgrün}} \text{Organische Stoffe} + \text{Sauerstoff}$$

Man nennt ihn Photosynthese (gr. phos = Licht; Synthese = Aufbau, Zusammenstellung). Einfache Stoffe der unbelebten Welt werden dabei zu neuen zusammengefügt und dem Organismus angeglichen. Man spricht daher auch von Assimilation des Kohlendioxids (lat. assimilare = angleichen).

Auch ohne Sonnenenergie und Blattgrün können z. B. Kleinlebewesen des Bodens anorganische Stoffe in organische umwandeln und ihrem Körper angleichen. Die Assimilation ist also der umfassendere Vorgang. Mit dem Ausdruck Photosynthese meint man nur die geschilderte Assimilation des Kohlendioxides unter Mitwirkung von Sonnenenergie und Blattgrün.

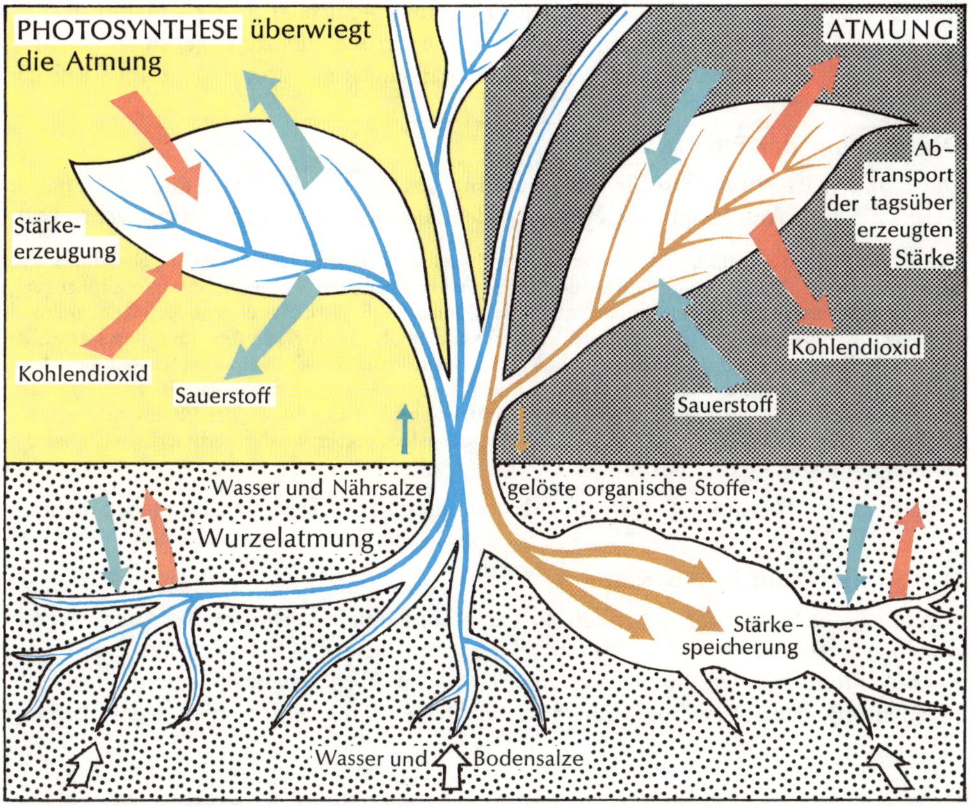

Die bei der Photosynthese entstandene Stärke kann leicht nachgewiesen werden. Außer dieser Assimilationsstärke werden auch Fette, Eiweiß und fast alle Stoffe des Pflanzenkörpers bei der Assimilation gebildet. Ein Teil wird für die spätere Verwendung gespeichert: Reservestoffe. Solche sind etwa in der Wurzel, im Sproß oder auch in den Samen enthalten.

VERSUCH: Stärke läßt sich durch eine alkoholische Jodlösung (Jodtinktur) nachweisen. Ein teilweise abgedecktes Blatt einer vorher gut belichteten Zimmerpflanze (z. B. Tradescantia) zeigt nur im belichteten Teil die kennzeichnende Blaufärbung. Das störende Blattgrün muß vor dem Zusatz der Jodtinktur durch Einwirken von heißem Spiritus entfernt werden (s. Bd I, S. 62).

Stärke kann also nur gebildet werden, wenn Blattgrün vorhanden ist und Licht einwirken konnte.

Merke: Durch die Photosynthese und Assimilation der Pflanze werden in der Natur aus anorganischen Stoffen organische aufgebaut.

Die chemischen Vorgänge sind im wesentlichen geklärt. Eine »Assimilation im Reagenzglas« ist heute möglich, aber sehr kostspielig. Die Erzeugung organischer Stoffe außerhalb der Pflanze könnte in der Zukunft für die Versorgung der anwachsenden Menschheit mit Lebensmitteln Bedeutung gewinnen.

Autotrophie und Heterotrophie

Menschen und Tiere entnehmen der pflanzlichen oder tierischen Nahrung organische Stoffe, die sie dann in körpereigene umwandeln. Die Abhängigkeit des tierischen

Lebens von der Pflanze hinsichtlich der Ernährung bezeichnet man als Heterotrophie (gr. heteros = fremd, trophé = Ernährung). Die grüne Pflanze dagegen ist in ihrer Ernährung von anderen Organismen unabhängig. Sie ist autotroph (gr. autos = selbst).

Die Atmung der Pflanze

Die Atmung ist notwendig für die Erhaltung des Lebens. So atmet auch die Pflanze (s. Bd. I, S. 64). An nichtgrünen Pflanzenteilen läßt sich die Atmung leicht nachweisen.

VERSUCH: Keimende Erbsen, die wir etwa zwei Stunden in einem Thermosgefäß gehalten haben, entwickeln durch ihre Atmung Wärme, die zu einer leicht meßbaren Temperaturerhöhung führt (vgl. die Temperaturerhöhung in den Blütenspathen des Aronstabs, S. 114). Das entstandene Kohlendioxid kann man nachweisen, indem man destilliertes Wasser zugibt, kräftig schüttelt und dieses anschließend in Kalkwasser eingießt (Trübung). — Kalkwasser trübt sich auch, wenn man ausgeatmete Luft durch einen Trinkhalm einbläst. Aber auch grüne Pflanzenteile atmen, wenn das zur Photosynthese nötige Licht fehlt, z. B. bei Nacht. Die Atmung findet selbst bei Tage neben der Photosynthese statt. Da das ausgeschiedene Kohlendioxid von der Pflanze jedoch sofort wieder verbraucht wird, ist die Atmung nicht ohne weiteres nachzuweisen.

ÜBERLEGUNG: Warum soll man im Schlafzimmer keine Topfpflanzen stehen haben?

Der Stoffkreislauf in der Natur

Zwischen den autotroph lebenden Pflanzen und den heterotroph lebenden Tieren bestehen enge Beziehungen. Die durch die pflanzliche Assimilation erzeugten organischen Stoffe werden im Körper des Tieres zu körpereigenen Stoffen umgebaut (Wachstum), oder sie werden mit Hilfe von Sauerstoff »veratmet«. Bei der Atmung

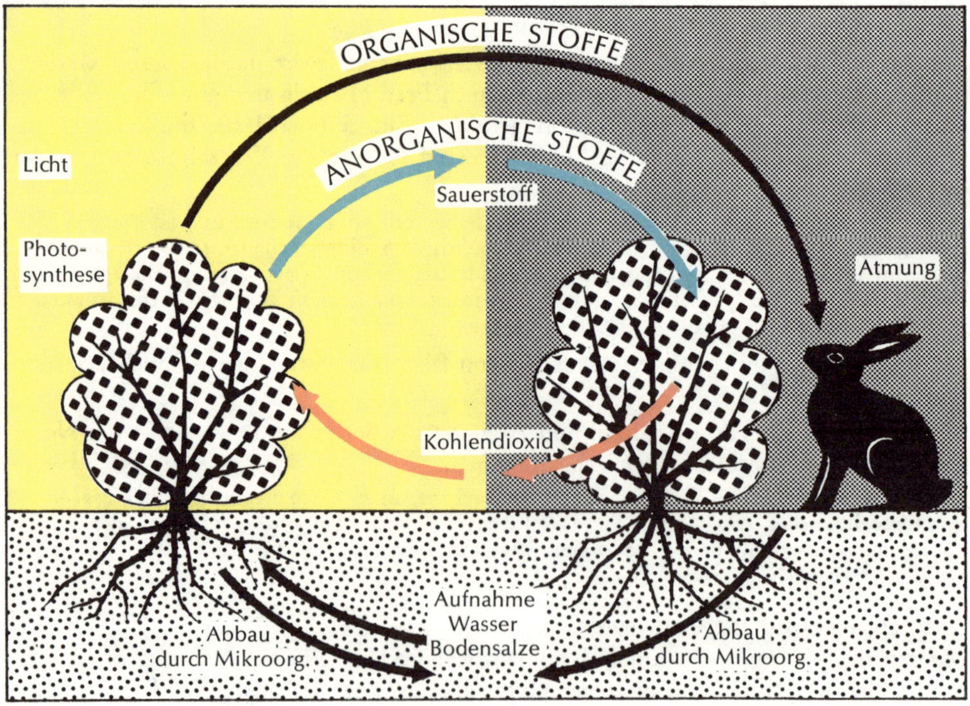

entsteht Energie (z. B. als Wärme, Bewegung usw.), und Kohlendioxid wird abgegeben (vgl. Tierkunde). Dieses Kohlendioxid kann von den Pflanzen wieder aufgenommen und assimiliert werden. Umgekehrt wird bei der Photosynthese wieder Sauerstoff für die Atmung der Tiere erzeugt.

Wir erkennen: Bei der Atmung laufen die Vorgänge der Photosynthese in entgegengesetzter Richtung ab. Die organischen Stoffe werden wieder zu anorganischen Stoffen abgebaut. Dabei wird Energie frei.

Zwischen der Photosynthese der Pflanzen und der Atmung aller Organismen hat sich im Laufe der Zeit ein *Gleichgewicht* eingestellt. Beide Vorgänge ergänzen einander im Stoffkreislauf so, daß die Zusammensetzung der Luft gleich bleibt. Jede Anreicherung von Kohlendioxid (durchschnittlicher Gehalt: 0,03%) würde eine verstärkte Assimilation der Pflanzen hervorrufen, wobei Kohlendioxid verbraucht und Sauerstoff ausgeschieden würde. Das vorübergehend gestörte Gleichgewicht in der Zusammensetzung der Luft wird rasch wieder hergestellt. Ein derartiges Gleichgewicht bezeichnet man als *dynamisch* (gr. dynamos = Bewegung). Der Kreislauf der Stoffe in der Natur (s. auch S. 32) umfaßt nicht nur die Assimilation des Kohlendioxids (Photosynthese) sondern auch andere Vorgänge (s. S. 190).

Ein Gleichgewicht dieser Art läßt sich auch in einem richtig mit Pflanzen und Tieren besetzten, von der Außenluft völlig abgeschlossenen Aquarium herstellen. Infolge der Sauerstofferzeugung der assimilierenden Pflanzen können die Tiere atmen. Das bei der Atmung der Tiere entstehende Kohlendioxid wird von der Pflanze wieder aufgenommen. Voraussetzung für die Erhaltung des Gleichgewichtes ist ausreichende Belichtung.

Die Lebensbedingungen der Pflanze

Um gedeihen zu können, braucht die Pflanze Wasser, Licht, Luft und Nährsalze. So wie die Tiere sich die Nahrung streitig machen, kommt es auch unter Pflanzen zu einem Kampf um die Voraussetzungen des Daseins. Bereits ein ungünstiger Faktor, z. B. fehlendes Licht, bestimmt das Ausmaß der Photosynthese. Dieser *Minimumfaktor* bestimmt die Stofferzeugung und das Wachstum und entscheidet damit über Gedeih und Verderb der Pflanze.

Anwendungen

Die Erforschung der Ernährung der Pflanze und der besonderen Bedingungen ihres Wachstums hat große praktische Bedeutung. Durch künstliche Düngung versucht man die Nährsalzversorgung so gut wie möglich (optimal) zu gestalten.

Den Nährsalzbedarf einer Pflanze ermittelt man, indem man sie in Nährsalzlösungen (Hydrokulturen) hält. Den Einfluß der einzelnen Salze auf das Wachstum der Pflanze erkennt man, wenn man die Zusammensetzung der Lösung verändert. Auch wir können solche »Hydrokulturen« ansetzen.

BEOBACHTUNGSAUFGABEN: Stelle eine »Stammnährsalzlösung« durch Auflösen von Mairol, Hydral oder einem anderen käuflichen Blumendüngemittel in Wasser nach Gebrauchsanweisung her und ziehe darin Tradescantien. Als Gefäße können wir beliebige Gläser verwenden, es sind aber auch besondere Kulturgefäße erhältlich (s. Bd. I, S. 73). Vergleiche das Wachstum dieser Pflanzen mit dem Gedeihen derselben Pflanzenart in einer zehnfach verdünnten »Stammlösung«. Stelle für die Kultur eine Nährlösung aus den einzelnen Salzen her. Läßt man in Parallelversuchen einen bestimmten Bestandteil weg, so wird die Entwicklung der Pflanze gestört. Fehlt z. B. ein eisenhaltiger Stoff, so bildet sich kein Blattgrün.

Knopsche Nährlösung: In einem Liter Wasser werden aufgelöst: 1 g Kalziumnitrat, je 1/4 g Magnesiumsulfat, primäres Kaliumphosphat und Kalisalpeter, sowie eine Spur Eisensulfat.

II. DIE UMWELT DER PFLANZE

Die natürliche Umwelt erfüllt die Lebensbedingungen der Pflanzen selten in vollem Maße, zumal sie sich aus vielen Faktoren zusammensetzt. Die Pflanzen haben sich meist auf die besonderen Verhältnisse ihres Standortes eingestellt und bilden dort charakteristische Pflanzengesellschaften. Besonders auffällig sind die Anpassungserscheinungen an die Wasserversorgung und an die herrschenden Lichtverhältnisse, denn von Wasser und Licht hängt die autotrophe Ernährung vorzugsweise ab. Aber auch der Nährsalzgehalt des Bodens wird oft auf eigentümliche Weise ergänzt und ein Mangel bestimmter Salze durch »Zusatzversorgung« ausgeglichen.

1. Wasser

Bei den Wasserpflanzen beobachten wir oft eine starke Vergrößerung der Oberfläche von Blättern und anderen Organen (Beispiele: Wasserpest, Wasserhahnenfuß u. a. — Vergleiche damit die Oberflächenvergrößerung der Kiemen wasserbewohnender Tiere). Dadurch wird der Gasaustausch zwischen Pflanze und Wasser erleichtert. Außerdem finden wir fast immer ein sog. Durchlüftungsgewebe, d. h. alle Organe der Pflanze werden von zahlreichen Luftgängen durchzogen. Es gibt der Pflanze Auftrieb und fördert ebenfalls den Gasaustausch. Leitungsbahnen, sog. Adern, und starke Festigungselemente dagegen kann die Pflanze weitgehend entbehren. Sie sind nur gering entwickelt, auch werden selten Wurzeln ausgebildet (s. S. 186).

BEOBACHTUNGSAUFGABE: Untersuche Wasserpflanzen auf diese Merkmale.

Bei den Landpflanzen ist die Wasserversorgung gelegentlich schwierig. Die Blattflächen verdunsten ständig Wasser, das von den Wurzeln nachgeliefert werden muß (Bedeutung für den Stofftransport). In sehr feuchter Umgebung (Beispiele?) ist der Körperbau der Pflanze auf den Wasserüberschuß eingestellt. Die Pflanzen besitzen große, dünne und saftreiche Blattspreiten, die viel Wasser verdunsten können. Man bezeichnet die Pflanzen dieser Standorte als *Hygrophyten* (gr. hygros = feucht, phyton = Pflanze).
An trockenen Standorten zeigen die Pflanzen in ihrem Bau Eigentümlichkeiten, die die Verdunstung stark herabsetzen. Die Hartlaubgewächse des Mittelmeerraumes (z. B. Ölbaum, Myrthe, Lorbeer, Oleander u. a.) tragen kleine lederartige und saftarme Blätter; dichte Behaarung bietet Schutz gegen allzustarke Sonneneinstrahlung (z. B. Edelweiß). Durch Umbildung von Sproßteilen wird die Oberfläche verkleinert und die Verdunstung eingeschränkt. So entstand die für die Trockengebiete der Welt kennzeichnende »Kaktusform« (Cereus, Opuntien — vgl. Kapitel Zimmerpflanzen Bd. I, S. 70 ff.). Die zusätzliche Ausbildung von Blattdornen schützt in den Trockengebieten die wasserspeichernden Sprosse der Kakteen vor Tierfraß. Die »Kakteen« gehören verschiedenen Familien an, man zählt sie zu den Stammsukkulenten. Die Blattsukkulenten dagegen (Fetthenne, Mauerpfeffer, Hauswurz) sammeln Wasser in ihren dickfleischigen, mit Wachs überzogenen Blättern (s. Bd. I, S. 115). — Alle Pflanzen, die Anpassungen an die Trockenheit des Standortes aufweisen, bezeichnen wir auch als *Xerophyten* (gr. xeros = trocken).

BEOBACHTUNGSAUFGABE: Wo gibt es bei uns ausgesprochen trockene Standorte? Untersuche die Pflanzen, die du dort antriffst, auf die angeführten Merkmale (s. Bd I, S. 116).

Wechselnde Feuchtigkeitsverhältnisse während des Jahres bedingen vielfach eine wechselnde Lebenstätigkeit der Pflanze. Oft ist damit eine Veränderung ihres Aussehens verbunden. Diese Pflanzen bezeichnet man als *Tropophyten* (gr. tropeein = umwenden). In unserem Klima bringt der Winter für fast alle Pflanzen eine Periode sehr geringer Bodenfeuchtigkeit. Die meisten können zudem schon bei Temperaturen, die wenig über dem Gefrierpunkt liegen, dem Boden kein Wasser mehr entnehmen. Schnee und Eis können die Pflanzen erst recht nicht nützen. Daher ist die Winterzeit für sie eine ausgesprochene Trockenperiode.
Der Laubfall unserer Bäume im Herbst (s. S. 22) stellt vor allem eine Schutzmaßnahme gegen die Austrocknung während des Winters dar. Schützende harzreiche Winterknospen der Laubbäume und Sträucher (Verdunstung), Rhizome, Zwiebeln u. dgl. ermöglichen es der Pflanze, die ungünstige Trockenzeit zu überdauern, um dann im wasserreicheren Teil des Jahres ihre Lebenstätigkeit wieder aufzunehmen.

2. Licht

Wie wir an Topfpflanzen beobachten können, strebt die grüne Pflanze mit ihren Blättern in der Regel zum Licht. Der Lichtbedarf der Pflanzen ist aber sehr unterschiedlich.

Mindestlichtmenge einiger Pflanzen (1 = volles Tageslicht)

Buche	bis 1/60	Birke	bis 1/108	Farne	bis 1/1700
Feldahorn	bis 1/43	Sauerklee	bis 1/100	Laubmoose	bis 1/2000

Wir unterscheiden lichthungrige Pflanzen mit großem und Schattenpflanzen mit geringem Lichtbedarf. Bei einer gewissen Mindestmenge Licht ist für jede Pflanzenart die Grenze der Assimilationsmöglichkeit und damit der Existenzfähigkeit erreicht. Sie kann nur gedeihen, wenn es ihr gelingt, sich die notwendige Mindestbelichtung zu verschaffen. Daher wächst sie zum Licht und beschattet dadurch andere, die ebenfalls zum Licht streben. So entsteht unter den Pflanzen eines Standortes ein zäher und unaufhörlicher Wettbewerb um die Energiequelle der Assimilation. Hochwüchsige Pflanzen haben es in diesem Wettstreit natürlich leichter als kleinwüchsige. Ihre Mindestlichtmenge liegt auffallend höher als die der im Schatten lebenden Pflanzen (s. Tabelle).
Schlingpflanzen oder Lianen klettern an fremden Sprossen hoch, die Epiphyten wachsen losgelöst vom Boden auf anderen Pflanzen, vor allem auf Bäumen (gr. epi = auf). Im tropischen Urwald sind Lianen und Epiphyten weit verbreitet, aber auch in unserer Pflanzenwelt sind sie vertreten — wenn auch nicht allzu häufig.
Von den Lianen befestigt sich das Labkraut mit Seitensprossen an benachbarten Pflanzen (Spreizklimmer), Kletterrosen und Brombeeren haken sich mit Stacheln ein, und der Efeu hält sich mit Haftwurzeln fest. Unsere bekannten Schlingpflanzen, wie Hopfen und Feuerbohne, führen mit dem Stengel Windebewegungen aus, erfassen eine Stütze und winden sich an ihr hoch. Rankenpflanzen wie der Wein bilden berührungsempfindliche Befestigungsorgane aus, mit denen sie sich anheften. Zu Ranken können verschiedene Organe umgebildet werden. Beim Kürbis und der Gurke sind es Blätter, bei der Erbse Blattspreiten, die diese Aufgabe übernehmen (Blattranken). Manche Arten des wilden Weins tragen an den Enden der Rankenzweige (Sproßranken) zusätzlich Haftscheiben.
Epiphyten siedeln auf anderen Pflanzen, besonders an Stämmen und im Geäst der Bäume. In der gemäßigten Zone finden wir unter den Moosen und Flechten zahlreiche Beispiele. Solche Epiphyten können vollkommenes Austrocknen vertragen. Vielfach nehmen sie mit Hilfe besonderer Einrichtungen (Quellkörper) aus feuchter Luft Wasserdampf auf. Austrocknung versetzt sie in einen scheintodähnlichen Zustand.

Von den zahlreichen Epiphyten des tropischen Urwaldes werden einige auch als Zimmerpflanzen gehalten (s. Bd. 1, S. 70 ff.), so die Zisternenepiphyten, deren Blätter Behälter bilden, in denen das Regenwasser aufgefangen und gespeichert wird.
Manche Pflanzen im schattigen Laubwald (Leberblümchen, Buschwindröschen, Schneeglöckchen u. a.) benützen die günstigeren Lichtverhältnisse vor der Laubentfaltung im Frühling (s. S. 28). In kurzer Zeit blühen, fruchten und sammeln sie Reservestoffe für das nächste Jahr: Frühblüher.

3. Temperatur, Kohlendioxid und Nährsalze

Die Temperatur wirkt auf alle Lebensvorgänge der Pflanze. Sie beeinflußt besonders das Wachstum. Die günstigsten Temperaturen liegen zwischen 20 und 30° C. Beim Gefrierpunkt stellen die meisten einheimischen Pflanzen ihre Assimilation ein. Pflanzen kalter Zonen können bei Temperaturen unter 0 Grad assimilieren. Auch die Fichte erzeugt noch bis —36 Grad organische Stoffe. Bei höheren Temperaturen (35—50° C) wird bei den meisten Pflanzen die Assimilation unterbrochen, z. B. bei Wüstenpflanzen und den Hartlaubgewächsen des Mittelmeergebietes.
Bei voller Sonneneinstrahlung setzt der geringe Kohlendioxidgehalt der Luft (0,03 %) der Assimilation eine Grenze (Minimumfaktor). Nur in unmittelbarer Bodennähe ist durch die Abbautätigkeit der Bodenlebewelt der Gehalt an Kohlendioxid größer. Davon ziehen vor allem die dicht am Boden wachsenden Pflanzen Nutzen (Blattrosetten, s. S. 91). In Gewächshäusern konnte man durch eine Anreicherung des Kohlendioxides auf 0,1 % bei Gurken und Tomaten das Dreifache der normalen Ernte erzielen.

Die »Bausteine« für Kohlehydrate (Zucker, Stärke) und Fette sind im Wasser und im Kohlendioxid enthalten. Zum Aufbau der lebenswichtigen Eiweißstoffe benötigt die Pflanze aber Nährsalze, vor allem solche, die Stickstoff und Phosphor in geeigneter Form bieten.

Zur Wiederholung und Vertiefung: Zeige an charakteristischen Beispielen Anpassungen des Tier- und Pflanzenkörpers an die Art der Nahrungsbeschaffung.

III. BESONDERE ERNÄHRUNGSWEISEN

Im Wettbewerb um die Nahrung entwickeln manche Pflanzen erstaunliche Fähigkeiten. Die fleischfressenden Pflanzen fangen und verdauen Tiere, Schmetterlingsblütler halten sich Bakterien, Schmarotzer zehren von anderen Pflanzen und die Fäulnisbewohner holen sich ihre Nahrung aus dem Moder.

1. Fleischfressende Pflanzen

Auf Moorböden, im tropischen Urwald und auf reinen Sandböden leiden viele Pflanzen unter Stickstoffmangel. Auch in Seen und fließenden Gewässern ist der Gehalt an verfügbarem Stickstoff oft gering. Diesem Mangel begegnen die fleischfressenden Pflanzen durch die Fähigkeit, Tiere zu fangen. Aus dem Körpereiweiß der Beutetiere beziehen sie zusätzlich Stickstoff, den sie zum Aufbau von pflanzlichem Eiweiß benötigen.
Sie können zwar autotroph leben, gedeihen aber besser, wenn sie zusätzlich Eiweißstoffe aufnehmen können: *Zusatzversorger*. Sie besitzen eigentümliche Fang- und Verdauungswerkzeuge, die sich im Gegensatz zu den entsprechenden Einrichtungen bei Tieren meist nach außen entfalten. Die Fangeinrichtungen sind mit denen, die der

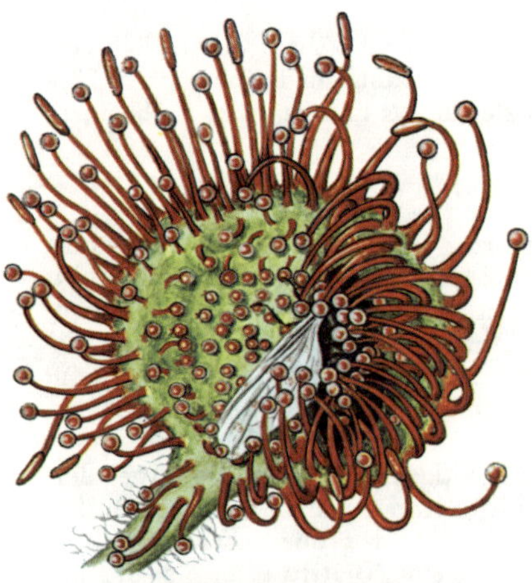

Blatt mit Insekt (vergr.)

Drüsenhaare (Tentakeln) vom Blattrand und von der Blattfläche

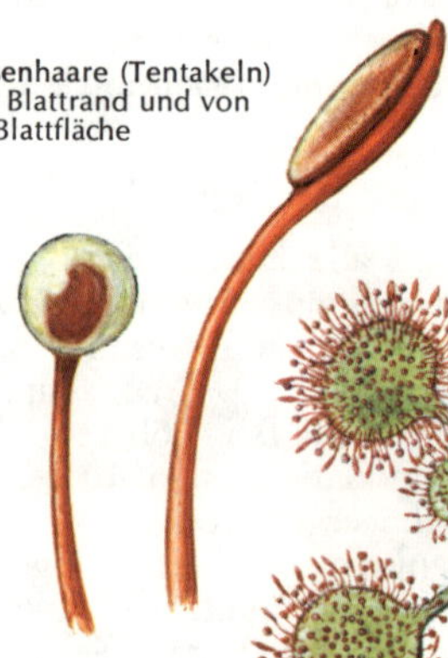

rundblättriger Sonnentau

Mensch benützt, vergleichbar. Wir unterscheiden: Kleborgane, die ähnlich wie die bekannten Leimruten wirken und Klappfallen mit außerordentlich rasch ablaufenden Bewegungen ihrer Teile. Schließlich gibt es Kannenfallen, die wie Fallgruben gebaut sind. Von den etwa 380 bekannten Arten fleischfressender Pflanzen leben die meisten in den Tropen und Subtropen, einige finden sich auch in der einheimischen Pflanzenwelt.

Kleborgane

Der Sonnentau

BEOBACHTUNGSAUFGABEN: Unter einer Glasglocke kann man Sonnentaupflanzen in einer Schale halten, wenn man etwas Torfmoos vom natürlichen Standort beifügt und zum Gießen Regenwasser verwendet. Gegen kalkhaltiges Wasser ist die Pflanze empfindlich. — Bringe kleine Fliegen, winzige Fleisch- und Wurststückchen auf die Stieldrüsen. Beobachte die Reaktionen. Wiederhole den Versuch mit Sandkörnchen. Woran erkennt man, daß die Pflanze ein Unterscheidungsvermögen besitzt?

Im nassen Torfmoos des Hochmoores finden wir oft den *rundblättrigen Sonnentau* (Drosera rotundifolia), seltener den *mittleren Sonnentau* (D. intermedia). Beide sind zwar klein, jedoch durch die zahlreichen roten *Stieldrüsen* ihrer Blätter auffällig. Klebrige, nach Honig duftende, in der Sonne wie Tauperlen glitzernde Tröpfchen der Drüsenhaare locken kleinere Insekten an. Sie bleiben an den Tröpfchen kleben und kommen bei ihren Befreiungsversuchen mit weiteren Klebdrüsen in Berührung. Außerdem werden durch die Bewegungen die Stieldrüsen gereizt. Diese krümmen sich nach innen gegen die Blattmitte. Das Blatt bildet eine Mulde und umschließt das Insekt teilweise. »Fühltüpfel« erfüllen die Aufgabe von Sinnesorganen, denn sie nehmen den Berührungsreiz auf und leiten ihn auf noch ungeklärte Weise zum Fuß des Stieles, der sich daraufhin krümmt. In ähnlicher Weise bewegen sich die benachbarten Stiele. — Wir erkennen, daß auch im pflanzlichen Organismus eine Reizleitung stattfinden kann. Ein fallender Regentropfen ruft keine Krümmung hervor. Die Stieldrüsen können Genießbares von Ungenießbarem unterscheiden: sie reagieren auf Eiweißstoffe. Außer Schleim wird Säure abgeschieden. Wie in den Verdauungsorganen der Tiere tötet die Säure die Bakterien ab, die sonst das Tier bald zersetzen würden. Die Säure schafft auch die Bedingungen für die Einwirkung der Verdauungssäfte. Die gelösten Stoffe werden schließlich vom Blatt aufgenommen. Nach einiger Zeit richten sich die Stieldrüsen auf und sind erneut fangbereit. Der unlösliche Chitinpanzer kleinerer Insekten wird von den Haaren wieder freigegeben und vom Winde fortgeblasen. Blätter, die ein größeres Insekt verdaut haben, sind »erschöpft« und welken. Da sich der Sonnentau hauptsächlich auf diese Weise von organischen Stoffen ernährt, braucht er nur wenige kleine Wurzeln, die ihn vor allem im Mooskissen befestigen. Nur einige seiner kleinen weißen Blüten öffnen sich bei Sonnenschein und stets nur in den Vormittagsstunden. Bei trübem Wetter bleiben alle geschlossen. Trotzdem reifen in den Kapseln Samen heran, da Selbstbestäubung erfolgt: Knospenbefruchtung (Bd. I, S. 86).

Fettkraut (Pinguicula vulgaris)

Auf moorigen Wiesen oder auch auf Lehmböden finden wir im Spätfrühling nicht selten zierliche Pflänzchen mit blauvioletten Rachenblüten. Die Blüten entspringen einzeln einer bleichgrünen, fettig glänzenden Blattrosette (Name), die dicht dem Boden anliegt. Die Blätter sind mit zahllosen winzigen, gestielten und ungestielten Drüsen bedeckt. Die Drüsen scheiden zunächst einen kleb-

gemeines Fettkraut

Wasserschlauch

rigen Schleim aus, an dem kleine Insekten, z. B. Blattläuse, haften bleiben. Sowie ein Tier gefangen ist, sondern die gleichen Drüsen Säure mit einem Verdauungsferment ab. Wenn die Beute am Blattrand liegt, rollt sich dieser etwas ein. In den entstehenden Furchen sammelt sich besonders reichlich Verdauungssaft. Die kleinen Insekten werden innerhalb weniger Tage bis auf winzige Reste verdaut. Auch angewehter Blütenstaub wird aufgelöst und als zusätzliche Eiweißquelle verwendet. — Sonnentau und Fettkraut stehen unter Naturschutz.

Klappfallen

Der Wasserschlauch (Utricularia vulgaris)

Sehr wirksame Tierfallen besitzt der einheimische Wasserschlauch. Seine Sprosse schweben völlig wurzellos im offenen Wasser von Sümpfen, zwischen Schilf u. dgl. Nur die leuchtend goldgelben, dem Löwenmaul ähnlichen Blüten erheben sich im Hochsommer über die Wasseroberfläche. Die völlig untergetauchten, mehrfach gefiederten Blätter (Oberflächenvergrößerung, s. S. 58) lösen sich in feine Zipfel auf, an denen vielfach kleine, sackförmige, mit Wasser gefüllte Blasen stehen, Die dünnen Wände der Blase sind auf der Innen- und Außenseite mit zahlreichen Drüsenhaaren besetzt, die Wasser durch die Blasenwand hindurch nach außen abscheiden können.

Fast die Hälfte des wäßrigen Blaseninhaltes kann so nach außen transportiert werden. Dadurch entsteht im Innern der Blase ein erheblicher Unterdruck, und die elastischen Seitenwände dellen sich ein. An ihrem spitzen Ende besitzt die Blase eine Öffnung, die durch eine sich elastisch nach innen öffnende Klappe dicht verschlossen ist. Lange Borsten an dieser Klappe wirken wie Hebel.

Berühren mikroskopisch kleine Krebschen, Geißeltierchen oder andere Kleinlebewesen, von denen es im Faulschlammbereich wimmelt, einen Borstenhebel, so öffnet sich die Klappe wie eine Falltüre nach innen. Der Unterdruck in der Blase wird ausgeglichen, und die vorher eingedellten, elastischen Seitenwände entspannen sich. Sie saugen dadurch ruckartig und mit großer Gewalt Wasser in die Blase. Der Sog reißt die Tierchen mit dem Wasser ins Innere, die Klappe springt in ihre Ausgangsstellung zurück und verhindert ein Entkommen (ventilartige Wirkung der Klappe).

Die Wirkungsweise der Blase können wir uns leicht mit folgendem Modellversuch klarmachen: Wir saugen bei geschlossenem Mund Luft aus der Mundhöhle ab, bis die Wangen sich eindellen. Darauf öffnen wir plötzlich den Mund. Die Wangen entspannen sich und die Luft wird in die Mundhöhle gesaugt, ganz ähnlich wie das Wasser in die gespannte Blase.

Die Haare auf der Innenwand der Blase sondern ein eiweißlösendes Ferment ab, das die Tierchen verdaut. Sie nehmen auch das Verwertbare auf und scheiden gleichzeitig durch die Blasenwand hindurch das mit dem »Schluckakt« eingeströmte Wasser ab. So entsteht wieder ein Unterdruck, durch den die Seitenwände erneut eingedellt werden. Die Blase ist zu neuem Fang bereit. Das »Spannen der Blase« dauert etwa 15 Minuten, die Verdauung eines Kleinlebewesens dagegen einige Tage. Daher finden wir im Innern der Blasen häufig zahlreiche gefangene und halbverdaute Tierchen. — Durch den Fang solcher Kleintiere kann der Wasserschlauch auch im nährstoffarmen Moor noch gut gedeihen.

Die Venusfliegenfalle (Dionaea muscipula)

Die Venusfliegenfalle kommt auf nährstoffarmen Sandböden in Carolina vor. Ihre dicken, grundständigen Blätter bilden eine am Boden ausgebreitete Rosette. Der merkwürdige Fangapparat dieser Pflanze besteht aus einer Blattspreite, die am Rand mit starken Borsten besetzt ist und auf ihrer Innenfläche einige Fühlborsten trägt. Berührt ein Insekt diese Fühlborsten, so klappen die Blattflächen an der Mittelrippe in 0,01 bis 0,02 Sekunden zusammen. Die Randborsten greifen fest ineinander, so daß die Beute nicht mehr entkommen kann. Sie wird bis zu 20 Tagen festgehalten. Die zahlreichen Verdauungsdrüsen der Blattoberseite scheiden Säure und Ferment aus und nehmen das Verwertbare auf. — Das Zusammenklappen der Blattspreite erfolgt auch, wenn ein unverdaulicher Gegenstand die Fühlborsten berührt. Jedoch unterbleibt dann die Absonderung von Verdauungssaft, und die Falle öffnet sich bald wieder.

Noch im 18. Jahrhundert wollte man nicht glauben, daß auch Pflanzen zweckbedingte Bewegungen ausführen. Als 1769 John Ellis die im östlichen Nordamerika heimische Venusfliegenfalle zum ersten Mal beobachtete und in einem Brief Carl Linné darüber berichtete, erhielt er keine Antwort. Ellis hatte die erste fleischfressende Pflanze entdeckt. Einige Jahre später fand man auch beim bereits bekannten Sonnentau die Fähigkeit, Insekten zu fangen und zu verzehren.

Fallgruben

Kannenpflanzen

Die in den tropischen Regenwäldern Madagaskars, Asiens und Australiens beheimateten Kannenpflanzen sieht man bei uns häufig in den Gewächshäusern Botanischer Gärten. Ein Teil der meist lebhaft bunt gefärbten Blattspreite ist in eine Kanne umgewandelt, die zu einem Drittel mit einer wäßrigen Flüssigkeit gefüllt ist. Die durch Farbe und Duft angelockten Insekten gleiten auf dem glatten Rand der Kanne aus, fallen in die Flüssigkeit und werden von ihr innerhalb von 5 bis 8 Stunden verdaut. Fluchtversuche bleiben erfolglos, da die Kannenwand oben von Drüsen »eingewachst« wird.

2. Knöllchenbakterien

Viele Schmetterlingsblütler wie Lupinen und Luzernen gedeihen auch auf nährstoffarmen Sandböden. Sie decken ihren Bedarf an Stickstoff mit Hilfe von Bakterien, die zunächst von faulenden Stoffen im Boden leben, von Zeit zu Zeit aber die Wurzeln von Schmetterlingsblütlern befallen. Anfangs kapselt der Wirt die Bakterien mit gallenartigen Wucherungen, den Wurzelknöllchen, ab. Diesen entnehmen nun die Knöllchenbakterien Nährstoffe. Dabei vermehren sie sich stark. Seltsamerweise können sie in der Wirtspflanze — und nur in ihr — Stickstoff aus der Luft aufnehmen. Aus ihm und den Nährstoffen, die sie dem Wirt entziehen, bauen sie die lebensnotwendigen Eiweißstoffe auf. Nun aber beginnt die Wirtspflanze ihrerseits, einen Teil der Bakterien zu »verdauen«, und kommt so in den Genuß der stickstoffreichen Eiweißstoffe. Die Wurzelknöllchen zerfallen nach und nach, und die Bakterien kehren zur anfänglichen Lebensweise in den Boden zurück, bis sie in einen neuen Wirt eindringen, der ihnen wieder zu starker Vermehrung verhilft. Dafür erhält er erneut die lebenswichtigen Eiweißstoffe von den Bakterien. Beide Partner ziehen also aus dem zeitweiligen Zusammenleben Nutzen. Man bezeichnet eine solche Lebensgemeinschaft als Symbiose (gr. syn = zusammen, bios = Leben).

Lupinen

Wurzelknöllchen

Die Stickstoffbindung durch diese winzigen Lebewesen hat hervorragende praktische Bedeutung. In einem Jahr könnten dem Boden mit dem Anbau von Lupinen mehr als 200 kg Stickstoff pro ha zugeführt werden. Durch Unterackern von Lupinen, sog. »Gründüngung«, werden Sandböden verbessert. Auch die meisten anderen Schmetterlingsblütler können in ihren Wurzeln Knöllchenbakterien beherbergen. Auf Erbsen- und Bohnenbeeten ist daher im nächsten Jahr keine »Stickstoffdüngung« nötig.

3. Schmarotzer oder Parasiten

Die Schmarotzer oder Parasiten sind heterotroph. Sie beschaffen sich Säfte von anderen Pflanzen. Die Halbparasiten entziehen ihren Wirtspflanzen nur die anorganischen Stoffe (Wasser und Nährsalze). Sie besitzen stets Chlorophyll und können selbst assimilieren. Vollparasiten entnehmen ihren Wirten neben Wasser und Nährsalzen auch alle organischen Stoffe. Sie haben die Fähigkeit zur Assimilation verloren und sind damit ganz von ihren Wirten abhängig.

Halbparasiten

Die Mistel (Viscum album)

Die Mistel spielt in Sage und Brauchtum vieler Völker eine große Rolle. Sie schmarotzt auf Laubbäumen, Tannen und Kiefern. Sie tritt bei uns in drei Rassen auf, die streng an bestimmte Holzarten gebunden sind. Der zweihäusige, gelbgrüne Strauch wurzelt niemals im Boden. Seine lederartigen, gegenständigen Blätter verdunsten wenig Wasser, so daß sie den Winter in belaubtem Zustand überdauern können.

Mistel

BEOBACHTUNGSAUFGABEN: Beobachte auf winterkahlen Bäumen, z. B. auf ungepflegten Apfelbäumen, auf Ahorn, Linde und anderen Laubbäumen, die seltsam gabelig verästelten »Buschen« der immergrünen Pflanze mit ihren weißen Beeren. Merke dir den Baum und suche im März, die Blütchen zu entdecken. — Auf dem Weihnachtsmarkt kann man fast immer Zweige der Mistel als Zimmerschmuck kaufen. Zerdrücke eine Beere zwischen den Fingern. Beobachtung!

Zwischen den gabelig verzweigten Ästen entwickeln sich im März auf verschiedenen Sträuchern entweder drei unscheinbare grüne männliche oder weibliche Blüten. Sie werden durch Fliegen bestäubt. Der Fruchtknoten reift im Herbst zu einer weißen Beere mit stark klebendem Fruchtfleisch heran, die von Amseln und Drosseln (»Misteldrossel«) gerne verzehrt wird. Dabei bleibt der einzige Same oft am Schnabel kleben, wird vom Vogel an der Baumrinde abgewetzt und so verbreitet. Auch mit dem Kot werden die unverdaulichen Samen oft auf andere Bäume übertragen. Vom Stamm der jungen Pflanze gehen nach allen Seiten flache, wurzelähnliche, grüne Stränge aus, die die Rinde der Wirtspflanze durchwuchern: »Rindenwurzeln«. Zapfenartige »Senker« des Hauptstammes und auch der Rindenwurzeln werden später vom Jungholz der Wirtspflanze umwachsen und mit Wasser und Nährsalzen versorgt.

Das Alter einer Mistel kann man bestimmen, wenn man die Jahresringe zählt, die die Wirtspflanze um den Hauptsenker gelegt hat. — Nach polizeilicher Verordnung müssen Obstbäume von Misteln freigehalten werden. Werden die Mistelbüsche nur abgebrochen, so schlagen die Rindenwurzeln

Sumpfläusekraut

Wiesenwachtelweizen

großer Klappertopf

Augentrost

an vielen Stellen neu aus. Der befallene Ast muß daher bis zu den letzten Ausläufern der Rindenwurzeln beseitigt werden.

Andere Halbparasiten

Auf unseren Wiesen findet sich recht häufig der gesellig wachsende *Klappertopf* (Rhinantus serotinus bzw. minor). Mit seinen schwachen Wurzeln legt er sich den Wurzeln der umliegenden Gräser an. Durch kleine Saugwurzeln (Haustorien) entzieht er ihnen Wasser und Nährsalze, die er in seinen grünen Blättern verarbeitet. Seine Wirtspflanzen werden dadurch geschädigt und verkümmern. Er ist ein Schädling unserer Wiesen. Seine gelben Blüten (Rachenblütler) stehen in aufgeblasenen Kelchen. Der vertrocknete Kelch umgibt später die Fruchtkapsel. Der Wind schüttelt die Kapsel hin und her, wobei ein klapperndes Geräusch entsteht. Dabei werden die Samen herausgeschleudert.
Der früher als Heilmittel gegen Augenentzündungen verwendete *Augentrost* (Euphrasia officinalis) schmarotzt in ähnlicher Weise an den Wurzeln von Gräsern. Die zierlichen weißen, oft violett überlaufenen Blüten zeigen auf der großen »Unterlippe« ein goldgelbes Saftmal.
Zu den Halbschmarotzern zählen auch die verschiedenen Arten von *Wachtelweizen* (Melampyrum). Der *Ackerwachtelweizen* (M. arvense) besitzt rotviolette, der *Hainwachtelweizen* (M. nemorosum) blauviolette Hochblätter, in deren Achseln die zweiseitigsymmetrischen Blüten entspringen (Rachenblütler).
Auch das auf Moorwiesen vorkommende *Sumpfläusekraut* (Pedicularis palustris) treibt kleine Saugwarzen in die Wurzeln von Gräsern und holt sich damit einen Teil seiner Nahrung. Der hübsche, rosablühende Rachenblütler hat zierliche, fiederteilige Blätter. Eine Abkochung des Krautes wurde früher als Mittel gegen Parasiten der Haustiere verwendet.

Vollschmarotzer

Der Teufelszwirn (Cuscuta europaea)

Hopfen, Hanf und Brennessel werden manchmal von langen, dünnen, blaßrot gefärbten Fäden umschlungen, die der Volksmund »Teufelszwirn« oder »Hopfenseide« nennt. Auch an den Weidenzweigen finden sie sich gelegentlich. Sie tragen winzige Blattschüppchen, stellen also die Stengel einer Pflanze dar. Aber es fehlt das Blattgrün in diesen Schüppchen. Auch nach einer Wurzel suchen wir vergebens. Im Sommer erscheinen die dichten Knäuel kleiner Blüten, deren Bau die Pflanze als Windengewächs ausweist.
Der Stengel der Hopfenseide umwindet die Wirtspflanze, verwächst mit ihr und dringt an günstigen

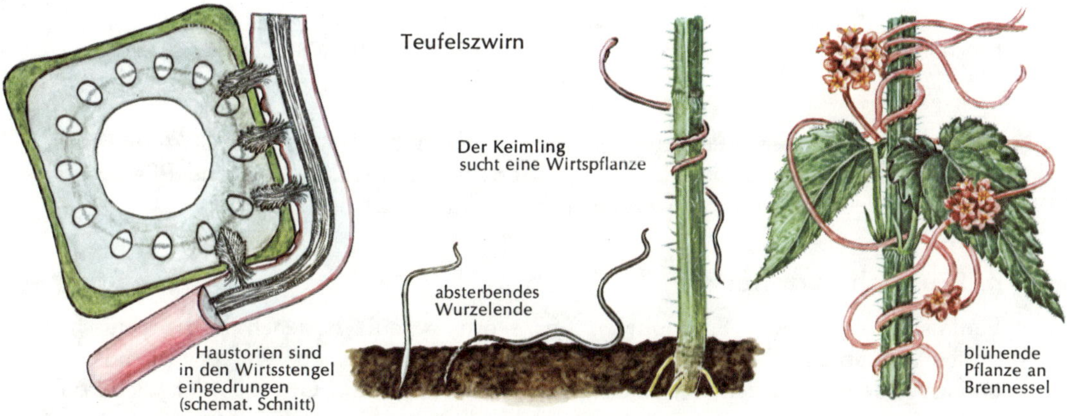

Stellen mit Saugwurzeln (Haustorien) bis zu den »Adern« der Wirtspflanze vor, aus denen er Wasser und Nährsalze entnimmt. Da aber der Teufelszwirn kein Blattgrün besitzt, muß er dem Wirt auch die fertigen organischen Stoffe entziehen. Der Parasit lebt also völlig auf Kosten der Wirtspflanze. Ihr Wachstum wird durch den Verlust an Nährstoffen sehr beeinträchtigt. Daher ist der Schmarotzer als Schädling der Hopfen- und Hanffelder sehr gefürchtet. Die einjährige Pflanze ist zudem nur schwer auszurotten, denn ihre zahlreichen Samen werden durch den Wind verbreitet und keimen im nächsten Frühjahr dicht am Boden. Der dünne Keimstengel ist an einem Ende mit einer hinfälligen Wurzel im Boden verankert Das andere Ende führt kreisförmige »Suchbewegungen« aus. Findet der Keimling keinen geeigneten Wirt in seiner nächsten Umgebung, so wächst der fadenförmige Trieb auf Kosten des Hinterendes weiter. Dieses stirbt ab. So kann sich die Keimpflanze am Boden »kriechend« auf der Suche nach einem Wirt fortbewegen. Verwandte Arten sind *Klee-* und *Flachsseide.* Die Namen geben gleichzeitig die Wirtspflanzen an.

Die Sommerwurz (Orobanche)

Alle einheimischen Arten der Sommerwurz leben parasitisch. Sie sind meist an ganz bestimmte Wirtspflanzen gebunden (vgl. Mistelrassen). Als Vollparasiten fügen sie ihren Wirten beträchtlichen Schaden zu. Die auf Kleearten schmarotzende, seltene *kleine Sommerwurz* (Orobanche minor) bezeichnet man geradezu als »Kleewürger«. Der braungelbe, behaarte, etwa 30 cm hohe Stengel trägt kleine schuppenförmige Blätter, die kein Chlorophyll enthalten. Die kleinen rostroten Rachenblüten stehen in allseitswendigen Trauben. An der unterirdischen Knolle entspringen zahlreiche kurze Wurzeln, die in die Wurzeln der Wirtspflanze eindringen. Diese verkümmert. — Die Samen der Sommerwurz entwickeln sich nur dann, wenn sie mit den Wurzeln ihres besonderen Wirtes in Berührung kommen. Sie ist also ein Ernährungsspezialist. Man versucht mit allen Mitteln, den Schmarotzer auszurotten (Fruchtwechsel).

In ähnlicher Weise schmarotzt die *Schuppenwurz* (Lathraea squamaria) auf den Wurzeln von Hasel, Buche u. a. — Erwähnenswert ist, daß die größte Blume der Welt, mit einem Durchmesser von etwa 1 m, von der auf Sumatra unterirdisch lebenden Schmarotzerpflanze *Rafflesia arnoldi* hervorgebracht wird.

Unter den »niederen Pflanzen« gibt es vor allem bei *Pilzen* und *Bakterien* zahlreiche Vollschmarotzer, die als Krankheitserreger bei Mensch, Tier und Pflanze von größter Bedeutung sind. Sie werden später ausführlicher behandelt (s. S. 200).

4. Fäulnisbewohner

Fäulnisbewohner oder Saprophyten (gr. sapros = faul) beziehen ihre organischen Stoffe von abgestorbenen Lebewesen. In diese Gruppe gehören vorwiegend sehr einfach gebaute Pflanzen, vor allem verschiedene Pilze und Gruppen der wiederholt erwähnten winzigen *Bakterien* (s. S. 32 und S. 198). Diese leben nicht nur in modernden Stoffen, sondern sie verursachen die Vorgänge, die wir als Fäulnis und Verwesung bezeichnen. Daher sind viele Saprophyten nicht nur als Fäulnisverwerter, sondern auch als Fäulniserreger zu betrachten. Durch ihre Tätigkeit werden die Pflanzen- und Tierleichen abgebaut und in Stoffe zerlegt, die von den grünen Pflanzen als Nährstoffe wieder aufgenommen werden können. Die Saprophyten sind daher unentbehrliche Glieder im Stoffkreislauf.

Korallenwurz

Nestwurz

Bei den höheren Pflanzen, den Blütenpflanzen, finden wir in der einheimischen Flora nur wenige Beispiele für saprophytische Ernährungsweise. Die *Nestwurz* (Neottia nidus-avis) und die gelblichgrüne *Korallenwurz* (Corallorrhiza) gehören zu den Orchideen. Beide erhielten ihre Namen wegen der seltsamen Form der Verzweigung ihrer unterirdischen Organe. Die Nestwurz besitzt Wurzeln, die Korallenwurz ein verzweigtes Rhizom. Die unterirdischen Organe werden von feinen Pilzfäden durchzogen, die aus dem Moder des Waldbodens Nährstoffe aufsaugen und sie an die Orchideen weitergeben. Beide besitzen nur Spuren von Blattgrün und sind daher auf den Pilz angewiesen. Sie sind vermutlich dessen Schmarotzer, da nicht erwiesen ist, daß auch der Pilz von diesem Zusammenleben Nutzen hat (s. S. 54). In ähnlicher Weise lebt im Moder des Waldbodens der blaßgelbe *Fichtenspargel* (Monotropa hypopitys), dessen junge Sprosse an Spargelspitzen erinnern.

Zusammenfassung: Die Ernährung der Pflanzen

I. 1. Durch Photosynthese oder Assimilation des Kohlendioxids erzeugt die grüne Pflanze unter Mitwirkung des Sonnenlichtes aus anorganischen Stoffen organische Stoffe. Sie ist dadurch autotroph und liefert den heterotrophen Lebewesen (nichtgrünen Pflanzen und Tieren) die lebensnotwendigen organischen Stoffe.

2. Assimilation und Atmung der Pflanzen sind in den Gesamtstoffkreislauf einbezogen. Sie unterliegen dem Gesetz des biologischen Gleichgewichtes.

3. Die Lebensbedingungen der Pflanze werden durch Wasser, Licht, Luft und Nährsalze gestaltet.

II. 1. Aus den Umweltbedingungen der Pflanze erklären sich die Anpassungserscheinungen und die Zusammensetzung von Pflanzengesellschaften.

2. Die Feuchtigkeitsverhältnisse des Standortes einer Pflanze prägen ihr Aussehen und ihren Bau. Man kann also Wasserpflanzen von Landpflanzen (Hygrophyten, Tropophyten und Xerophyten) auf den ersten Blick unterscheiden.

3. Auch im Kampf ums Licht entstanden Sonderformen, wie Frühblüher, Licht- und Schattenpflanzen, Kletterpflanzen und Epiphyten.

4. Höhere Temperaturen beschleunigen die Lebensvorgänge. Die günstigste (optimale) Temperatur und die Höchst- und Mindesttemperaturen sind für jede Pflanzenart verschieden.

5. Der Kohlendioxidgehalt der Luft begrenzt die Photosynthese (Minimumfaktor) oder fördert sie, z. B. bei Anreicherung von Kohlendioxid in Bodennähe.

III. 1. Der Mangel an Nährsalzen bestimmter Standorte wird durch besondere Formen der Zusatzversorgung ausgeglichen.

2. Fleischfressende Pflanzen decken ihren Stickstoffbedarf durch Verdauung von tierischem Eiweiß mit Hilfe von Fermenten. Verdauung und Aufnahme der Zusatznahrung sind in mancher Beziehung mit den entsprechenden Vorgängen im Tierkörper vergleichbar.

3. Bei Ernährungssymbiosen ergänzen und unterstützen sich verschiedene Lebewesen in der Beschaffung und Verarbeitung von Nährstoffen und fördern gegenseitig ihr Wachstum und ihre Vermehrung.

4. Vollschmarotzer oder Parasiten schädigen die befallene Wirtspflanze durch den Entzug von organischen Nährstoffen. Da sie kein Blattgrün besitzen, können sie ohne den Wirt nicht leben.

5. Halbschmarotzer dagegen besitzen Blattgrün und können assimilieren, schädigen aber ihren Wirt durch die Entnahme von Wasser und Nährsalzen.

6. Voll- und Halbschmarotzer bilden Sonderorgane, Saugwurzeln u. ä. aus, um zu ihrer Nahrung zu gelangen. Entbehrlich gewordene Organe, vor allem Blätter und Wurzeln, sind meist zurückgebildet.

7. Saprophyten beziehen ihre Nahrung aus faulenden Stoffen. Sie stellen äußerst wichtige Glieder im Stoffkreislauf der Natur dar.

Gräser

Viehweide oder Viehkoppel

Gerstenfeld

Gräser sind weltweit verbreitet. Sie beherrschen die weiten Flächen der Steppenländer und die Wiesen der gemäßigten Zone. Sie steigen hoch in die Gebirge hinauf und dringen weit gegen die Pole vor. Wir begegnen ihnen im Wald, am trockenen Hang und am Wegrain. Für den Menschen sind die Gräser von größter Bedeutung. Sie bilden die Grundlage der Viehzucht und des Ackerbaues. Gräser mit besonders großen Körnern wurden schon in der Steinzeit angebaut. Aus ihnen entstanden unsere Getreidearten. In Deutschland ist Roggen das am meisten angebaute Brotgetreide. Man bezeichnet ihn kurz als »Korn«. In England versteht man unter »corn« den Weizen, in Amerika den Mais. Korn ist also die Getreideart, die jeweils am häufigsten angebaut wird.

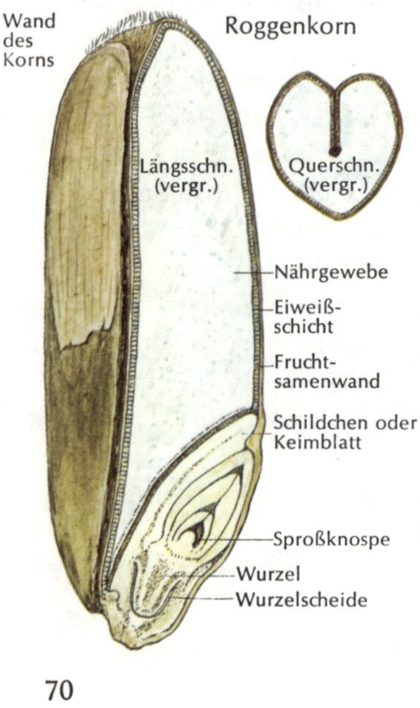

Die Familie der Gräser ist am runden Stengel oder *Halm* zu erkennen. Er ist im Verhältnis zu seiner Länge sehr dünn und mit wenigen Ausnahmen hohl (Mais, Zuckerrohr). Durch Knoten wird er in einzelne Abschnitte gegliedert, und an seinem oberen Abschnitt trägt er unscheinbare Blüten in Ähren, Kolben oder Rispen.

DIE WICHTIGSTEN GETREIDEARTEN

Der Roggen (Secale cereale)

AUFGABEN: 1. Lege in zwei Kästen mit Erde Roggenkörner. Halte den einen feucht und stelle ihn an einen warmen Ort, den anderen laß trocken und kühl stehen. In welchem Kasten beginnen die Körner zuerst zu keimen? Wie schiebt sich der Keim aus dem Boden? Bei welchen Pflanzen haben wir die gleiche Art zu keimen beobachtet? — 2. Verfolge die Entwicklung der Wurzeln, indem du in Abständen von zwei Tagen ein Pflänzchen vorsichtig aus dem Boden ziehst.

Bau des Roggenkorns: Das Korn ist von einer derben Haut umgeben. Ein Längsschnitt legt den stärkereichen Inhalt frei, aus dem das Mehl bereitet wird. Durch ein Vergrößerungsglas erkennt man am spitzen Ende den Keimling mit dem Würzelchen und dem kurzen Sproß mit kegelförmiger Spitze. Im Bohnenkern liegt der Keimling zwischen zwei nierenförmigen, dicken Keimblättern. Im Roggenkorn dagegen breitet sich über den Keimling nur ein schildförmiges Blatt. Über diesem liegt das mit Stärke angefüllte *Nährgewebe,* aus dem die Hauptmasse des Korns besteht. Das Blättchen stellt das einzige Keimblatt des Roggens dar, man nennt es seiner Form wegen *Schildchen.*

Keimung und Bestockung: Wie der Bohnenkern braucht auch das Roggenkorn zur Keimung Wärme und Feuchtigkeit. Es quillt zunächst unter Wasseraufnahme und sprengt dabei die schützende Haut. Die unlösliche Stärke des Nährgewebes wird darauf in löslichen Zucker verwandelt. Das schildförmige Keimblatt speichert selbst keine Nährstoffe; es saugt die Zuckerlösung auf und leitet sie dem Keimling zu. Dieser durchbricht bald die Hülle und schiebt sich, von der spitzen, derben Keimblattscheide eingeschlossen, gerade aus dem Boden. Der Roggen ist also ein *Spitzkeimer.* Gleichzeitig haben sich die kleine »Hauptwurzel« und mehrere gleichstarke Nebenwurzeln ins Erdreich gesenkt. Das ausgesaugte Korn verfault, und die Hauptwurzel geht sehr bald zugrunde. Inzwischen sind aber unter den unteren dichtgedrängten Stengelknoten ganze Büschel von Nebenwurzeln hervorgebrochen, die die Pflanze mit Nährstoffen aus dem Boden versorgen. Zwischen diesen unter der Erde gelegenen *Stengelknoten* treibt der Halm mehrere Seitenhalme, die sich oft noch weiter verzweigen. So entsteht aus einem einzigen Roggenkorn ein ganzer Stock von Halmen: *Bestockung.* — In ähnlicher Weise bestocken sich viele andere Gräser.

Bestellung des Feldes: Um gute Bestockung und reiche Ernte zu erzielen, muß der Bauer dafür sorgen, daß der Ackerboden genügend Nährstoffe erhält, gut durchlüftet wird und feucht bleibt. Durch natürlichen oder künstlichen Dünger (s. S. 57) werden die dem Boden entzogenen Nährstoffe ersetzt. Der Pflug reißt den Boden tief auf und wendet die groben Schollen. Stoppeln und Unkraut werden untergepflügt, zahlreiche im Boden lebende Tiere an die Oberfläche gebracht und von Vögeln, die dem Pfluge folgen,

Die Keimung des Roggens

gefressen. Man sieht dabei auch die Regenwürmer, durch deren Tätigkeit der Boden durchgearbeitet, gelockert und gedüngt wird. Millionen von Kleinstlebewesen (Bakterien, Algen und Pilze), die ebenfalls die Ackerkrume erneuern, lockern und erwärmen und so für die *Bodengare* sorgen, bleiben für das bloße Auge unsichtbar. Mit Schlepper und Egge werden die groben Erdschollen hierauf zerteilt und eingeebnet. Durch das Walzen werden schließlich größere Hohlräume beseitigt. Das Bodenwasser kann nun in den haarfeinen Erdspalten nach oben steigen wie Kaffee in den Haarröhrchen eines Zuckerstückchens. Der so sorgfältig bearbeitete Acker trocknet auch in regenarmen Jahren selten völlig aus.

Zur Aussaat setzt man heute meist Sämaschinen ein. Diese ziehen Rillen, in welche die Saatkörner gleiten: Drillen. Dadurch spart man Saatgut, die Pflanzen wachsen gleichmäßig, und das Mähen wird erleichtert.

Der Roggen wird im August oder September gesät, damit er sich noch vor Einbruch des Winters bestocken kann. Er überdauert einen Winter, ist also *winterannuell,* reift aber innerhalb von zwölf Monaten: *Wintergetreide.* Tritt starker Frost ein, ohne daß die junge Saat von einer wärmenden Schneedecke geschützt wird, so »wintert« der Roggen aus. Aber auch im Frühjahr ausgesäter oder nachgesäter Roggen kommt noch im gleichen Jahr zur Reife. Er ist dann *einjährig* (Zeichen ☉).

Weizen wird meistens als Wintergetreide, Gerste als *Sommergetreide* angebaut. Im Frühjahr ausgesäter Hafer entwickelt sich stets bis zum Herbst. — Will man Sommergetreide auf schwerem Boden ernten, so muß schon im Herbst gepflügt werden. Während des Winters gefriert das Wasser in den Spalten der groben Schollen, das Eis zersprengt sie in kleinere Brocken und lockert so das schwere Erdreich: *Spaltenfrost.*

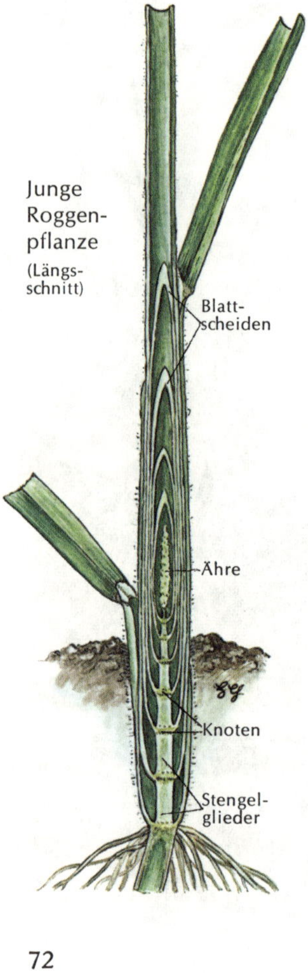

Junge Roggenpflanze (Längsschnitt)

Halm und Blatt:

Aufgaben: 1. Miß bei mehreren Halmen den Durchmesser (Schublehre) dicht über dem Boden. Mittelwert? Miß die Länge von zehn Halmen. Errechne aus den verschiedenen Werten den Durchschnitt. — 2. Beobachte die erhabenen Längsstreifen am Halm, vergleiche damit die Zeichnung des Halmquerschnittes. — 3. Durchschneide den Halm an einem Knoten und ein Stück oberhalb von ihm. Beobachtung? Führe einen Längsschnitt durch einen Knoten. Ist der Halm oder der Blattansatz beim Knoten verdickt? — 4. Wie verhalten sich junge Halme, wenn Wind oder Regen sie umgelegt haben? Wie verhalten sich reife? — 5. Wickle an einer jungen Roggenpflanze die Blattscheide des obersten Blattes auf. Was entdeckst du im Innern der Scheide? Wickle auch die inneren Teile auseinander. — 6. Versuche, mit dem Rand eines Getreideblatts nicht zu harte Brotkrume zu schneiden.

Halm: Bei einem Durchmesser von nur 5 mm erreicht der Halm oft eine Höhe von zwei Metern. Dieses kühne Verhältnis von Höhe zum Durchmesser veranschaulicht man sich am besten durch einige Vergleiche.

	Höhe	Unterer Durchmesser	Verhältnis
Schornstein	30 m	2,50 m	12,00 : 1
Frankfurter Dom	96 m	18,00 m	5,33 : 1
Roggenhalm	2 m = 2000 mm	0,005 m = 5 mm	400,00 : 1

Sollte die Höhe des Schornsteins auch im Verhältnis 400 : 1 zum Durchmesser am Grunde stehen, so müßte man ihn 1000 m hoch, den Frankfurter Dom gar 7500 m hoch bauen. Mit den Mitteln der heutigen Technik ist ein solcher Turm nicht zu erstellen. Er würde auch dem Wind nicht standhalten. Der Halm ist dazu in der Lage, obwohl er zur Reifezeit noch die schwere Ähre trägt! Er muß also sehr widerstandsfähig gebaut sein.

Beim Biegen des Handgelenks wird die Haut auf einer Seite gedehnt, auf der gegenüber liegenden Seite in Falten gelegt. Die innen gelegenen Knochen werden dabei kaum beansprucht. Zug und Druck wirken also außen am stärksten.

Im Mikroskop erkennt man, daß in der am meisten beanspruchten Außenwand des Halmes besonders feste, zähe Gewebestränge liegen. Dazu kommen noch äußere *Verstärkungsleisten.*

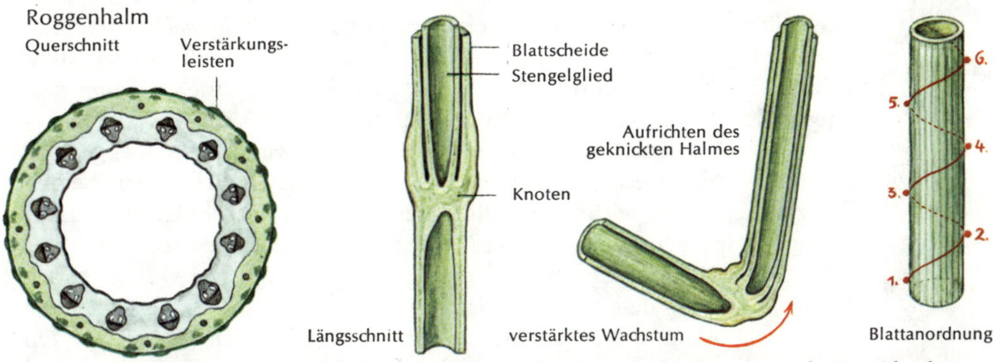

Der hohle Stengel ist durch die Querwände der *Stengelknoten* in mehrere Abschnitte geteilt, die man als *Stengelglieder* oder *Internodien* bezeichnet (lat. inter = zwischen; nodus = Knoten). Die Querwände wirken festigend wie die Böden zwischen den Stockwerken eines Gebäudes. Das Wachstum des Halmes erfolgt in mehreren Zonen, die jeweils über den Knoten liegen. Außerdem ist der Halm durch die derben *Blattscheiden,* die sich röhrenförmig um ihn legen, versteift. Er biegt sich bei Wind und Regen und trägt auch die volle Last der reifen Fruchtähre, ohne zu knicken. Ist ein noch grüner Halm umgelegt worden, so richtet er sich wieder auf. Die Blattscheide wächst dann über dem Knoten an der unten liegenden Seite stärker als an der darüber liegenden Seite.

Das Blatt: Die lange Blattfläche ist bandartig schmal und parallelnervig. Die Blätter der Gräser sind *zweizeilig* angeordnet. Es steht also das 3. Blatt über dem ersten, das 4. über dem 2. usw. (s. S. 90). Die Ränder der Blattscheiden liegen übereinander, umschließen und stützen den Halm. Sie sind aber nicht miteinander verwachsen. Durchschneiden wir einen jungen Halm längs, oder wickeln wir seine Blattscheiden auseinander, so sehen wir, daß sie eine Röhre bilden. In ihr stecken wohlgeschützt die zarten Anlagen des Halmes, der Blattflächen und des Blütenstandes. Das feine »Blatthäutchen«, die *Ligula* (lat. Zünglein), am Übergang zwischen Blattscheide und Blattfläche, verhindert das Eindringen von Regenwasser zwischen die Scheide und die zarten Halmglieder (s. S. 77). Der Blattrand ist messerscharf, so daß man sich an ihm schneiden kann. Dem Blatt und der Blattscheide ist nämlich zur Festigung *Kieselsäure* in feinster Verteilung eingelagert. Durch die Einlagerung wird ein Einreißen des Blattes durch den Wind verhindert. Außerdem geben die Blätter wie Fahnen jedem Luftzug nach. Durch gleiche Ausrichtung der Blätter und Halme sieht ein Getreidefeld bei starkem Wind wie »gekämmt« aus.

Blütenstand: Am oberen Ende des Halmes sitzen zahlreiche ungestielte Blüten auf kleinen, stufenförmigen Absätzen der Achse oder »Spindel«. Diesen Blütenstand bezeichnet man als *Ähre.* Beim Roggen sitzen auf jedem Spindelabsatz zwei unschein-

Roggenähre

bare Blüten, zwischen denen meist noch eine verkümmerte steht. Sie bilden zusammen ein *Ährchen*. Der Blütenstand des Roggens ist also eine *zusammengesetzte Ähre*. Einen ähnlichen Blütenstand besitzen viele andere Gräser, z. B. Weizen und Gerste. Sie werden zu den *Ährengräsern* zusammengefaßt. Beim Hafer dagegen verzweigt sich die Spindel. Die Ährchen stehen hier an langen Stielen. Sie sind in Rispen angeordnet. Der Hafer gehört mit vielen anderen Wiesengräsern zur Gruppe der *Rispengräser*.

Die Blüte: Am Grunde des Ährchens findet man die *Hüllspelzen*, das sind kahnförmige, trockenhäutige Hochblättchen. Über der Hüllspelze steht je eine *Deckspelze*, deren Mittelrippe, der *Kiel*, zu einer *Granne* verlängert ist. Diese ist mit zahlreichen nach oben gerichteten Borsten besetzt. Die Deckspelze umgreift die zartere, kahnförmige, zweikielige *Vorspelze*, wie der Deckel eine Schachtel umschließt. Zwischen den beiden Spelzen liegen die wichtigsten Blütenteile: die drei Staubblätter und der Stempel mit zwei federförmigen Narben. Am Grunde des Fruchtknotens stehen außerdem noch zwei winzige Schuppen. Alle diese Teile haben gerade zwischen den Spelzen Platz. Vor dem Aufblühen schwellen die zwei Schüppchen, die *Schwellkörper*, an und drängen die beiden Spelzen auseinander. Die Staubbeutel schieben sich zwischen ihnen hervor und pendeln an auffallend langen, sehr beweglichen Fäden hin und her. Die Staubfäden wachsen dabei außerordentlich rasch (bis 1,5 mm in der Minute). Die Staubbeutel platzen der Länge nach auf, und ihre Spitzen krümmen sich löffelartig nach oben. Der trockene, sehr feine Pollen rieselt aus den Beuteln und sammelt sich in den kleinen Löffeln. Oft trägt ihn schon die aufsteigende warme Luft zu den gefiederten Narben anderer Roggenblüten. Noch günstiger für die Bestäubung ist windiges Wetter. Aus den Ähren der wogenden Getreidehalme schüttelt dann der Wind ganze Wolken von Blütenstaub.

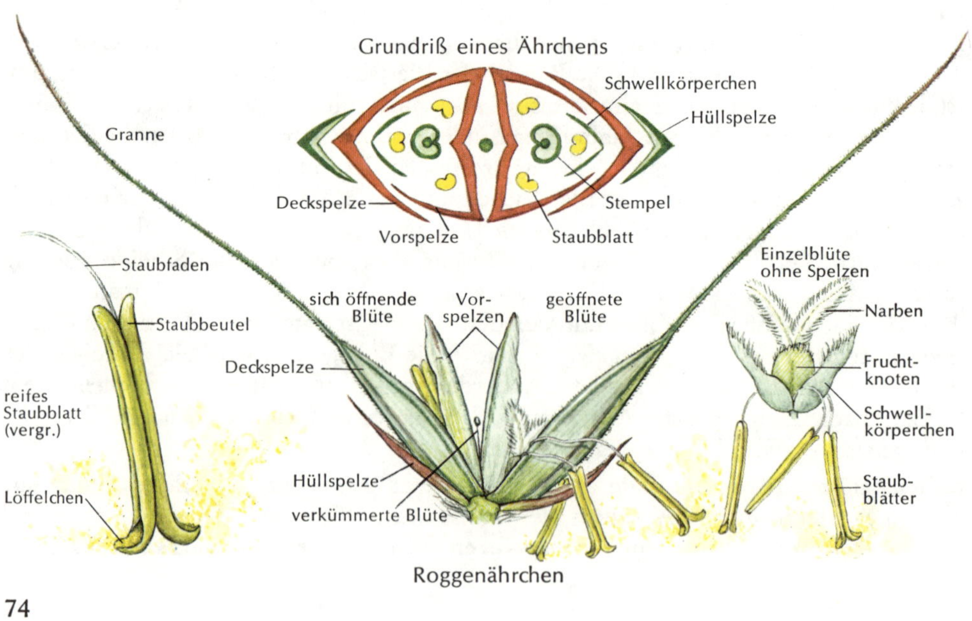

Roggenährchen

Aufgaben: 1. Beobachte an einem warmen Junitag die Staubwolken über einem Roggenfeld. Erklärung? Schneide einen Halm wenige Zentimeter unter einer aufblühenden Ähre (vereinzelte Staubbeutel sind sichtbar) ab und stelle ihn in lauwarmes Wasser. Beobachtung? — 2. Welche Eigentümlichkeiten der Roggenpflanze, insbesondere des Blütenbaues, begünstigen die Bestäubung durch den Wind? — 3. Löse die Blüten von der Ährenachse und zähle die »Absätze« der Spindel. Wieviele Blüten stehen auf jedem Absatz zusammen? Durchschnittliche Blütenzahl einer Ähre? Nimm eine Bestockung mit fünf Halmen an. »Wievielfältige« Frucht trägt dann das Samenkorn, aus dem die Pflanze hervorging?

Frucht: Die verwelkten Staubbeutel fallen ab, nicht aber die Spelzen. Diese schließen sich sogar wieder und schützen die Frucht. Die Fruchtwand verwächst mit der Hülle des einzigen Samens zur »Fruchtwand« (s. S. 43). Es entsteht so die *Grasfrucht* oder *Karyopse* (gr. caryon = Korn, opsis = Aussehen). Unter der »Fruchtsamenwand« befindet sich die eiweißreiche »Kleberschicht«.

Herkunft: Die in Vorderasien heimische Wildform des Roggens hat eine »brüchige« Spindel, die bei der Reife in die einzelnen Ährchen zerfällt. Die borstigen Grannen helfen bei der Verbreitung der Pflanze durch die Tiere. Im Laufe der Zeit hat man Roggen mit zähen Spindeln gezüchtet, so daß die Ähre als Ganzes geerntet werden kann.

Ernte und Bedeutung des Roggens: Nur noch in bergigem Gelände schneidet man das Getreide mit Sichel oder Sense. Sonst verwendet man Mähmaschinen. Viele landwirtschaftliche Betriebe besitzen Mähdrescher, die das Getreide schneiden und dreschen. Die Körner werden sofort von der Spreu (Spelzen, Grannen und Ährenspindeln) getrennt und von Unkrautsamen befreit. Manche Maschinen pressen auch gleichzeitig das Stroh. Dieses wird u. a. für Stallstreu, zur Herstellung von Strohseilen und Matten verwendet. Aus Weizenstroh werden Strohhüte geflochten. Auch Papier, Pappe und Sackleinen kann man daraus herstellen. Geschnitten wird es als Häcksel oder »Gsott« an das Vieh verfüttert.

Gewinnung des Mehls: Zwischen Stahlwalzen werden zunächst die eiweißreichen Keime und die Fruchtsamenschale abgetrennt. Sie liefern die Kleie, ein ausgezeichnetes Viehfutter. Dann wird das übrig bleibende Korn zwischen immer enger gestellten Walzen gemahlen. So erhält man Schrot, Grieß oder Mehl. Schrot enthält noch viel von dem Eiweiß, das unter der Schale des Korns liegt. Das aus ihm gebackene »Vollkornbrot« ist daher bekömmlicher als gewöhnliches Roggen- oder »Schwarzbrot«, das aus dem stark ausgemahlenen Mehl gebacken wird. Der Roggen stellt an Boden und Klima geringere Ansprüche als der Weizen. Er wird daher in Deutschland viel angebaut.

Schädlinge des geernteten Getreides: Die *Kornmotte* (Tinea granella), ein weißgrauer, an den Vorderflügeln dunkel gezeichneter Schmetterling, legt die Eier an die Körner. Die Larve, der weiße *Kornwurm,* verzehrt das Nährgewebe. — Gefährlicher ist ein nur 3 mm großer Rüsselkäfer, der *Kornkäfer* (Calandra granaria). Auch seine Larve frißt die Körner leer. — In den Mühlen tritt der 1,5 cm große Mehlkäfer (Tenebrio molitor) häufig auf. Seine Larve, der gelblichweiße Mehlwurm, bewegt sich auf sechs kurzen Füßen auffallend schnell fort. Tritt er in Mengen auf, so richtet er großen Schaden an. Er wird auch als Vogelfutter verwendet.

Raupe d. Kornmotte m. Roggenk. (nat. Gr.) Kornkäfer (vergr.) Mehlwurm Mehlkäfer (vergr.)

Fruchtwechsel: Baut man auf demselben Feld immer wieder Roggen, auf einem anderen Jahr um Jahr Kartoffeln an, so läßt der Ertrag bald nach. Die Pflanzen entnehmen dem Boden zwar dieselben Nährsalze, aber nicht in gleicher Menge (s. Gemüsegarten Bd. I). Eine Pflanze ist kalihungrig, eine andere braucht viel Phosphor oder Stickstoff usf. So verarmt der Boden, auf dem immer wieder die gleiche Nutzpflanze angebaut wird, gerade an den Salzen, die für ihr Gedeihen besonders wichtig sind. Um die einseitige Ausnützung des Bodens zu vermeiden, wechselt der Bauer die Pflanzenart. Er baut z. B. auf dem gleichen Acker im ersten Jahr Gerste, im zweiten Klee, im dritten Weizen und im vierten Kartoffeln. Dann kann er wieder mit Getreide beginnen. Durch den Fruchtwechsel ist die früher übliche »Brache« nicht mehr nötig.

In den meisten Ländern wird aus Weizen- und Roggenmehl Brot hergestellt. Aus Weizen gewinnt man außerdem Grieß und Stärke. Hafer und Gerste dienen nur in den nördlichen Ländern als Brotgetreide. Sonst werden sie als Futterpflanzen angebaut. Auch manche wichtige Nahrungsmittel werden daraus hergestellt, z. B. Graupen aus Gerstenkörnern, Gerstengrütze, Haferflocken und Hafermehl. Wegen seines hohen Fett- und Kalkgehaltes ist Hafer besonders wertvoll. Aus Gerste, seltener aus Weizen, wird Malz für die Bierherstellung gewonnen.

Zusammenfassung

Der hohle Stengel des Roggens ist durch mehrere massive Knoten gegliedert: Halm. Das parallelnervige Blatt besteht aus der bandförmigen Blattspreite und einer offenen, röhrenartigen Blattscheide. Am Übergang von Blattspreite zu Blattscheide liegt das Blatthäutchen.

Der Blütenstand ist eine zusammengesetzte Ähre. Die Ährenachse oder Spindel trägt zahlreiche Ährchen.

Ein Ährchen besteht aus zwei vollständigen Blüten und einer verkümmerten Blüte. Am Grunde jedes Ährchens befinden sich zwei Hüllspelzen.

Jede Einzelblüte besitzt eine Deckspelze, deren Kiel zu einer Granne verlängert ist. Sie umfaßt die grannenlose zweikielige Vorspelze.

Die Deckspelze und Vorspelze umschließen drei Staubblätter und einen Stempel.

Die drei Staubblätter hängen an sehr rasch wachsenden, beweglichen Staubfäden.

Der Stempel trägt auf dem oberständigen Fruchtknoten zwei federförmige Narben.

Zwei Schüppchen, die Schwellkörper, drängen beim Aufblühen Deck- und Vorspelze vorübergehend auseinander.

Die Übertragung des Pollens erfolgt durch den Wind.

Fruchtwand und Samenschale sind miteinander verwachsen. So entsteht die Grasfrucht oder Karyopse. Die Kleberschicht unter der »Fruchtsamenschale« enthält Eiweiß. Das Korn ist fast ganz von stärkereichem Nährgewebe ausgefüllt. Am spitzen Ende des Korns liegt der Keimling. Er wird von dem einzigen Keimblatt, dem Schildchen, überdeckt. Dieses führt dem Keimling aus dem Nährgewebe die gelösten Nährstoffe zu.

Der Roggen ist ein Spitzkeimer.

Durch Bildung von Nebenwurzeln und Seitenhalmen tritt eine Bestockung ein.

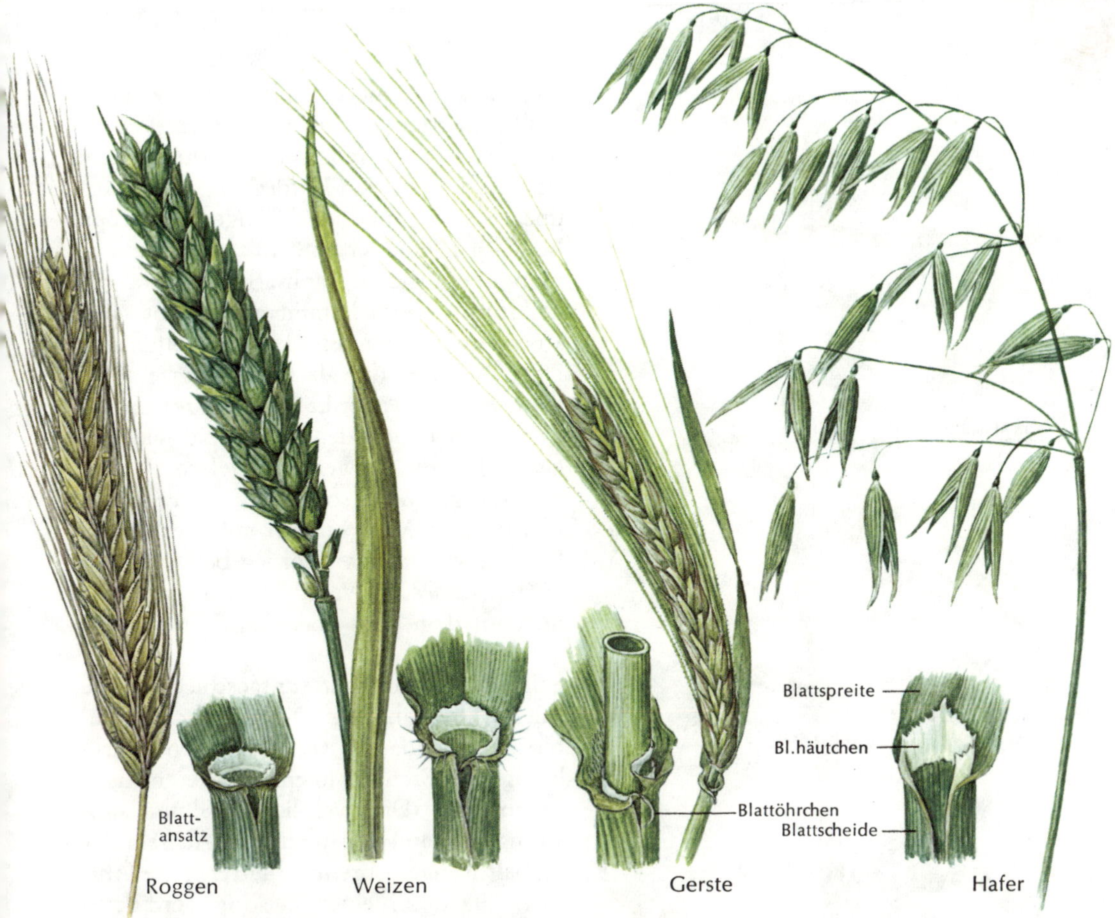

Vergleich unserer wichtigsten Getreidearten

	Roggen (Secale cereale)	**Weizen** (Triticum aestivum)	**Gerste** (Hordeum vulgare)	**Hafer** (Avena sativa)
Blütenstand	zusammengesetzte Ähre			Rispe
Ährchen	zweiblütig mit einer 3. verkümmerten Blüte	vier- bis sechsblütig	auf jedem Absatz drei einblütige Ährchen	zweiblütig, langgestielt, hängend
Hüllspelze	kahnförmig	breit, Fläche gegen die Spindel gekehrt	breit-elliptisch	viel länger als die Deckspelze
Granne	ziemlich lang, gerade	ohne Granne: Kolbenweizen; mit gewellter Granne: Bartweizen	sehr lang, länger als die Ähre	ganz kurz oder fehlend
Frucht	frei		mit den Spelzen völlig verwachsen	im unteren Teil mit den Spelzen verwachsen

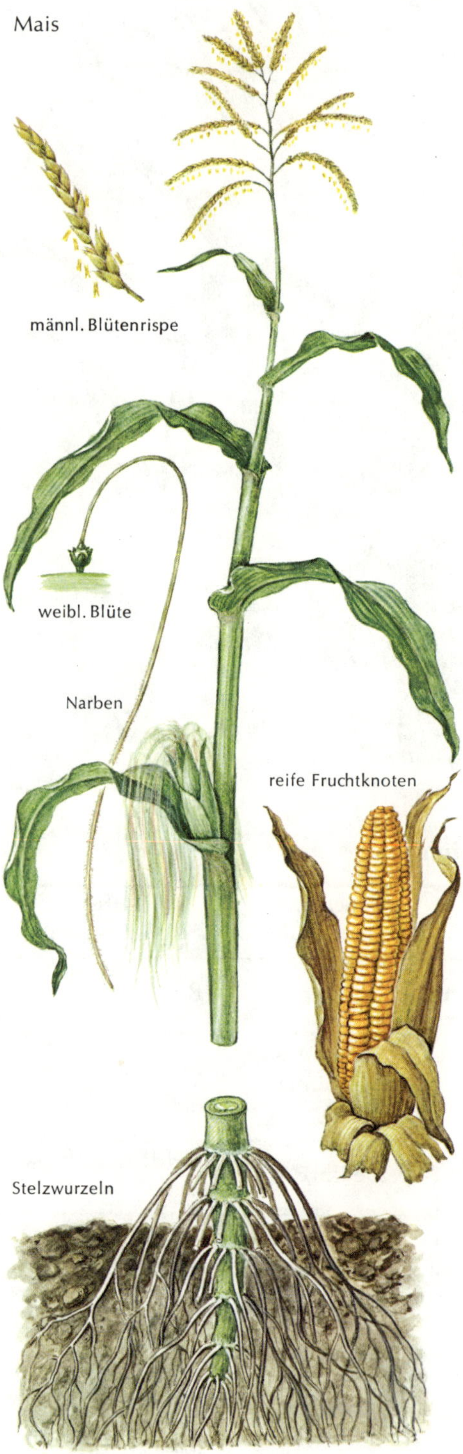

Der Mais (Zea mays) zählt zu den wenigen Kulturpflanzen, die aus der Neuen Welt zu uns gekommen sind. Sein Anbau breitete sich bald nach der Entdeckung Amerikas über Spanien und das übrige Südeuropa bis nach Kleinasien und Mitteleuropa aus. Man kennt heute zahlreiche Rassen, die Wildform jedoch kommt nicht mehr vor. In unserem Klima reift der Mais selten aus. Daher wird er nur als Futterpflanze angebaut. Auch in Amerika wird das »corn« — so nennt man dort den Mais — vorwiegend als Viehfutter verwendet. Vielerorts wird er nicht geerntet, sondern man treibt die Herden zur Mast einfach auf die Felder. Die Fleischkonserve »corned beef« ist also letzten Endes ein Veredelungsprodukt, das man aus dem Mais über den Rindermagen gewinnt.

Seine Blüten sind getrenntgeschlechtig, die Pflanze ist einhäusig. Die männlichen Blüten sind an der Spitze des hohen, markhaltigen (!) Stengels in einer lockeren Rispe angeordnet. Die weiblichen Blüten entspringen weiter unten aus den Achseln der verhältnismäßig breiten Blätter. Ihre Ährchen sitzen an einer fleischig verdickten Achse und bilden einen Blütenkolben, der von großen Hüllblättern schützend umgeben wird. Nur die langen, fadenförmigen, seidigglänzenden Griffel hängen aus der Hülle heraus. So können ihre Narben leicht von dem angewehten Pollen bestäubt werden.

Mit Hilfe der Windbestäubung kann man Bastarde erzielen, deren Erträge um $^1/_4$ höher liegen als beim gewöhnlichen Mais. Dazu sät man zwei verschiedene Maisrassen abwechselnd in Reihen nebeneinander. Diese einfache, aber höchst wirksame Maßnahme wird vor allem in den USA mit bestem Erfolg angewendet.

Aus Maismehl und Maisgrieß bereitet man in Südeuropa die »Polenta«. Junge Maiskolben werden geröstet, ältere gekocht. Aus den sehr fettreichen Körnern stellt man »Maizena«, ein nahrhaftes Mehl her, aus den entölten Körnern »Mondamin«. Ferner kann man aus Maisstärke Traubenzucker gewinnen.

DIE WICHTIGSTEN UNKRÄUTER DES GETREIDEFELDES

Die Pflanzengesellschaft des Getreidefeldes wurde vom Menschen als Monokultur einer bestimmten Grasart künstlich geschaffen. Sie ist in ihrer Zusammensetzung unnatürlich und hätte — sich selbst überlassen — keinen Bestand. Der Landmann versucht aber, alle für ihn unbrauchbaren Pflanzen von seinen Kulturflächen fernzuhalten. Trotz sorgfältigster Reinigung des Saatgutes und intensiver Bodenbearbeitung treten im Getreidefeld und am Ackerrand zahlreiche *Unkräuter* aus den verschiedensten Pflanzenfamilien auf. Die unerwünschten »Eindringlinge« besitzen Anpassungen, die es ihnen ermöglichen, den Schnitt des Getreides und die verschiedenen Maßnahmen der Bodenbearbeitung zu überdauern. — Wir fassen im folgenden die Ackerunkräuter teils nach verwandtschaftlichen, teils nach ökologischen (s. S. 96) Gesichtspunkten zusammen.

Ausdauernde Pflanzen: Die meisten ausdauernden Unkräuter besitzen Wurzeln oder Rhizome, die tief in den Boden reichen und sich dort stark verzweigen. Sie werden beim Pflügen daher nicht völlig zerstört und sind kaum auszutrotten.

Die *Quecke* (Agropyron repens) gehört zu den Gräsern, die sich nicht bestocken, sondern sich durch lange unterirdische Ausläufer ausbreiten. Bleibt beim Hacken, Jäten und Pflügen auch nur ein einziges Stengelglied im Boden, so schlägt es wieder Wurzeln. Die äußerst harten Triebspitzen durchbrechen das härteste Erdreich. Nicht selten findet man von Queckentrieben durchwachsene Kartoffeln und Rüben.

Auch die beim Jäten und Pflügen im Boden zurückbleibenden Rhizome der *Ackerwinde* (Convolvulus arvensis) treiben immer wieder Sprosse. Sehr tief reichen die weitverzweigten Wurzeln der trübviolett blühenden *Ackerkratzdistel* (Cirsium arvense). Sie erschwert dem Bauer die Feldarbeit und das Jäten durch ihre scharfstacheligen Blätter, die an verletzten Hautstellen oft schmerzhafte Entzündungen hervorrufen. Die Früchte tragen einen Haarschopf oder Pappus und werden wie die des Löwenzahns durch den Wind verbreitet.

Aufgabe: Zähle die Köpfe einer Distelpflanze und die Früchte eines Köpfchens. Bestimme die Zahl der Disteln, die auf einem 1 m breiten und 10 m langen Stück Ackerland wachsen. Wieviele Früchte entstehen

im ganzen? (Vorsicht, die Haare des Pappus können Augenentzündungen hervorrufen!).

Auch ein Liliengewächs, der *Ackergoldstern* (Gagea arvensis), hält sich, dank seiner Zwiebel, zäh in sandigen Äckern. Er erscheint als Frühblüher zwischen der jungen Wintersaat oder auf noch unbearbeiteten Feldern.

Einjährige Unkräuter entwickeln sich so schnell, daß ihre Früchte vor der Getreideernte ausfallen. Der *Ackerhahnenfuß* (Ranunculus arvensis) hat nur 4 bis 10 mm große Blüten. Seine Früchte, stachelige Nüßchen, sind Klettfrüchte. — Die winzigen, rosafarbenen Blüten des *Hasenklees* (Trifolium arvense) stecken in silbrig behaartem Kelch. Die eiförmigen Blütenköpfe fühlen sich daher wie Samt an. Wie bei anderen Kleearten bleibt die Frucht von der verwelkten Blüte und dem Kelch umgeben (Flugapparat). — Die winzigen, rosa oder weißen Blüten des *Vogelknöterichs* (Polygonum aviculare) stehen in Blattachseln. Wie bei allen Knötericharten sind seine Nebenblätter zu einer »Tute« (Tüte) verwachsen. Sie ist bei ihm zweispaltig.

Winterannuelle Pflanzen keimen wie das Wintergetreide schon im Herbst und überwintern sehr oft mit einer Blattrosette. So können sie im zeitigen Frühjahr blühen. Ihre Samen reifen daher schon vor der Schnitternte. Fast alle winterannuellen Pflanzen können sich wie der Roggen von Frühjahr bis Herbst entwickeln. Die Blattrosetten sind widerstandsfähig gegen Frost und Nässe. Je mehr das Wintergetreide infolge der Unbilden des Wetters »auswintert«, umso mehr macht sich im Frühling auf den entstandenen Lücken das Unkraut breit.

AUFGABEN: 1. Beobachte im Spätherbst und Vorfrühling die zahlreichen Rosetten zwischen der jungen Saat. Versuche festzustellen, welcher Pflanzenart sie zugehören. — 2. Welche Taubnesselarten findest du als Ackerunkraut?

Ein sehr lästiges Unkraut ist der *Windhalm* (Agrostis spica-venti), ein etwa 1 m hohes Rispengras, mit sehr großer, lockerer Rispe. Sein Keimpflänzchen ist von jungen Roggenpflanzen kaum zu unterscheiden. — Auffallend sind die großen violetten Blüten der *Kornrade* (Agrostemma githago). Durch die Saatgutreinigung wurde sie fast völlig ausgerottet. Man will die hübsche Pflanze sogar unter Naturschutz stellen. Die Kelchzipfel ihrer langen Kelchröhre überragen die Krone weit.

Korbblütler als Ackerunkräuter: Bekannt ist die *Kornblume* (Centaurea cyanus). Die unfruchtbaren »kornblumenblauen« Randblüten locken die Insekten herbei (s. S. 103).

Für Heilzwecke sammelt man die Blüten der *echten Kamille* (Matricaria chamomilla — mit weißen Randblüten) und die der *strahllosen Kamille* (Matricaria matricarioides — ohne Randblüten). Beide haben einen hohlen Blütenboden im Gegensatz zu der *falschen Kamille* (Matricaria maritima), deren Blütenboden mit Mark gefüllt ist. Bei den verschiedenen Arten der *Hundskamille* (Anthemisarten) stehen die Röhrenblüten in den Achseln von Spreublättern (s. Sonnenblume), die den Matricaria-Arten fehlen. — Aus Amerika stammt das *Knopfkraut* (Galinsoga parviflora) mit nur fünf bis sechs Randblüten und einer winzigen Scheibe gelber Röhrenblüten und das *kanadische Berufkraut* (Erigeron canadensis). Seine kleinen Blütenköpfe sind in sehr reichblütigen Rispen angeordnet. Die Früchte besitzen als Flugwerkzeug einen Pappus. Daraus erklärt sich die rasche Verbreitung des lästigen Unkrautes. — Das *gemeine Greiskraut* (Senecio vulgaris) hat nur Röhrenblüten. Die niedrige Pflanze trägt fiederspaltige Blätter. — Im zeitigen Frühjahr erscheinen auf lehmigen Ackerböden zwischen den jungen Getreidepflanzen die goldgelben Blüten

des *Huflattichs* (Tussilago farfara). An dem kurzen Stiel des Blütenköpfchens sitzen schuppenförmige Blätter. Die herzförmigen Laubblätter erscheinen viel später. Sie werden etwa fünfzehn Zentimeter groß. Die Pflanze ist ein »Lehmanzeiger«.

Die Kreuzblütler sind durch *Hirtentäschelkraut* (Capsella bursa-pastoris), *Ackerhellerkraut* (Thlapsi arvense), *Ackersenf* (Sinapis arvensis) und *Ackerhederich* (Raphanus raphanistrum) vertreten. Woran erkennt man die Vertreter dieser Familie?

Unkräuter aus anderen Familien: Weithin leuchten die roten Blüten des *Feld-* oder *Klatschmohns* (Papaver rhoeas). Die überaus zahlreichen Samen sorgen für eine starke Vermehrung der schönen, aber dem Bauern verhaßten Pflanze. Seit man das Saatgut gründlich reinigt, weicht der Mohn auf Wegraine und Böschungen aus.
Zu den kleinblütigen Unkräutern gehört der zierliche *Erdrauch* (Fumaria officinalis) mit Trauben rötlicher zweiseitigsymmetrischer Blüten, die einen kleinen Sporn besitzen. Die Spreiten der doppeltgefiederten Blätter sind sehr klein. — Der Same der *Vogelmiere* (Stellaria media) keimt schon im Herbst. Die sehr klimafeste, winterannuelle Pflanze blüht

und fruchtet häufig schon im Winter. Im Laufe eines Jahres entstehen oft mehrere Generationen. Ihre grünen Teile liefern ein beliebtes Vogelfutter. Man könnte sie leicht mit dem Sproß des kleinen *Ackergauchheils* (Anagallis arvensis) verwechseln, der schwach giftig ist und den Vögeln schadet. Neben der häufigen zinnoberroten Form findet man manchmal auch eine leuchtend blaue Art (Anagallis foemina). Die kleinen Blüten entspringen bei beiden in den Achseln gegenständiger Blätter. — Weit verbreitet sind der *Feldrittersporn* (Delphinium consolida) und das *Feldstiefmütterchen* (Viola tricolor). Während die *Ackerwinde* (s. o.) mit ihrem Stengel die Halme umklammert und oft zu Boden zieht, klettert die dicht behaarte *Zottelwicke* (Vicia villosa) mit Hilfe von Blattranken und wuchert so üppig, daß die Halme ersticken oder doch sich bei der Ernte nicht völlig ausbreiten lassen. Sie ist durch die reichblütigen, violetten Trauben von anderen Schmetterlingsblütlern zu unterscheiden. — Besonders auffallend sind die schönen Blattrosetten des *Reiherschnabels* (Erodium cicutarium), der bis tief in den Herbst hinein blüht und fruchtet. Sie sind so niedrig, daß sie dem Schnitt entgehen. Die fünf stark in die Länge gezogenen Fruchtblätter bilden den »Schnabel« der merkwürdigen Frucht (s. S. 116).

Einkeimblättrige und zweikeimblättrige Gewächse

(Monocotyledoneae und Dicotyledoneae)

Wie im Roggenkorn finden wir in den Samen aller Gräser nur *ein Keimblatt,* ebenso auch bei Tulpe, Schneeglöckchen, Narzisse, Krokus usf. Die Keimpflanzen schieben bei ihnen als spitzer Kegel aus dem Erdreich. Sie sind *Spitzkeimer.* Man faßt sie zu der Klasse der Einkeimblättrigen Gewächse zusammen.

Bei Bohne, Eiche, Schlüsselblume und Apfel beobachten wir *zwei Keimblätter,* besonders wenn der junge Trieb sie mit aus dem Boden zieht. Der Stengel des Keimlings kommt bei diesen Pflanzen meist gekrümmt aus der Erde. Sie sind *Bogenkeimer.* Gleiches beobachten wir bei vielen anderen Pflanzen. Sie bilden die Klasse der Zweikeimblättrigen Gewächse.

Die Keimblätter und die Art der Keimung sind nicht immer zu beobachten. Man kann jedoch die Vertreter dieser Klassen an besonderen Merkmalen ihrer Blätter und ihres Blütenbaues unterscheiden.

Einkeimblättrige Gewächse	**Zweikeimblättrige Gewächse**
Spitzkeimer	Bogenkeimer
Blätter: i. d. R. parallelnervig	fieder- oder fingernervig
Blüten: meist dreizählig	meist fünfzählig oder vierzählig

Einkeimblättrige Gewächse: Schneeglöckchen

Zweikeimblättrige Gewächse: Apfel

Ausnahmen: Die Einbeere, ein Liliengewächs, hat vierzählige Blüten und fiedernervige Blätter, gehört aber zu den einkeimblättrigen Gewächsen. Der Wegerich besitzt parallelnervige Blätter, obwohl er zweikeimblättrig ist. Das Scharbockskraut ist ein Spitzkeimer mit nur einem Keimblatt. Nach dem Bau der Blüten und Blätter müssen wir es aber zu den zweikeimblättrigen Hahnenfußgewächsen rechnen. Die Ausnahmen sind so selten, daß wir uns doch für die Einteilung in die zwei großen Klassen nach den angeführten Kennzeichen richten können. Sie zeigen aber, daß wir die Einordnung nicht nach einem einzigen Merkmal vornehmen dürfen. Wenn wir sicher gehen wollen, müssen wir mindestens noch ein zweites Merkmal, bei der Einbeere sogar ein drittes heranziehen.

Die Wiese

Wiese mit Löwenzahn

Blumenwiese

Wie die Pflanzengesellschaft des Getreidefeldes ist auch die der Wiese durch die Bewirtschaftung des Menschen entstanden. Die Zusammensetzung der Grasarten wird so gewählt bzw. verändert, daß ein möglichst großer Nutzen erzielt wird. Um das Gedeihen der Futtergräser zu fördern und die Unkräuter zurückzudrängen, wird mitunter der Boden umgepflügt und ausgewähltes, von Unkrautsamen befreites Saatgut verwendet. Wo der Mensch das Gras nicht schneidet oder das Vieh auf der »Koppel« (s. S. 70) es nicht ständig abweidet, beginnen bald die Samen von Bäumen und Sträuchern zu keimen, und allmählich ergreift der Wald von der Wiese Besitz (s. S. 25).

Die wichtigsten Süßgräser unserer Wiesen

Die Vertreter der sehr artenreichen Familie sind ihrer unscheinbaren Blüten wegen schwer zu bestimmen. Selbst manche Gattungen zeigen große Ähnlichkeit. Die wichtigsten Gattungen wollen wir kennenlernen, indem wir ähnliche miteinander vergleichen.

Ährengräser: Eines der häufigsten Wiesengräser ist das *englische Raygras* (Lolium perenne), das leicht mit der *Quecke* (Agropyron repens) verwechselt wird (s. S. 79). Die Ährchen der Quecke wenden aber ihre Breitseite der Ährenachse zu, während bei dem grannenlosen *englischen Raygras* und dem begrannten *Taumellolch* (Lolium temulentum) die zusammengedrückten Ährchen der Spindel ihre Schmalseite zukehren.

Rispengräser: Ein sehr gutes Futtergras ist das *Wiesenrispengras* (Poa pratensis), von dem wenig guten *Straußgras* (Agrostis tenuis) durch die kleinere Rispe vielblütiger Ährchen zu unterscheiden. Das violett überlaufene Straußgras hat nur einblütige Ährchen. — Weich behaart sind Blätter und Blattscheiden des stark duftenden *Honiggrases* (Holcus lanatus) mit reichblütigen Rispen. Es kommt besonders auf feuchten Wiesen und sandigen Triften vor, also auf sauren, nährstoffarmen Böden. — Der *Glatthafer* (Arrhenatherum elatius), der *Wiesen-* oder *Trifthafer* (Avena pratensis) und der *weichhaarige Hafer* (A. pubescens) besitzen wie der feldmäßig angebaute Hafer große Hüllspelzen. Ihre Grannen sind gekniet. Der Glatthafer hat nur eine Granne, die zwei anderen besitzen mehrere. — Die begrannten Ährchen des *Knäuelgrases* (Dactylis glomerata), eines sehr guten Futtergrases, stehen in dichten Knäueln an den Rispenästen. Es hat, wie die *Trespen* (Bromusarten), im Gegensatz zu den meisten Gräsern geschlossene Blattscheiden. Darin und in dem Besitz von Grannen unterscheiden sich die auf trockenen Grasplätzen wachsenden wertlosen Trespen von einem vorzüglichen Futtergras, dem *Wiesenschwingel* (Festuca pratensis). Das *Zittergras* (Briza media) erkennt man an den hängenden, herzförmigen Ährchen. Es wächst auf trockenen Wiesen, während das *Perlgras* (Melica nutans) etwas feuchteren, kalkhaltigen Boden bevorzugt (s. S. 90). — Zur Befestigung der Dünen dienen das *Sandgras* (Ammophila arenaria) und der *Strandroggen* (Elymus arenarius), weil ihre reichverzweigten Ausläufer sich stark bestocken und dadurch den Flugsand festhalten.

AUFGABE: Feuchte ein trockenes Früchtchen des Glatthafers an und lasse es wieder trocknen. Wie verändert sich die Granne? Bedeutung? — Vergleiche die Abbildung des Stempels der Bromusarten mit der des Wiesenschwingels.

Ährenrispengräser: Ihre sehr kurzen Rispenäste erkennt man nur beim Auseinanderbiegen der Ährchen. Weit verbreitet sind *Wiesenfuchsschwanz* (Alopecurus pratensis) und *Wiesenliesch-* oder *Timothegras* (Phleum pratense). Sie besitzen beide dichtblütige Scheinähren. Der frühblühende Wiesenfuchsschwanz ist begrannt, das spätblühende Lieschgras dagegen nicht. — Lockere Scheinähren haben das *Kammgras* (Cynosurus cristatus) und das stark duftende *Ruchgras* (Anthoxanthum odoratum). Das grannenlose Kammgras besitzt am Grunde jedes Ährchens eine kammartig eingeschnittene »Hülle« (Lupe!). Es wächst vorwiegend auf schwerem Boden. Das begrannte Ruchgras ist weniger anspruchsvoll.

Die Sauergräser

Wiesen mit hohem Grundwasserspiegel haben einen anderen Pflanzenbestand. Hier wachsen vorwiegend Sauer- oder Riedgräser (s. S. 90), die vom Vieh wegen der scharfkantigen Blätter gemieden werden (s. Tabelle S. 90). Das ist eine Folge des nährstoffarmen Bodens der »Sauerwiesen«. Eigenartigerweise gedeihen hier auch Süßgräser trockener, sandiger Wiesen, z. B. das Honiggras. Auch ihre Blumenwelt ist anders zusammengesetzt als die der »Süßwiesen«.

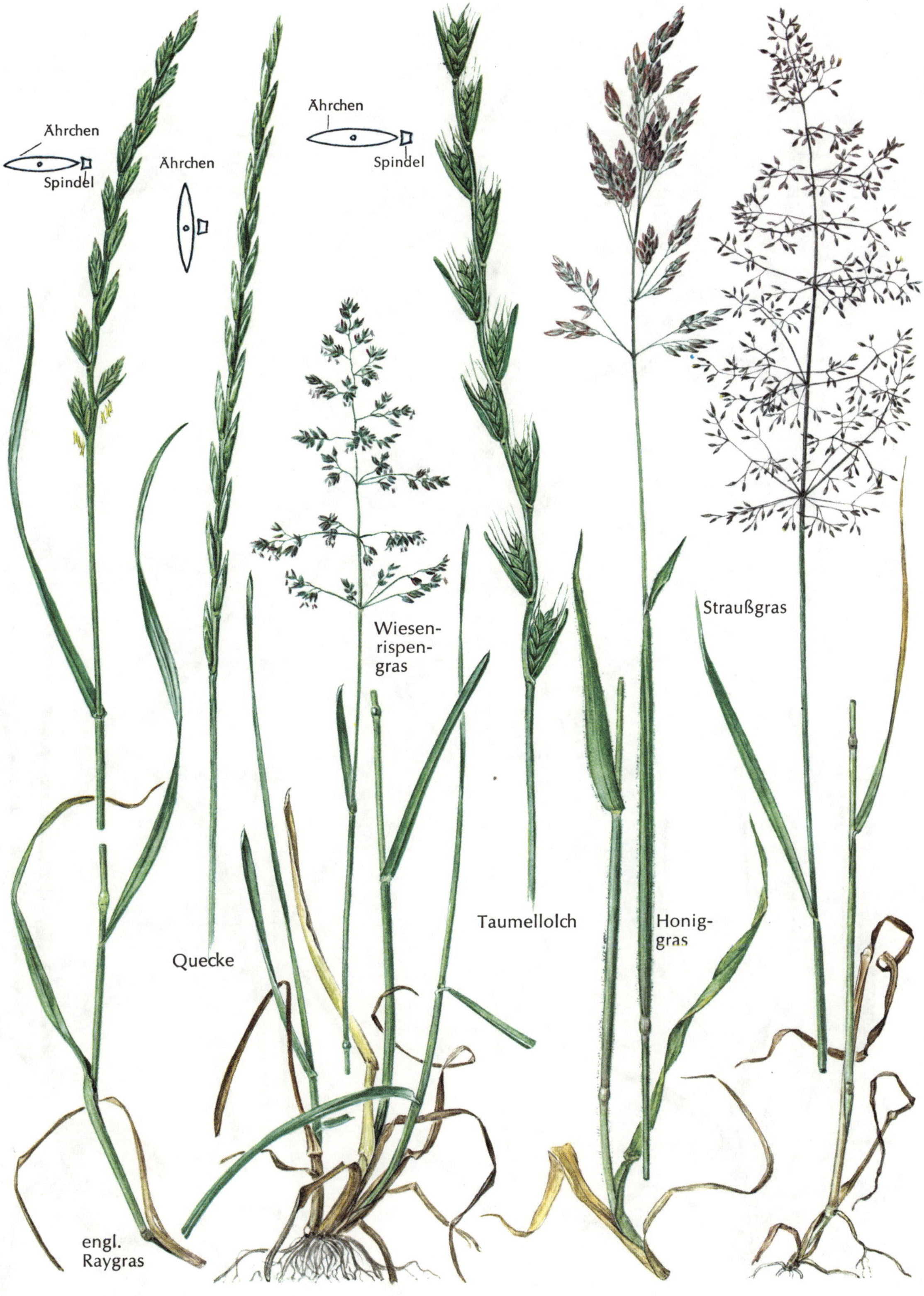
Ährchen
Spindel
Ährchen
Ährchen
Spindel
Wiesen-
rispen-
gras
Straußgras
Taumellolch
Honig-
gras
Quecke
engl.
Raygras

Narben
Frucht-
knoten
(vergr.)
Wiesenschwingel
Narben
Fruchtknoten
weichhaarige
Trespe
Glatthafer
weichhaariger Hafer,
Flaumhafer

Knäuelgras
Sandgras, Helm
Wiesenlieschgras
Blütchen (vergr.)
Narben
Fruchtknoten
Wiesenfuchsschwanz
Blütchen (vergr.)
Kammgras
kammartiges, steriles Blütchen
Ruchgras

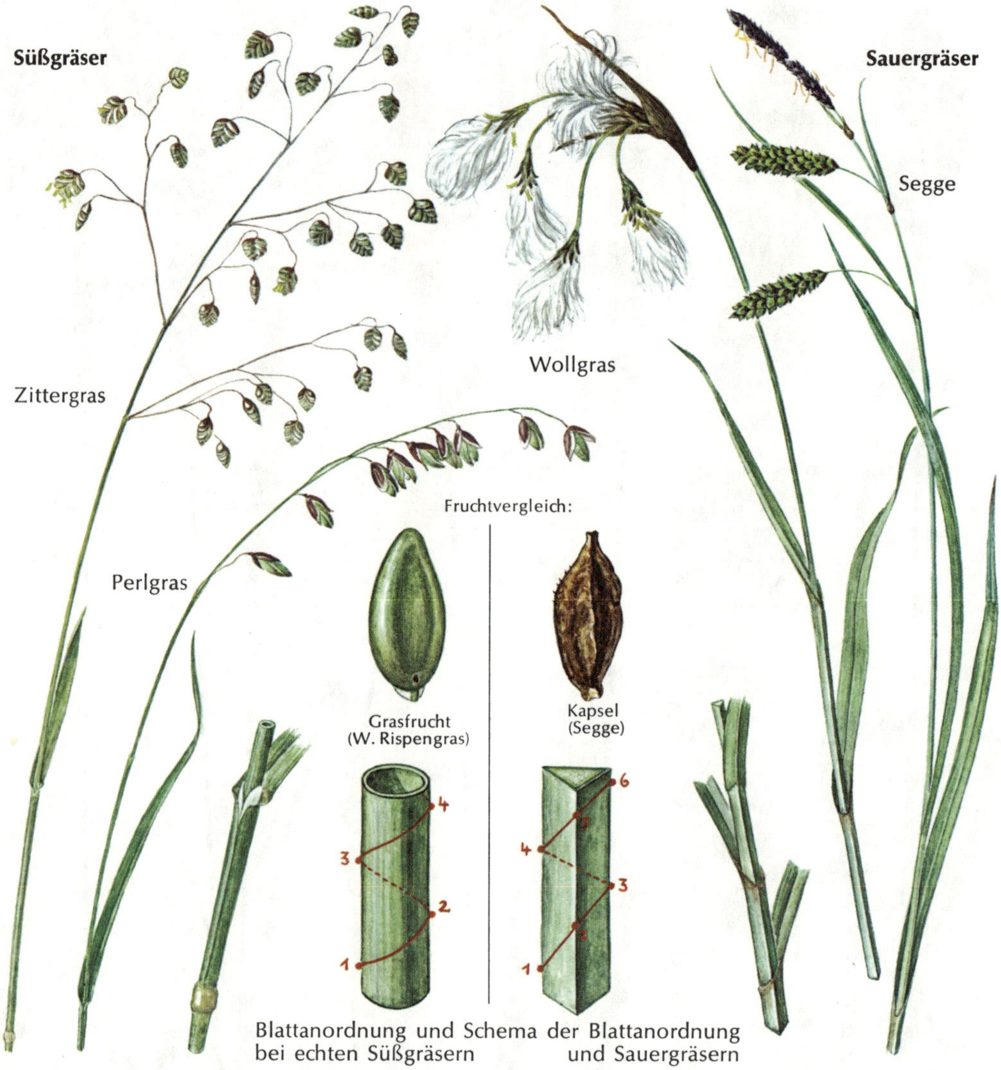

Vergleich der echten Gräser mit den Sauer- oder Riedgräsern

	Süßgräser (Gramineae)	Sauer- oder Riedgräser (Cyperaceae)
Halm	hohl, mit Knoten	markhaltig, ohne Knoten
Querschnitt	kreisrund, selten oval	dreieckig
Blattanordnung	wechselständig, zweizeilig	wechselständig, dreizeilig
Blattscheide	fast immer offen	geschlossen
Blatthäutchen	meist vorhanden	fehlt
Blüten	meist zwittrig, mit Hüllspelzen	meist eingeschlechtig (Pflanzen einhäusig), ohne Hüllspelzen
Frucht	Grasfrucht	meist eine Nuß, die häufig in einen häutigen Sack eingeschlossen ist.

DIE WIESE IM JAHRESLAUF

Die Wiese vor der Heuernte

AUFGABEN: 1. Stelle fest, welche Blumen in den Wiesen in den verschiedenen Monaten vorherrschen. — 2. Vergleiche zu gleicher Jahreszeit die Blumenwelt feuchter Wiesen mit der trockener. — 3. Wodurch unterscheiden sich »Schnittwiesen« von den zur Weide benützten »Koppelwiesen«?

Erfolgt keine künstliche Verjüngung der Wiese, so wird ihr Bild weniger durch die Gräser als durch die Blumen bestimmt, die sich zwischen ihnen entfalten. Das Aussehen wechselt stark mit der Jahreszeit, ist aber auch von der Feuchtigkeit und den Bodenverhältnissen abhängig. Im April und Mai folgen *Wiesenschaumkraut* und *Löwenzahn* den gelben Blüten der *Schlüsselblume.* Während wir die hohe Schlüsselblume auf feuchten Wiesen finden, wächst die dunkelgelbe, niedrigere auf trockenem Boden. Hat der Wind die weißen Schirmfrüchtchen des Löwenzahns verweht, so schmückt das Gold des *Hahnenfußes* die Wiesen. Während der scharfe Hahnenfuß feuchte Standorte liebt, bevorzugt der niedrige, knollige Hahnenfuß trockene. Unter ihr Gold mischt sich das Rot der *Kuckuckslichtnelke* oder auf wasserärmerem Boden das der *Karthäuser-* oder *Steinnelke* und das Blau des *Wiesensalbeis.* Er hebt sich dort prächtig von den weißen Randblüten der *Wucherblume,* der Marguerite, ab, der sich oft die blaßvioletten *Glockenblumen* zugesellen. »Stengelkletterer« und »Spreizklimmer« wie das *weiße Labkraut* (Galium mollugo) und rankende Pflanzen wie die *Zaunwicke* (Vicia sepium) suchen an Gräsern und anderen Gewächsen Halt, um Blätter und Blüten ans Licht zu heben. Im Juni überziehen die weißen Schleier des *Wiesenkerbels* (Anthriscus sylvestris) viele Wiesen — zum Verdruß des Bauern. Das hübsche Doldengewächs bestockt sich reichlich, liefert aber schlechtes Grünfutter und ist wegen der verholzenden Stengel auch im Heu wertlos. Vor allem auf jauchegedüngten Wiesen verdrängt es durch seinen üppigen Wuchs gute Futterpflanzen, besonders den *Wiesenklee* (Trifoliumarten).

Wie die Wiesenblumen den Schnitt überstehen

Wenn im Juni die Heuernte beginnt, haben die meisten Blumen ihre Samen schon ausgestreut. Manche können wie Gräser nach der Mahd neu austreiben und nochmals blühen und fruchten, z. B. Klee, Labkraut und Löwenzahn. Die Rosetten von Gänseblümchen, Schlüsselblume, Wiesenschaumkraut und rundblättriger Glockenblume werden von der »Schneideschar« der Mähmaschine nicht getroffen. Herbstzeitlose und Knabenkraut überdauern mit unterirdischen Knollen.

Die Wiese nach der Heuernte

Die Stoppeln des abgeernteten Getreidefeldes schlagen nicht mehr aus. Die Wiesengräser dagegen vertragen den Schnitt. Er fördert sogar die Bestockung, so daß sich dichte Horste bilden. Andere Gräser überstehen die Verstümmelung, weil sie zahlreiche Ausläufer treiben. Die meisten Wiesengräser vermehren sich so auf ungeschlechtliche Weise. Das ist nötig, weil bis zur Mahd die Samen noch nicht ausgereift sind.

AUFGABEN: 1. Hebe ein Stück Rasen mit dem Spaten aus und versuche, die verfilzten Ausläufer dieser »Sode« unverletzt zu trennen. — 2. Bestimme den Anteil horstbildender Gräser auf guten Wiesen, auf Magerwiesen, auf trockenen Triften und an Wegrainen. —

3. Wie groß ist an den gleichen Standorten der Anteil der »Obergräser« mit hohen, oft harten Halmen im Vergleich zu den »Untergräsern« mit kürzeren Halmen und reicherer Blattbildung? Welche Gräser eignen sich wohl besser als Futter? — 4. Weshalb mischt man bei künstlicher Verjüngung der Wiesen Samen horstbildender Gräser unter den von Gräsern, die Ausläufer treiben? — 5. Wie verändert sich das Aussehen der Wiesengräser nach der Blütezeit? Soll man die Mahd während oder nach der Grasblüte vornehmen?

Nach der Heuernte tritt eine starke Verfilzung der Graswurzeln ein. Die Grasnarbe wird dichter. Horstgräser füllen dabei manche Lücken zwischen den anderen Gräsern. In trockenen Zeiten erhält die Grasnarbe dem Boden noch lange die Feuchtigkeit. Nach der Heuernte entwickeln sich die Gräser nochmals, so daß ein zweites-, bei sehr guten Wiesen noch ein drittesmal geschnitten werden kann: *Grummeternte.* Ähnlich wie das Mähen wirkt sich auch das Abweiden aus. Auf Weidewiesen tritt die Blumenwelt fast ganz zurück (s. S. 70). Zwischen Heu- und Grummeternte macht sich nochmals ein Doldengewächs breit, wieder vornehmlich auf jauchegedüngtem Boden: der *Bärenklau* (Heracleum sphondylium). Seine großen gefiederten Blätter sitzen mit aufgeblasenen Blattscheiden an dem hohlen, kantig gefurchten Stengel. Er trägt stattliche Dolden (bis zu dreißig Döldchen). Ihre großen Randblüten dienen als Lockblüten. Auch der *Wiesenknopf* erscheint meist erst nach der Heuernte. Der kleine Wiesenknopf (Sanguisorba minor) wächst auf trockenen Wiesen, wo auch die rötlichviolette *Flockenblume* (Centaurea jacea) auf zähem, trockenem Stengel ihre Blütenköpfe trägt. Neben dem weißen Labkraut erscheint nun das stark duftende *gelbe Labkraut* (Galium verum). Die braunroten Blütenköpfe des *großen Wiesenknopfes* (S. officinalis) geben den feuchten Wiesen ein besonderes Gepräge. Die blaßgelben Blütenkörbchen der *Kohlkratzdistel* (Cirsium oleraceum) ragen auf hohem Stengel weit über die anderen Pflanzen der Uferwiesen. Sie fallen durch die großen, bleichgrünen Hochblätter ihrer Blütenstände auf.
Wenn das Grummet eingefahren ist, schmücken die *Herbstzeitlosen* als letzte Blumen

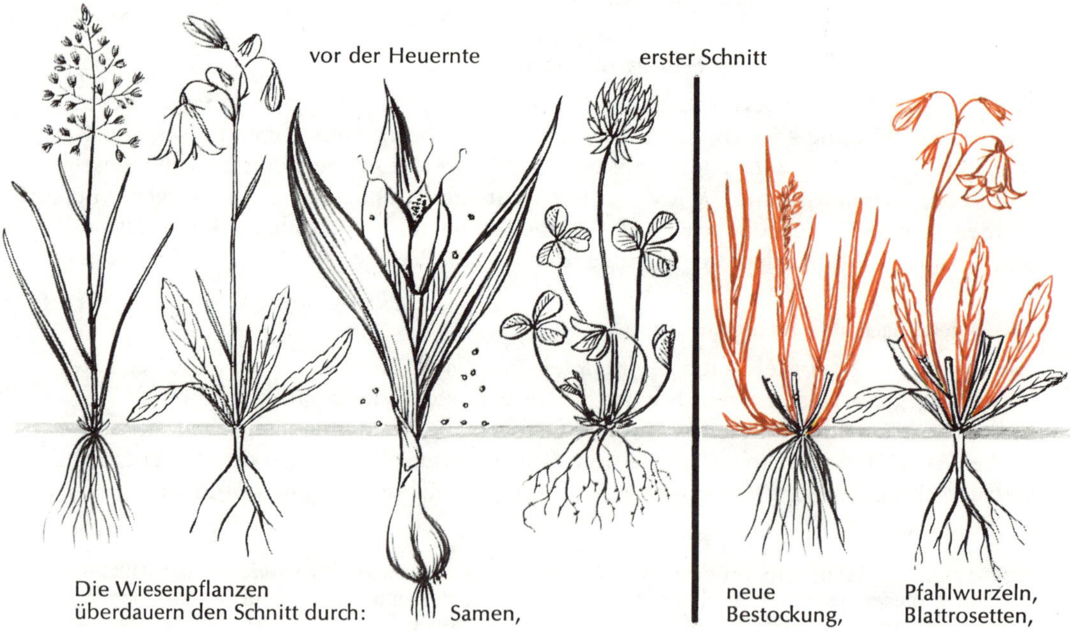

die herbstlichen Wiesen. So werden ihre Blüten vom letzten Schnitt so wenig getroffen, wie ihre »bodenständigen« Früchte bei der Heuernte im Frühjahr.

AUFGABEN: 1. Stelle je eine Liste von Gräsern und Blumen saurer und trockener Wiesen auf. — 2. Inwiefern ist der Anteil des Wiesenlandes am Kulturland von Bodenbeschaffenheit und Klima abhängig? Vergleiche unter diesen Gesichtspunkten die trockenen und feuchten Anbaugebiete Deutschlands.

Leitpflanzen

Pflanzen, die für bestimmte Standorte kennzeichnend sind, werden Leitpflanzen genannt. Sowohl bei den Gräsern wie bei den Blumen haben wir schon solche »Bodenweiser« kennengelernt. Trespen, Mäusegerste und Trifthafer sind Leitpflanzen für trockenen Standort, unter den Blumen der knollige Hahnenfuß, die Karthäusernelke, der Wiesensalbei, der kleine Wiesenknopf und die Flockenblume. An den sonnigen Wegrainen kommen vor allem wilde Möhre, Wegwarte und die flach ausgebreiteten Rosetten des großen Wegerichs vor.
Wo sich aber neben Sauergräsern das Honiggras, die hohe Schlüsselblume, Kuckuckslichtnelke und rote Lichtnelke sowie die Kohlkratzdistel einstellen, können wir mit Sicherheit auf feuchten Boden mit hohem Grundwasserspiegel schließen. Auf moorigen Wiesen sind Wollgras und Trollblume weithin auffallende Bodenweiser.
Manche Pflanzen bevorzugen kalkhaltige Böden, andere dagegen saure, sandige. So sind viele Orchideen, wie Fliegenorchis und Frauenschuh, aber auch Küchenschelle und große Waldanemone, kalkliebende Pflanzen. Der rote Fingerhut wächst fast nur auf den Waldblößen kalkarmer Gebirgshänge. Er ist kalkfeindlich wie das Heidekraut, das für die Sandgegenden so bezeichnend ist.
Schließe nach dem Vorkommen anderer Leitpflanzen auf Bodenbeschaffenheit und Bodenart ihres Standortes.

Johanniskraut
Knautie
Tausendgülden-
kraut
Marguerite
Tauben-
skabiose
gelbes
Labkraut
Gamander-
Ehrenpreis
Karthäuser-
nelke
Wundklee
gefranster
Enzian
roter Wiesenklee

großer
Wiesenknopf
Kohl-
kratzdistel
Bärenklau
Wiesen-
storchschnabel
Teufelsabbiß
rasiges
Vergißmein-
nicht
Kuckucks-
licht-
nelke
Wiesen-
schaumkraut
Wiesen-
bocksbart
kleine
Brunelle

Honigbiene an Salweide

Widderchen an Knautie

Die Teile der Blüte und ihre Bedeutung: Die wichtigsten Blütenteile sind Staubblätter und Stempel. Aus dem Fruchtknoten geht in der Regel die Frucht hervor, aus den Samenanlagen des Fruchtknotens entstehen die Samen. Die Blüten stellen also Vermehrungsorgane der Pflanze dar (s. Bd. I, S. 66).

Die Bedeutung der Bestäubung: Damit sich die Samenanlagen zu Samen entwickeln, muß Blütenstaub auf die Narbe derselben Blütenart gelangen. Die Bestäubung ist daher für den Fortbestand der Art unbedingt notwendig. — Bei den Landpflanzen wird die Bestäubung durch den Wind oder durch Tiere, meist durch Insekten, vermittelt. Man unterscheidet danach Windblütigkeit von Insektenblütigkeit.

Ökologie der Blüte: Mit den Umweltbeziehungen der Lebewesen befaßt sich die *Ökologie* (gr. oécia heißt -häusigkeit). Sie beschäftigt sich mit den Anpassungserscheinungen und dem Verhalten von Tieren und Pflanzen in ihrer Umwelt. Die Blütenökologie erforscht insbesondere die Bestäubung der Blüten.

Windbestäubung und Bestäubung durch Insekten: Bei windblütigen Pflanzen sind die Blüten, vor allem die Blütenhüllen, unscheinbar. Sie erzeugen aber große Mengen von trockenem Blütenstaub. Pollenkitt fehlt dagegen. Die Narbenköpfchen (Papillen) sind oft mit klebrigen Stoffen überzogen, an denen der angewehte Pollen haften bleibt. Vielfach wird der Blütenstaub von fedrigen Narbenästen aufgefangen. Die männlichen Blütenstände sind häufig durch ihre Beweglichkeit, die Narben durch ihre Stellung der Windwirkung besonders ausgesetzt. Die Blütezeit fällt manchmal in die Zeit vor der Laubentfaltung. Windblütler treten meist in größeren Beständen auf.
Bei insektenblütigen Pflanzen sind die Blüten sehr oft wesentlich größer und mehr oder weniger lebhaft gefärbt (»Blume« im engeren Wortsinn). Kleinere Blüten sind oft in auffälligen Blütenständen zusammengefaßt. Der Blütenstaub ist meist durch Pollenkitt klebrig, die Pollenmenge wesentlich geringer als bei windblütigen Pflan-

zen. Nur die »Pollenblüten« erzeugen Blütenstaub in überreichem Maße (nenne Beispiele). Viele Blüten besitzen Duft- und Nektardrüsen. Manche sind für den Besuch ganz bestimmter Insekten besonders eingerichtet, z. B. »Hummelblumen«, »Falterblumen« usw. Sie weisen häufig verwickelt gebaute Blütenteile auf, welche die Übertragung von fremdem Pollen sichern, Selbstbestäubung aber verhüten sollen. Besondere Zeichen auf manchen Blütenblättern, die Saftmale, weisen den Besuchern den Weg zum Nektar.

Verhinderung der Selbstbestäubung: Der große englische Naturforscher Charles Darwin stellte schon um 1860 fest, daß bei Eigenbestäubung entweder überhaupt keine Samen entstehen (Selbststerilität) oder nur Samen mit geringer Keimfähigkeit. Aus ihnen gehen meist kümmerliche Pflanzen hervor. Darwin leitete aus seinen Versuchen »das Gesetz der vermiedenen Selbstbestäubung« ab. Doch gibt es auch Ausnahmen von der Regel (Beispiele).
Im folgenden werden die Einrichtungen beschrieben, die Fremdbestäubung sichern und Eigenbestäubung verhindern sollen.

I. VERSCHIEDENLANGE GRIFFEL UND STAUBFÄDEN

Die Schlüsselblume

AUFGABE: Wiederhole den Abschnitt über die Bestäubung der duftenden Schlüsselblume in Band I, S. 18.

Bei den verschiedenen Arten der Schlüsselblumen und Primeln finden wir lang- und kurzgriffelige Blüten etwa in gleicher Zahl. Nur langrüsselige Insekten wie Hummeln und Schmetterlinge können zum Nektar am Grunde der langen Kronröhre vordringen. Der beim Besuch einer kurzgriffeligen Blüte am Kopf des Bestäubers hängenbleibende Pollen wird auf die Narbe der langgriffeligen Form übertragen. Der beim Besuch einer langgriffeligen Blüte am Rüssel haftenbleibende Pollen gelangt dagegen auf die Narbe der kurzgriffeligen. So findet eine Übertragung von Blütenstaub auf Organe statt, die »auf gleicher Höhe« in der Blüte stehen und gleichzeitig wird so die Übertragung auf Organe vermieden, die »auf verschiedener Höhe« stehen. Auch durch die verschiedene Größe der Pollenkörner beider Blütensorten wird die Fremdbestäubung begünstigt, denn die großen Körner der kurzgriffeligen Form passen leicht in die großen Vertiefungen der Narbenoberfläche der langgriffeligen Form. Umgekehrt passen die kleineren Pollenkörner der langgriffeligen Form besser in die kleinen Vertiefungen der kurzgriffeligen Blütensorte. Darwin hat durch Versuche bewiesen, daß der Samenansatz bei der Übertragung von

Bestäubung der Schlüsselblume

Pollen zwischen Organen »auf gleicher Höhe« am besten ist. Diese Bestäubung ist natürlich eine Fremdbestäubung. Bei verschiedenen Primelarten verhindert außerdem *Selbststerilität* die Samenbildung, d. h. die Bestäubung mit eigenem Pollen bleibt wirkungslos.

Lungenkraut (Pulmonaria officinalis) und
Natterkopf (Echium vulgare)

Ähnliche Verhältnisse treffen wir in den Blüten des Lungenkrautes an, das im zeitigen Frühjahr seine Blütenwickel in unseren Laubwäldern entrollt. Die jungen Blüten sind rot gefärbt, die älteren werden blau.

AUFGABEN UND ÜBERLEGUNGEN: Schneide mehrere Blüten der Länge nach auf. Welche Unterschiede im Blütenbau kann man beobachten? Zeichne vereinfacht die Längsschnitte. Welche Bedeutung haben wohl die »Haarbüschel«? Versuche aus dem Blütenbau Rückschlüsse auf die Art der Bestäubung zu ziehen.
Die Blüten des Natterkopfes sind wie die des Lungenkrautes erst rötlich, später blau gefärbt. Man findet das stachelige Unkraut an trockenen Stellen, wie Wegrändern und unbebauten Orten. Die weit hervorragenden Staubblätter werden von den Insekten als Anflugplatz benutzt. In jungen Blüten ist der Griffel kurz, bei älteren ragt er aus der Blüte hervor. Welche Folgen ergeben sich daraus für die Bestäubung?

AUFGABEN: Stelle mit einer scharfen Rasierklinge Längsschnitte durch Blüten verschiedenen Entwicklungszustandes her und fertige davon Zeichnungen an.

Der Blutweiderich (Lythrum salicaria)

Der an feuchten Stellen häufig auftretende Blutweiderich besitzt sogar drei verschiedene Blütenformen: langgriffelige Blüten mit mittellangen und kurzen Staubblättern, »mittellanggriffelige« Blüten mit langen und kurzen Staubblättern und schließlich kurzgriffelige Blüten mit langen und mittellangen Staubblättern. Die Staubbeutel stehen nie in derselben Höhe wie die Narben der gleichen Blüte. Auch beim Weiderich hat Darwin nachgewiesen, daß nur die Bestäubung innerhalb »gleicher Höhe« einen vollen Erfolg hat.

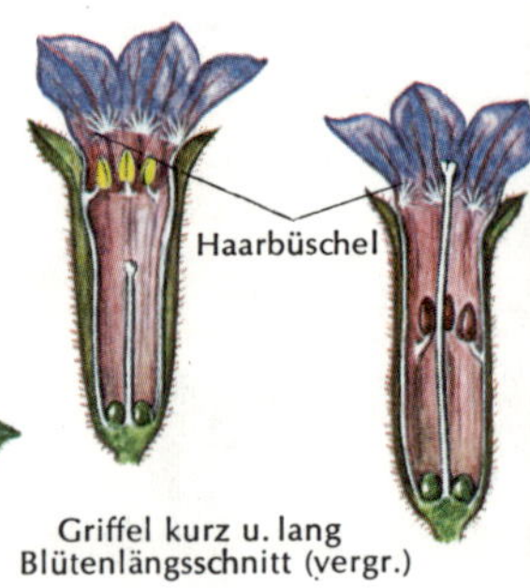

Die Wiesenglockenblume (Campanula patula)

Die blühende Pflanze treffen wir im Frühsommer häufig in Wiesen, an Wald- und Wegrändern an. Ihr Sproß trägt unten schmale, spatelförmige, oben dagegen sitzende, lanzettliche und gesägte Blätter. Erst im zweiten Jahr entstehen Blüten und Samen (zweijährige Pflanze). Die zierlichen, rötlichvioletten Blüten stehen in Rispen. Bei schönem Wetter richten sich die geöffneten Blüten auf, bei trübem Wetter und nachts schließen sie sich und hängen nach unten. Die Kelchblätter sind in ihrem unteren Teil miteinander und zugleich mit dem Fruchtknoten verwachsen. Sie besitzen fünf freie, aufrechte, schmallinealische Kelchzipfel. Die trichterförmige, glockige Krone ist ebenfalls fünfzipfelig. Kelch und Krone sind also aus fünf miteinander verwachsenen Blättern entstanden. Um die inneren Blütenteile in ihrer Lage zueinander und in ihrer Bedeutung zu erkennen, untersuchen wir Knospen, junge und ältere Blüten. In der Knospe bilden die Staubbeutel eine Röhre, die den keulenförmigen, dichtbehaarten Griffel umschließt. Noch ehe die Knospe sich öffnet, reißen die reifen Staubbeutel an ihrer Innenseite auf, und der Pollen wird in die Haare des Griffels hineingedrückt. In eben geöffneten Blüten sind Staubfäden und Staubbeutel schon eingeschrumpft. Inmitten der verwelkten Staubblätter steht der dicht mit Pollen bepuderte Griffel. Er hat mit seinen Haaren den Blütenstaub aus der schrumpfenden Staubblattröhre herausgeputzt: Griffelbürste (vgl. Bd. I, S. 33). In älteren Blüten hat sich der Griffel in drei Äste gespalten, die sich nach außen krümmen. Die nach oben gewendeten Seiten sind die Narben.

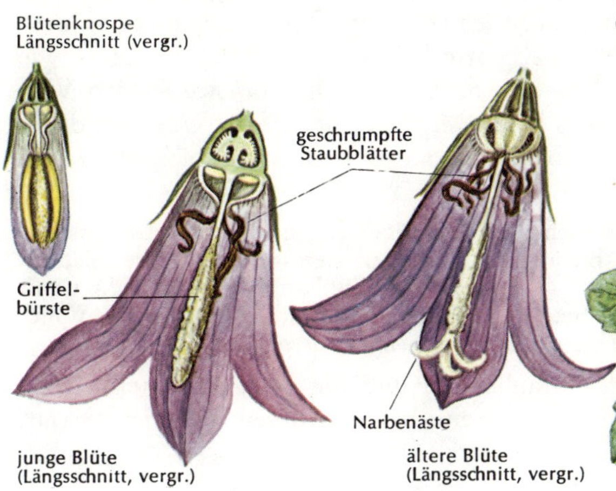

Lösen wir ein Staubblatt aus der Blüte, so erkennen wir, daß der untere Teil des Staubfadens zu einer Platte verbreitert und nach oben gewölbt ist. Die Platten der fünf Staubblätter bedecken den Fruchtknoten und die auf ihm liegende Nektarscheibe fast völlig.

Bestäubung: Nur kräftige Insekten, z. B. Bienen, können ihren Rüssel in die schmalen Spalten zwischen den Platten schieben und so zum Nektar gelangen. In einer jungen Blüte bleibt dabei Pollen der Griffelbürste an Kopf und Rücken des saugenden Tierchens hängen. Holt es hierauf Nektar von einer älteren Blüte, so streifen die bepuderten Körperteile den Blütenstaub an den nach außen gebogenen Narbenästen ab. Diese Art der Pollenübertragung gilt für alle Glockenblumen.
Da Staubblätter und Narben der gleichen Blüte nacheinander reifen, ist die Fremdbestäubung gewährleistet. Die Staubblätter werden zuerst reif: Die Blüten sind *vorstäubend* oder *erstmännlich*.
Merkwürdigerweise findet Samenbildung auch dann statt, wenn etwa bei anhaltend schlechtem Wetter Insektenbesuch ausbleibt. Die Blütenglocke schließt sich nämlich jeden Abend und bleibt bei trübem Wetter auch tagsüber geschlossen. Ihre Innenwand ist mit feinen Härchen besetzt, die bei der Schließbewegung von der Griffelbürste etwas Blütenstaub mitnehmen. Öffnet sich nach einiger Zeit die Glocke wieder, so ist sie an der Innenseite mit Pollen eingepudert. Inzwischen haben sich die Narbenäste nach außen gebogen, und bei der nächsten Schließbewegung wird blüteneigener Pollen von den Härchen auf die Narbe gebracht. Sie wird also bei ausbleibender Fremdbestäubung mit dem Pollen der gleichen Blüte belegt. Diesen Vorgang bezeichnet man als Selbstbestäubung.
Sowohl nach der Fremdbestäubung als auch nach der Selbstbestäubung reift der Fruchtknoten zu einer aufrecht stehenden Kapsel heran. Bei trockenem Wetter öffnen sich drei kleine »Klappfenster« etwa in der Mitte der Kapselwand. Der Wind kann nun die leichten Samen verbreiten. Bei feuchtem Wetter schließen sich die »Fenster« wieder und verhindern so, daß die Samen in der Kapsel feucht werden.

Die rundblättrige Glockenblume (Campanula rotundifolia) finden wir vor allem im Walde. Sie hat ihren Namen von den runden grundständigen Blättern erhalten, die man leicht übersieht. Der Stengel trägt lanzettliche oder linealische Blätter.

AUFGABE: Vergleiche die rundblättrige Glockenblume mit der Wiesenglockenblume bezüglich Färbung und innerem Bau der Blüten.

Die drei Wegericharten

Meist finden wir die drei Arten des Wegerichs an Acker- und Wegrainen oder auf trockenen Triften. Breiten sich der *Spitzwegerich* (Plantago lanceolata) und der *mittlere Wegerich* (Pl. media) von dort in benachbarte Wiesen aus, so richten sie — wie der Löwenzahn — die Blätter ihrer Rosetten nach oben. Die vom weidenden Vieh verschmähten Pflanzen verschlechtern das Heu. Der Bauer nennt den Wegerich daher »Heudieb«. Der *große Wegerich* (Pl. major) ist besonders widerstandsfähig. Er »wandert« als Tretpflanze auf die Wege (s. S. 120).

AUFGABEN: 1. Beobachte an Acker-, Wiesen- und Wegrändern die Rosetten der verschiedenen Wegericharten. Wodurch unterscheiden sich ihre Rosetten, wodurch ihre Blätter? Form der Blätter und Verlauf ihrer Adern? — 2. Vergleiche die Länge der Blütenähren mit der ihrer Stiele, ebenso die Form der Ähren. — Welche Kennzeichen weisen auf Windblütigkeit der Pflanzen hin? Beobachte aber den Duft mancher Blütenähren.

Die an langen Staubfäden pendelnden Staubbeutel und die langgestreckten Griffel der unscheinbaren vierzähligen Blüten enthalten nur beim mittleren Wegerich Nektar.

Er wird in der Regel wie die beiden anderen Arten durch den Wind bestäubt. Man beobachtet aber an seinen duftenden Ähren auch Insekten, die auf der Suche nach Nektar den Pollen auf die Narben übertragen. Die Blüten der drei Wegericharten sind *vorweiblich*. Die Ähren blühen von unten nach oben auf. An älteren Blütenständen sieht man daher am oberen walzenförmigen Teil der Ähre die langen Griffel der jüngeren, sich eben öffnenden Blüten. An den älteren Blüten des unteren Ährenabschnittes sind die Griffel schon verwelkt und die Staubbeutel hängen heraus.
Die reifen Kapseln springen quer auf und werfen ihren »Deckel« ab: *Deckelkapseln*.

Vergleich der drei Wegericharten

	Großer Wegerich Plantago major	**Mittlerer Wegerich** Plantago media	**Spitzwegerich** Plantago lanceolata
Schaft der Ähre	stielrund, kaum länger als die Ähre	stielrund, länger als die Ähre	gefurcht, länger als die Ähre
Blätter	eirund, langgestielt	elliptisch, ungestielt	lanzettlich, schmal, ungestielt
Ähre	sehr lang	viel kürzer	sehr kurz, eiförmig
Blütenfarbe	weißrötlich	silbrig	bräunlichweiß
Bestäubung	durch Wind	durch Wind oder Insekten	durch Wind

Wasserschwertlilie

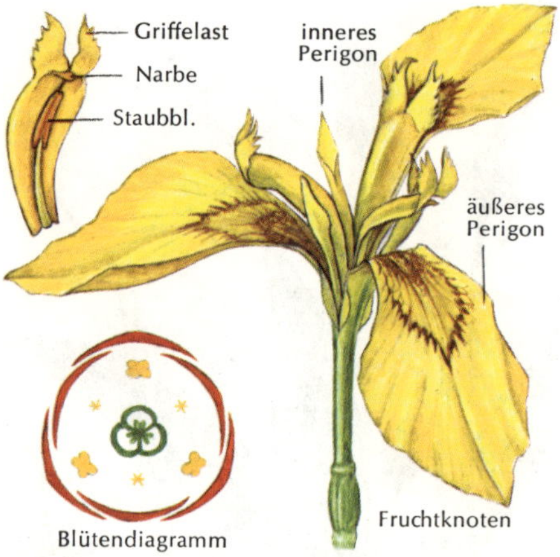

Blüte der Wasserschwertlilie

Die Wasserschwertlilie (Iris pseudacorus)

Im Juni fällt die Schwertlilie in den Uferzonen unserer Gewässer durch ihre prächtigen, gelben Blüten und die »reitenden«, schwertförmigen Blätter weithin auf (s. S. 180/181).

An einem hohen Langtrieb entwickeln sich große, spitzkegelige Blütenknospen. Öffnet sich die Blüte, so neigen sich die Zipfel der drei äußeren großen Perigonblätter nach unten. Sie sind am Grunde zu einer Röhre verwachsen. Die drei kleinen, schmalen inneren Blumenblätter stehen aufrecht. Aus der Blütenhülle ragen drei blattartig verbreiterte, zweizipfelige, gelbgefärbte Griffeläste. Sie unterstützen als »Schaueinrichtungen« die Wirkung der Blütenhülle. An ihrer Unterseite tragen sie kleine, dreieckige Lappen, die Narben, die in reifem Zustand nach unten geneigt sind. Zwischen Griffelästen und äußeren Perigonblättern stehen in der Röhre drei von den Griffelästen »dachartig« überragte Staubblätter. Am Grunde der Röhre wird Nektar abgeschieden. Zu den häufigsten Blütenbesuchern gehören die dickleibigen Hummeln. Sie werden durch die auffällige Färbung und durch den Duft der Blüte angelockt. Sie lassen sich auf einem der breiten, herabhängenden äußeren Blütenblätter nieder und folgen dann den braunen »Saftmalen«, die ihnen den Eingang zur Blütenröhre weisen. Der Abstand zwischen Griffelast und äußerem Blumenblatt ist gerade so groß, daß eine Hummel noch eindringen kann. Mit ihrem Rücken streift sie dabei einen aufgeplatzten Staubbeutel und wird so mit Blütenstaub bepudert. Zu diesem Zeitpunkt ist die Narbe noch nicht reif. Die Blüte ist also erstmännlich. Eine Eigenbestäubung wird verhindert. — In älteren Blüten sind die Staubbeutel leer, die kleinen Narbenblättchen auf der Unterseite der Griffeläste aber reif zur Aufnahme von Pollen. Dringt eine mit Blütenstaub beladene Hummel in den »Engpaß« zwischen Griffel- und Blumenblatt, so klappt sie das Narbenblättchen nach unten und belegt die Narbenoberseite mit Blütenstaub. Weil sie beim Verlassen der Blüte mit ihrem Rücken die Narbe wieder an den Griffelast drückt, wird auch dadurch eine Selbstbestäubung verhütet.

Die zahlreichen Samenanlagen in dem unterständigen, dreifächerigen Fruchtknoten entwickeln sich zu leichten, mit Luftkammern versehenen Samen, die auf dem Wasser schwimmen und so verbreitet werden.

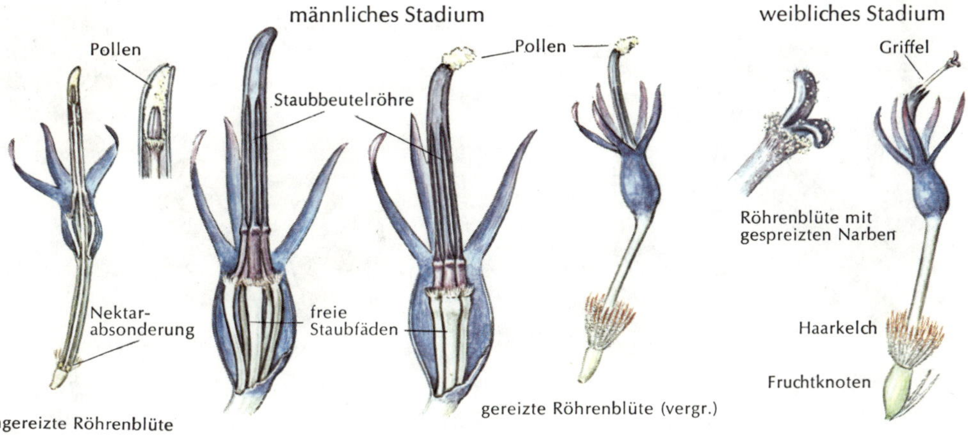

Kornblume

III. REIZBARE STAUBBLÄTTER

Die Kornblume (Centaurea cyanus)

Die Kornblume gehörte einst mit ihren tiefblauen, weithin auffallenden prächtigen Blüten zum Bild des Getreidefeldes (Name). Der Landmann freilich betrachtet sie als lästiges Unkraut und durch die Saatgutreinigung verschwindet sie mehr und mehr.

Der Blütenstand besteht aus zahlreichen, von je einem Blütenkelch umschlossenen Einzelblüten: Korbblütler. Trichterförmige, unfruchtbare, »kornblumenblaue« Randblüten locken Insekten herbei. Besonders Schmetterlinge zählen zu häufigen Besuchern. Der Nektar wird in den zwittrigen Scheibenblüten abgesondert. Diese sind Röhrenblüten, die sich oben zu einer kleinen fünfzipfeligen Glocke erweitern. Die Staubblätter sind zu einer Röhre verwachsen, die den Griffel umschließt. Die Pollenfächer öffnen sich nach innen. In der glockigen Erweiterung sind die Staubfäden knieförmig gebogen und mit empfindlichen Härchen, den »Tasthaaren«, besetzt. Werden diese vom Rüssel eines saugenden Insekts berührt, so ziehen sich die Staubfäden zusammen. Dabei tritt innerhalb von wenigen Sekunden eine Verkürzung der Staubfäden bis um ein Drittel der ursprünglichen Länge ein. Die Staubbeutelröhre wird zurückgezogen, und die mit Pollen beladene Griffelspitze schiebt sich aus der Röhre hervor. Der Blütenstaub wird auf diese Weise von unten her an das Haarkleid des Tierchens gepreßt. Nach etwa einer Minute kehrt die Staubblattröhre wieder in ihre Ausgangsstellung zurück, und die Bewegung kann erneut ausgelöst werden. — In älteren Blüten ragt der Griffel aus der Staubblattröhre heraus, die Narbenäste sind gespreizt und können nun mit Pollen belegt werden, den Blütenbesucher von jüngeren Blüten mitbringen. Die Blüten der Kornblume sind also erstmännlich.

Ähnliche Bewegungen der Staubblattröhre auf einen Berührungsreiz hin erfolgen auch bei der bekannten *Wiesenflockenblume* (Centaurea jacea), der *Wegwarte* (Cichorium intybus) und anderen verwandten Arten. Auch hier wird der Blütenstaub der erstmännlichen Blüten von unten her an die Behaarung der Bestäuber angeheftet.

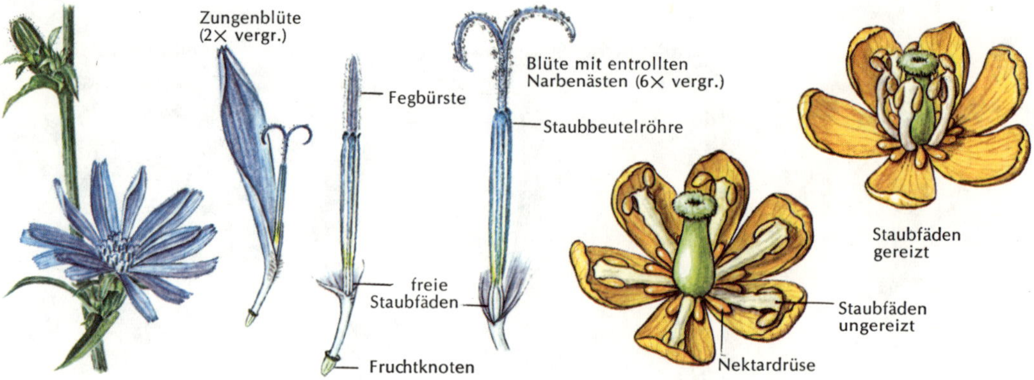

Wegwarte
(nat. Gr.)

Berberitze
(Blüte 3× vergr.)

Die Wegwarte (Cichorium intybus)

An trockenen Standorten wie Wegrändern u. dgl. wächst häufig die Wegwarte. Mit zarten, blauen Zungenblüten lockt sie ihre Besucher an. Schmetterlinge, Immen und Fliegen holen sich hier Nektar. Wie bei allen Korbblütlern sind die Staubbeutel der Einzelblüten zu einer Röhre verwachsen, die Staubfäden frei. Der Pollen wird ins Innere der Röhre entleert. Berührt ein Insekt die Staubfäden, so verkürzen sie sich, und die mit Härchen besetzte »Griffelbürste« schiebt die zackigen und klebrigen Pollenkörner aus der Röhre. Untersucht man die gleiche Blüte einige Stunden später, so sind die Narbenäste entrollt. Die Narbe ist dann reif und die »Innenseite« der Narbenäste kann mit Pollen aus jüngeren Blüten belegt werden.

Berberitze (Berberis vulgaris)

Reizbare Staubfäden, deren Bewegungen der Anbringung des Pollens am Körper von Blütenbesuchern dienen, finden wir auch bei Vertretern aus anderen Familien.
Mit erstaunlicher Geschwindigkeit erfolgen diese Bewegungen z. B. in den Blüten der Berberitze. Die Staubblätter sind zunächst nach außen gespreizt und klappen bei einer Berührung innerhalb von Bruchteilen einer Sekunde nach innen. Dabei bepudern sie das nektarsuchende Insekt mit Blütenstaub.

IV. NACHTFALTERBLUMEN

Häufig sind Blüten so gebaut, daß sie nur von ganz bestimmten Insekten bestäubt werden können. Solche Abhängigkeiten kommen auch in Bezeichnungen wie »Bienen- und Hummelblumen, Fliegen- und Falterblumen« zum Ausdruck. Suche Beispiele bei den bisher behandelten Pflanzen. Manchmal holen sich freilich auch Insekten den Blütenhonig, die auf Grund ihres Körperbaues (Rüssellänge) den Blütenstaub nicht übertragen können. Sie verschaffen sich den Nektar ohne die »Gegenleistung« für die Pflanze. Wir bezeichnen sie als »Nektardiebe« (Beispiele?).

Besonders auffällig sind die Anpassungserscheinungen des Blütenbaues an den Körperbau der Bestäuber bei den Nachtfalterblumen. Zu diesen zählen u. a. die *Nachtkerze* (Oenothera biennis) sowie Vertreter der Nelkengewächse: die weiße *Lichtnelke* (Silene alba), das nickende *Leimkraut* (S. nutans), das *Seifenkraut* (Saponaria officinalis) und der *Taubenkropf* (Silene cucubalus).

Sie entfalten ihre gelben oder weißlichen, duftenden Blüten erst am Abend und verströmen erst dann ihren Duft. Bei den Nelkengewächsen bilden die langen, durch den Kelch zusammengehaltenen »Blütennägel« eine tiefe Röhre, an deren Grund der Blütenhonig abgeschieden wird. Nur langrüsselige Insekten können ihn erreichen. Daher kommen als Bestäuber vor allem die Schwärmer in Frage (siehe Tabelle). Die Blüten von Leimkraut und Seifenkraut sind erstmännlich. Selbstbestäubung ist bei ihnen ausgeschlossen. Etwas Eigenartiges beobachtet man beim Taubenkropf: die Blüten der einen Pflanze besitzen Staubblätter und Griffel (zwittrige Blüten), die einer anderen haben nur Staubblätter (männliche Blüten). Bei einer dritten finden sich nur Stempel (weibliche Blüten). Der Taubenkropf kann also zwittrig und zweihäusig auftreten. Im aufgeblasenen Kelch entdeckt man häufig ein kleines Loch. Hier hat eine Hummel, deren Rüssel sonst nicht bis zum Nektar reicht, Einbruch verübt, dabei wird die Blüte nicht bestäubt. In allen anderen Fällen sind Länge der Blumenkronröhre und Länge des Bestäuberrüssels in auffälliger Weise voneinander abhängig.

Rüssellängen einiger einheimischer Insekten (in mm)

Hautflügler:	
Honigbiene	6
Erdhummelarbeiterin	8—9
Gartenhummelarbeiterin . . .	14—16
Tagfalter, z. B. Kohlweißling . .	16
Schwärmer:	
Lindenschwärmer	3
Taubenschwanz	25—28
Ligusterschwärmer	37—42
Windenschwärmer	65—80

Blütendiagramme des Taubenkropfes

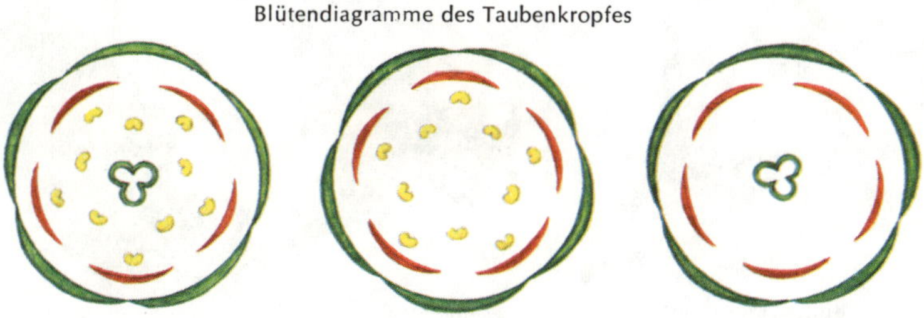

zwittrige Form — männliche Form — weibliche Form

Blütenlängsschnitt

Hebelwerke

Der Wiesensalbei (Salvia pratensis)

Der Wiesensalbei schmückt mit seinen blauen Blüten von Mai bis Juni trockene Wiesen und Hänge. Er gehört zu den Lippenblütlern. Seine Blüten besitzen, wie die aller Salbeiarten, nur zwei Staubblätter. Die neben dem Griffel unter der »Oberlippe« liegenden Staubblätter werden vor der Narbe reif (vorstäubende Blüten). Erst nachdem sie ihren Inhalt entleert haben, spreizen sich die Griffelenden zur zweigabeligen Narbe und der Griffel krümmt sich dabei bogenförmig nach unten.

Der Eingang zur Blütenröhre wird durch eine kleine Platte versperrt. Stößt ein Insekt beim Vordringen zum Nektar dagegen und drückt dabei die Platte tiefer in die Röhre, so bewegen sich die Staubbeutel an langen Stielen nach unten und berühren den Rücken des Tieres. Dabei wird Pollen an der Stelle abgeladen, die den Putzbewegungen des Tierchens schwer zugänglich ist. Mit einem Bleistift können wir den Vorgang leicht nachahmen: Beim Druck auf die Platte bewegen sich die Staubbeutel nach unten und kehren bei nachlassendem Druck wieder in ihre ursprüngliche Lage zurück. In älteren Blüten sind die Staubbeutel leer, der Griffel ist nun bogenförmig nach unten gekrümmt und die beiden Narbenäste haben sich ausgerollt (s. oben). Die Narbe steht nun so, daß sie beim Besuch eines Insektes den Rücken des Tieres berührt. Bringt es Pollen von einer jüngeren Blüte mit, so wird die Narbe mit Sicherheit belegt.

An einer geöffneten Salbeiblüte können wir den Mechanismus der Bewegung ergründen. Auf unserem Längsschnitt ist nur ein Staubblatt sichtbar. Es besteht aus einem kurzen Staubfaden (s), der an der Wand der Blütenröhre ansitzt und einem langen Stiel (St), der an einem Ende einen einfächerigen Staubbeutel, am anderen die erwähnte Platte trägt. Platte und Stiel sind starr miteinander verbunden, aber als Ganzes gelenkig am Staubfaden befestigt. Sie bilden also einen Hebel, der um D als Drehpunkt bewegt werden kann. Bei der Bewegung der Platte in Pfeilrichtung neigt sich daher der Stiel mit dem Staubbeutel wie der Schlagbaum einer Schranke nach unten. Das zweite Staubblatt (auf unserem Schnitt entfernt) ist ebenso gebaut, die beiden Platten der Staubblätter sind miteinander verwachsen.

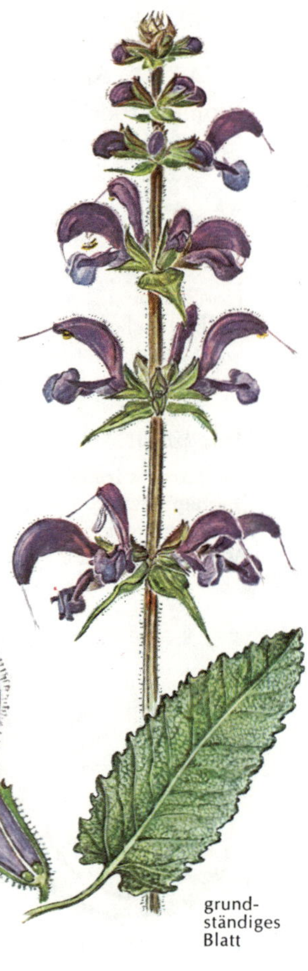

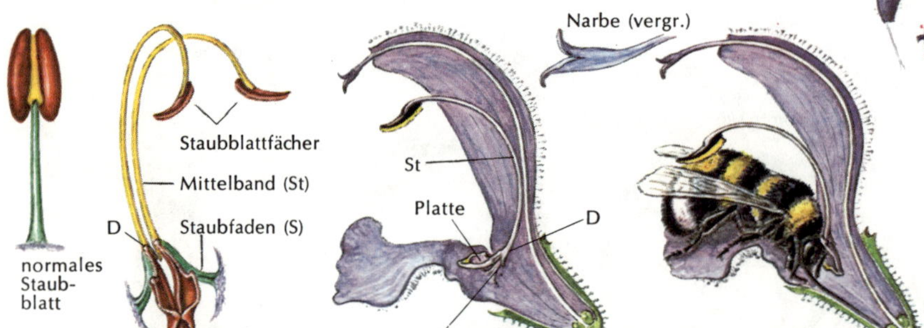

normales Staubblatt

umgebildetes Staubblatt

Blütenlängsschnitt

Blüte während der Bestäubung

grundständiges Blatt

Der ganze Hebelmechanismus wird aus Teilen des Staubblattes gebildet. Die schematische Abbildung zeigt die Teile eines unveränderten Staubblattes und die ihnen entsprechenden Umbildungen beim Salbei. Die Platte ist aus dem einen »unfruchtbaren« Staubblatt entstanden, der lange Stiel aus dem »Mittelband« (s. Bd. I, S. 67) zwischen den — weit auseinandergerückten — Staubblattfächern. Der Mechanismus wird nur betätigt, wenn das eindringende Tierchen ein bestimmtes Mindestgewicht besitzt. Zu leichte Insekten können aus diesem Grund nicht zum Nektar vordringen und kommen damit als Bestäuber nicht in Frage.

Ähnliche Hebelvorrichtungen, die der Sicherung der Fremdbestäubung dienen, besitzen auch die Blüten der anderen Salbeiarten. Bekannte Vertreter sind der *Gartensalbei* (S. officinalis), aus dessen Blättern man heilkräftigen Tee bereitet und der gelbblühende *klebrige Salbei* (S. glutinosa), den man besonders in den Wäldern und an den Bächen der Alpen und des Alpenvorlandes antrifft.

Aus umgewandelten Blütenteilen sind bei zahlreichen Schmetterlingsblütlern höchst merkwürdige und wirksame Vorrichtungen entstanden, die den Blütenbesuchern an bestimmten Körperstellen Blütenstaub aufladen. Nach ihrer mechanischen Wirkung unterscheiden wir: Bürsten-, Klapp-, Schnell- und Pumpvorrichtungen.

Bürstenvorrichtungen

AUFGABE: Wiederhole den Abschnitt über den Blütenbau der Saaterbse (Bd. I, S. 32).

Die aus Asien stammende *Saaterbse* wird bei uns meist mit eigenem Pollen bestäubt. In ihrer Heimat dagegen wird die Blüte von verhältnismäßig schweren Insekten besucht, die beim Landen auf den »Flügeln« mit ihrem Gewicht das mit den Flügeln fest verbundene Schiffchen nach unten drücken. Im Schiffchen liegt in der Staubbeutelrinne der Griffel. Die Staubbeutel geben ihren Pollen frühzeitig an die Griffel-

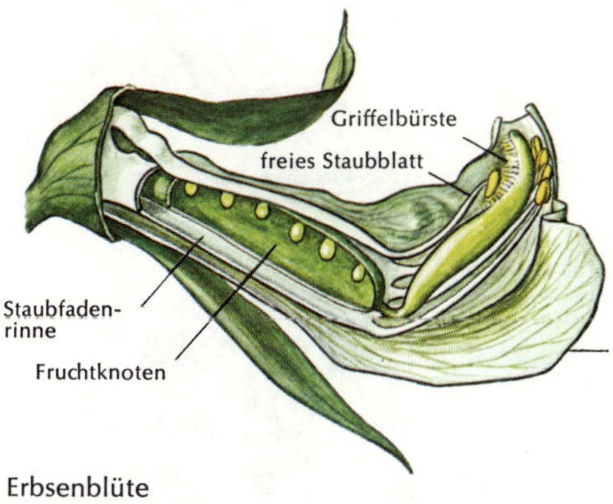

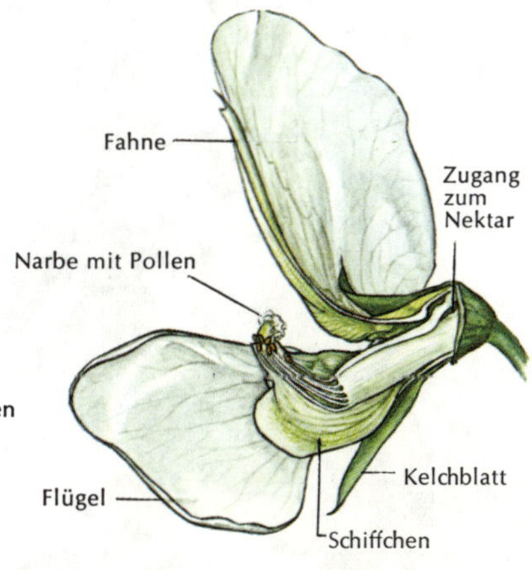

Erbsenblüte

bürste ab. Beim Niederdrücken des Schiffchens schieben sich Griffel mit eingepuderter Bürste und Narbe aus der Spitze des Schiffchens hervor und heften so Blütenstaub an die behaarte Unterseite des Insekts. Beim Besuch der nächsten Blüte wird durch die gleiche Bewegung der Blütenteile der mitgebrachte Blütenstaub auf die Narbe gedrückt.

Mit solchen »Griffelbürsten« werden die *Gemüsebohne* (Phaseolus vulgaris), die *Robinie* (Robinia pseudoacacia), die *Platterbsen* (Lathyrus) und die *Wicken* (Vicia) bestäubt.

Klappvorrichtungen

AUFGABEN: Untersuche eine Kleeblüte, achte dabei auf Form und Anordnung der Blütenteile. Drücke vorsichtig von oben auf das Schiffchen.

Bei den verschiedenen *Kleearten* sind die Blütenblätter unten zu einer Röhre verwachsen. Die Blütenbesucher, vor allem die langrüsseligen Hummeln, benutzen das Schiffchen als Landeplatz, halten sich aber auch an den Flügeln fest. Durch ihr Gewicht drücken sie das Schiffchen herab, aus dem dabei Griffel und Staubblätter hervortreten und die Unterseite des Insekts berühren. Nach der Entlastung kehren beide wieder in ihre alte Lage zurück. Diese Klappbewegung kann bei manchen Arten bis zu 40mal wiederholt werden. Wie bei der Bürstenvorrichtung wird der an der Bauchseite des Besuchers haftende Blütenstaub sicher von Blüte zu Blüte übertragen. Der rote Wiesenklee ist selbststeril (s. S. 97), bei anderen Kleearten ist auch Selbstbestäubung erfolgreich. — Der wegen seiner reichblütigen, goldenen Blütentrauben häufig angepflanzte giftige *Goldregen* (Laburnum anagyroides) wird wie der Klee bestäubt. Als Blütenbesucher stellen sich neben Bienen und Hummeln auch Schmetterlinge ein.

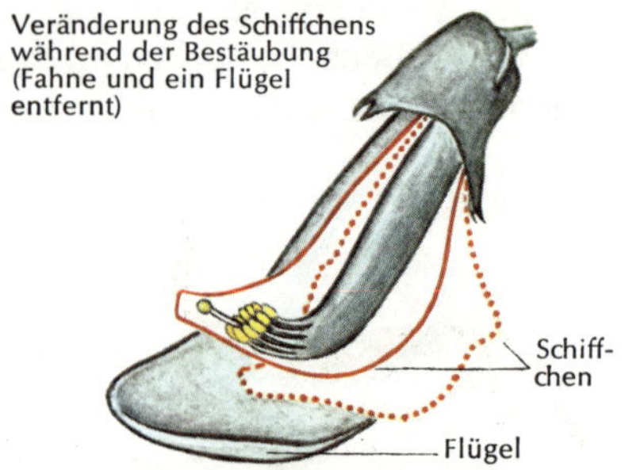

An Wegrändern, trockenen Abhängen und im Unterholz von Kiefernwäldern können wir den *Besenginster* (Cytisus scoparius) antreffen. Der bis 2 m hohe Strauch bietet zur Blütezeit im Mai und Juni mit seinen leuchtend goldgelben Blüten ein prächtiges Bild. Aus den grünen, rutenförmigen Zweigen werden Besen gebunden. Die kleinen Blätter verdunsten nur wenig Wasser, sie sind meist dreizählig, seltener stehen sie einzeln. Der Trockenheit des Standortes ist der Strauch außerdem durch eine tief in den Boden reichende, kräftige Pfahlwurzel angepaßt.

BEOBACHTUNGEN: 1. Beobachte Aussehen und Stellung des Schiffchens bei Blüten verschiedenen Alters. — 2. Drücke das Schiffchen einer jungen Blüte vorsichtig von oben herab. — 3. Versuche ein herabhängendes Schiffchen in seine ursprüngliche Lage zurückzubringen. — 4. Beobachte an Ginsterblüten die Wirkung des Besuches von Hummeln.

Am gleichen Zweig des Besenginsters finden wir Blüten mit geschlossenen und mit geöffneten, herabhängenden Schiffchen. Obwohl die Blüten weder Duftstoffe noch Nektar enthalten, werden sie von zahlreichen Insekten angeflogen, die sich auf den beiden Flügeln niederlassen. Landet ein größeres Insekt, etwa eine schwere Hummel, so »explodiert« die Blüte und der Besucher wird mit einer Wolke von Blütenstaub förmlich überschüttet. Danach hängen die Schiffchen herab, die Staubblätter und die Griffel sind nun sichtbar und spiralig eingerollt. Der Besuch eines leichten Insektes bleibt dagegen ohne Wirkung.

Die beiden Flügel sind mit je einem stumpfen Zahn »druckknopfartig« mit dem Schiffchen verbunden. Im Innern des Schiffchens befinden sich ein Griffel sowie fünf kürzere und fünf längere Staubblätter, die zu einer Röhre verwachsen sind, im Gegensatz zu den meisten Schmetterlingsblütlern, bei denen nur 9 Staubblätter untereinander verbunden sind. Der Pollen wird schon frühzeitig im vorderen Teil des Schiffchens abgelagert. Griffel und Staubblätter stehen unter Spannung wie gestreckte Uhrfedern. — Beim Niederdrücken der Flügel wird das Schiffchen zunächst ebenfalls nach unten gebogen. Ist der Druck genügend stark, so springt der »Druckknopf« auf und das Schiffchen bewegt sich an den beiden Flügeln vorbei, wobei es sich gleichzeitig oben öffnet. Die Staubblätter und der Griffel schnellen hervor und schleudern den mehligen (!) Pollen heraus. Die 5 kürzeren Staubblätter bepudern die Bauchseite des Blütenbesuchers, während der Griffel und die 5 längeren Staubblätter den Rücken des Tierchens treffen. Hatte das Insekt vorher eine andere Ginsterblüte besucht so wird jetzt die Narbe von

Besenginster

seinem Rücken Blütenstaub abstreifen. Nicht selten eintretende Eigenbestäubung bleibt ohne Erfolg (Selbststerilität). Die spiralig eingerollten Staubblätter und das herabhängende Schiffchen kehren nicht wieder in ihre ursprüngliche Lage zurück. Der nun leicht zugängliche Blütenstaub wird nach erfolgter »Explosion der Blüte« auch von kleineren Insekten, wie Schwebfliegen und Käfern, aufgenommen. Alle echten Ginsterarten werden so bestäubt.

Pumpvorrichtungen

BEOBACHTUNGSAUFGABEN: Drücke das Schiffchen der Blüten von *Hornklee* (Lotus corniculatus), *Hauhechel* (Ononis spinosa) und einer *Lupine* vorsichtig nach unten. Beobachte die Veränderungen an der Spitze des Schiffchens.

In den Blüten der genannten Pflanzen sind die zwei Blätter des Schiffchens auch oben verwachsen. Nur an der Spitze bleibt eine kleine Öffnung. Die Staubfäden

sind unter den Staubbeuteln kolbenartig verdickt. Diese entleeren den teigartigen (!) Pollen schon im Schiffchen. Drückt ein Insekt das Schiffchen nach unten, so wird der Blütenstaub durch den »Staubblattkolben« an der Spitze des Schiffchens herausgepreßt. Dieser Vorgang kann mehrfach wiederholt werden. — Der Griffel tritt erst aus der Spitze, wenn der Blütenstaub vollständig abgeholt worden ist. So kann die Narbe nur mit fremdem Blütenstaub belegt werden.

Klebeeinrichtungen

Klebeeinrichtungen befestigen bei unseren einheimischen Knabenkräutern ganze Pollenpakete am Körper des Bestäubers und sichern dadurch die Übertragung auf die Narben.

Breitblättriges und geflecktes Knabenkraut

Alle Knabenkrautarten sind geschützt. Sie zählen zu den eigenartigsten Blumen unserer Flora. Obwohl sie heute im allgemeinen recht selten geworden sind, finden sich in manchen Gegenden vom *breitblättrigen Knabenkraut* (Orchis majalis) und vom *gefleckten Knabenkraut* (O. maculata) auf feuchten Wiesen stattliche Bestände. Die zahlreichen Blüten stehen in dichten Ähren unmittelbar an der Blütenachse.

Die schmalen Deckblätter und der obere Teil des Stengels erhöhen durch ihre Rotfärbung die Auffälligkeit der Blütenstände. Die Blüte besitzt keinen Kelch. Auf dem Fruchtknoten stehen sechs Blütenhüllblätter. Das untere Blatt ist breit und dreilappig. Es trägt dunkle Flecken und Striche, sog. Saftmale. In seiner Form erinnert es an die Unterlippe der Lippenblütler. Da aber eine Oberlippe fehlt, wird es einfach als *Lippe* bezeichnet. Sie setzt sich in einen langen Sporn fort, in dem sich saftreiches *Futtergewebe* befindet.

Drei schmale Perigonblätter neigen sich oben helmförmig zusammen, die beiden anderen sind nach außen gerichtet. Im Schutze des »Helmes« steht das einzige Staubblatt, das mit dem Griffel und der Narbe zu einer »Säule« verbunden ist. Der Staubbeutel besitzt zwei Fächer, in denen die zu einem *Kölbchen* verbundenen Pollenkörner liegen. Der Stiel des Kölbchens ist biegsam und dehnbar wie Gummi, am unteren Ende trägt er eine klebrige Scheibe. Die *Klebscheiben* der beiden Stiele stecken in einer feinhäutigen *Tasche*. Darunter befindet sich eine breite, glänzende Platte, die Narbe. In der Knospe ist die Lippe der Blüte nach oben gerichtet. Noch vor dem Aufblühen dreht sich der Fruchtknoten um 180°. Dadurch kommt die Lippe nach unten zu liegen.

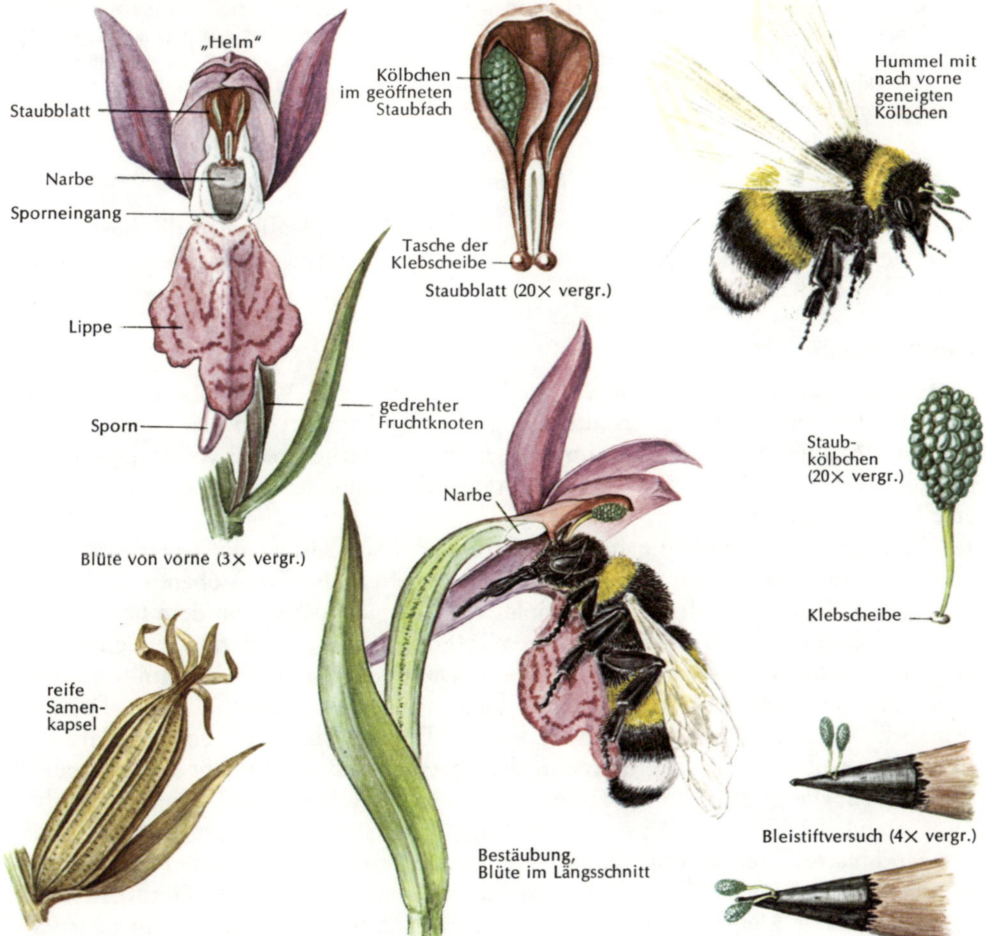

breitblättriges Knabenkraut

Bestäubung: Nach dieser Drehung bietet die Lippe den Blütenbesuchern, meist Hummeln, Bienen und Fliegen, einen bequemen Anflugplatz. Sie versuchen, mit dem Kopf durch den Eingang des Sporns zum Futtergewebe vorzudringen. Dabei berühren sie die dünnwandige Tasche der Klebscheiben. Durch den Stoß zerreißt sie und die nun freiliegenden Klebscheiben bleiben am Kopf des Besuchers haften. Die Staubblattfächer haben sich inzwischen durch einen Längsspalt geöffnet, so daß das Insekt beim Verlassen der Blüte die Staubkölbchen als Ganzes herauszieht. — Mit einem stumpfen Bleistift können wir den Vorgang leicht nachahmen. Wir beobachten dabei, daß beim Herausziehen der Stiel des Kölbchens sich innerhalb einer halben Minute nach vorne biegt. Durch Austrocknen der Stiele neigen sich auch die Staubkölbchen am Kopf des Blütenbesuchers. Beim Eindringen in die nächste Blüte stößt das Insekt daher den Staubkolben direkt an die Narbenplatte. Dabei zerfällt das Paket und ein Teil der freiwerdenden Pollenkörner bleibt an der mit zähem Schleim bedeckten Narbenfläche haften. In ganz ähnlicher Weise werden auch die anderen einheimischen Knabenkräuter bestäubt.

Nach der Bestäubung entwickeln sich im Fruchtknoten zahlreiche winzige, geflügelte Samen. Man hat ihre Zahl für das gefleckte Knabenkraut auf 180000 berechnet. Beim Reifen dreht sich der Fruchtknoten wieder gerade, so daß die Kapsel leicht aufspringen kann. Nach dem Aufplatzen bleiben die Wände der Kapsel an der Spitze vereinigt. Dadurch entstehen 6 Längsspalten, aus denen der Wind die Samen herausschüttelt und verbreitet. Merkwürdigerweise keimen sie fast nie, denn die Orchideen brauchen für ihre Entwicklung ganz bestimmte Pilzfäden, mit denen sie eine Symbiose eingehen. Bei uns pflanzen sie sich in der Regel nur durch Knollen fort.

Kesselfallen

Auf besonders merkwürdige Weise wird bei den Kesselfallenblumen die Bestäubung erzwungen. Sie kommen vor allem in den Tropen vor. Aber auch in unserer heimischen Flora finden sich solche Tierfallen.

Der Aronstab

In feuchten Buchen- und Auenwäldern Süd-, Mittel- und Westdeutschlands ist der Aronstab (Arum maculatum) mitunter in großer Zahl anzutreffen. Die braune Knolle des unterirdischen Sprosses treibt im zeitigen Frühjahr eine Anzahl von langgestielten, pfeilförmigen und netzadrigen Blättern, die meist braungefleckt sind. Sie erreichen eine Höhe bis zu 60 cm.

Im Mai und Juni erscheint in der Mitte der Laubblätter ein scheidenförmiges Hochblatt, die *Spatha.* Sie ist unten bauchig erweitert, in ihrem oberen Teil tütenförmig. Deutlich hebt sich der braunviolette, fleischige *Kolben* von dem hellen Grün des Hochblattes ab. Rollt man am unteren Teil der Spatha die übergreifenden Ränder der Blattscheide auf, so erkennt man an dem dünneren Teil des Kolbens einen Kranz abwärts gerichteter Haare. Ihnen folgt ein Kreis von Staubblättern. Das sind männliche Blüten. Durch einen Ring kleiner Borsten sind sie von den darunterstehenden weiblichen Blüten getrennt. Jede weibliche Blüte besteht aus nur einem Fruchtblatt. Die Spatha umhüllt hier also einen männlichen und einen weiblichen Blütenstand. Die Blüten sind eingeschlechtig. Beide sind in der gemeinsamen Hülle des Hochblattes, der Spatha, verborgen. Der Aronstab gehört daher zu den einhäusigen Gewächsen. — Der Kolben hat für uns einen widerlichen Geruch. Fliegen aber, meist sehr kleine Arten, werden durch diesen herbeigelockt. Kaum lassen sie sich auf der glatten, glänzenden Fläche der Spatha oder des Kolbens nieder, so gleiten

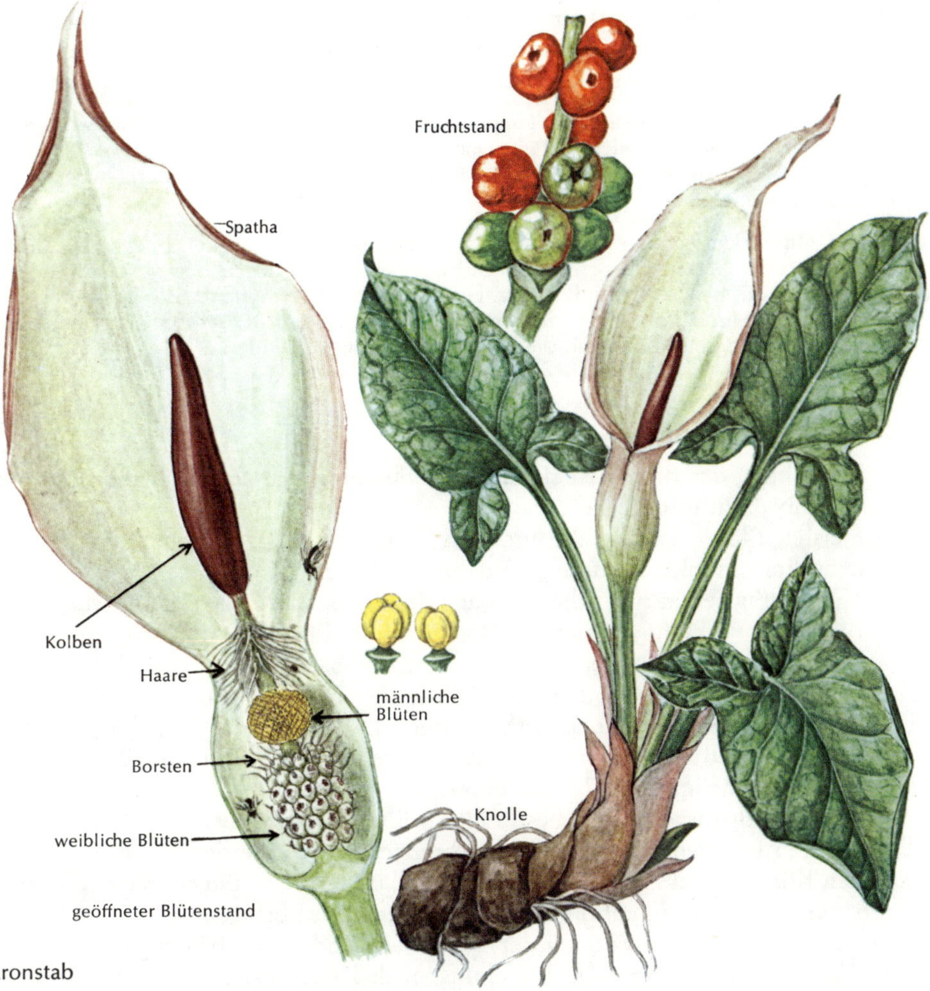

Aronstab

sie nach unten, ohne in den feinen Öltropfen, die diese Teile der Pflanze überziehen, »Fuß fassen« zu können. Auf den nach unten gerichteten, ebenfalls glatten Haaren rutschen sie in den Kessel hinein — und sind gefangen. Sie kommen an den spiegelglatten Kesselwänden nicht hoch. Auch stehen die Borsten hindernd im Weg, wenn sie hinausfliegen wollen. — Die weiblichen Blüten sind bereits reif, ehe die Staubblätter ihren Pollen freigeben (erstweiblich). Blütenstaub können die kleinen Gäste also nur aus älteren Blüten mitbringen. Bei ihren Fluchtversuchen streifen sie den Pollen an den Narben der weiblichen Blüten ab. Sobald diese bestäubt sind, wird eine Flüssigkeit abgesondert, von der sich die Fliegen nähren, bis auch die Staubblüten »reif« sind und ihren Pollen entleeren. Hierauf beginnen die öligen Flächen einzutrocknen, die Staubblätter und die Härchen verwelken. Die mit Pollen überschütteten Gefangenen werden frei, suchen aber bald eine andere noch nicht bestäubte Aronstabpflanze auf, zu der ihnen der Aasgeruch den Weg weist. Die bereits bestäubten Blüten haben ihren Duft verloren (Bedeutung?). Nicht alle Gefangenen erleben ihre Befreiung. Am Grunde des Kessels finden wir oft zahlreiche Fliegenleichen.

Aus den Fruchtknoten entwickeln sich leuchtend rote Beeren, die — obwohl sie Gift enthalten — von den Vögeln ohne Schaden verzehrt werden (s. S. 119). Die unverdaulichen Samen werden ausgeschieden und auf diese Weise verbreitet.

Im Innern des Kessels herrschen höhere Temperaturen als außen. Bei einer ausländischen Art hat man einen Temperaturunterschied von 17° gemessen. Früher glaubte man, daß die Wärme die Besucher anlockt. Man hat aber durch Versuche festgestellt, daß die Temperaturerhöhung die Bildung des übelriechenden Stoffes fördert.

AUFGABEN: Öffne den Kessel einer Spatha und versuche, die gefangenen Fliegen zu zählen. (Plastikbeutel oder Glasglocke benutzen! Die überlebenden Fliegen bewegen sich auf das einfallende Licht zu.) — 2. Miß mit einem empfindlichen Thermometer die Temperatur im Innern des Kessels und vergleiche sie mit der Außentemperatur. — 3. Überlege, durch welche Einrichtungen beim Aronstab die Selbstbestäubung verhindert wird.

Zusammenfassung: Blütenbiologie

1. Die Bestäubung der Blüten ist für die Samenbildung und damit für die Erhaltung der Art unbedingt erforderlich.
2. Die meisten Blüten entwickeln nur nach Fremdbestäubung keimkräftige Samen: Selbststerilität. Fremdbestäubung ist daher die Regel.
3. Verhältnismäßig selten führt die Belegung der Narbe mit Pollen der gleichen Blüte zur Bildung keimkräftiger Samen. Doch gibt es Pflanzen, die sich stets durch Eigenbestäubung — erfolgreich — vermehren: Selbstfertilität.
4. Bei manchen Blüten kann, bei Ausbleiben der Fremdbestäubung, noch Eigenbestäubung eine Samenbildung herbeiführen.
5. Selbststerilität und Vormännlichkeit bzw. Vorweiblichkeit verhindern Eigenbestäubung und begünstigen die Fremdbestäubung. Dies wird auch durch besondere Anordnung und Ausgestaltung bestimmter Blütenteile erreicht.
6. Viele Blüten besitzen Bestäubungseinrichtungen, durch die den Besuchern an geeigneten Körperteilen Pollen aufgeladen wird, und Vorrichtungen, die den Blütenstaub von diesen Stellen auf die Narben anderer Blüten bringen.
7. Zwischen Form und Anordnung der Blütenteile und dem Körperbau der Blütenbesucher bestehen oft so enge Beziehungen, daß nur bestimmte Tiere die zugehörigen Blüten bestäuben können: Hummelblumen, Schmetterlingsblumen usw.

AUFGABEN: Suche für die Merksätze Beispiele und berichte darüber. Beobachte am natürlichen Standort das Verhalten der Insekten an Blüten. Versuche auch bei Pflanzen, die du bisher noch nicht kennengelernt hast, aus Blütenbau und Verhalten der Insekten Rückschlüsse auf die besondere Art der Bestäubung zu ziehen.

Fruchtstand des Aronstabs

Erdnußpflanze

Die in den vorausgegangenen Kapiteln besprochenen Pflanzen umfassen nur einen kleinen Teil der etwa 250 000 Arten der Blütenpflanzen.
Jede dieser Arten hat sich ihren Platz auf der Erde gesichert. Sie ist den örtlichen Lebensbedingungen angepaßt. Sehr viele Pflanzen erobern sich aber immer wieder neue Lebensräume.

ÜBERLEGUNG: Welche Vermehrungsarten führen nur zu einer örtlich begrenzten Ausbreitung der Pflanzen?

Ausläufer, Knollen und Zwiebeln haben meist nur ein gehäuftes Auftreten in der Nähe der Mutterpflanze zur Folge.
Die meisten Blütenpflanzen können sich jedoch durch ihre Früchte und Samen über ein größeres Gebiet verbreiten. Wohl fallen viele Früchte dicht bei der Mutterpflanze zu Boden. Die gedrängt stehenden Keimpflanzen treten dann in einen Wettbewerb um Wasser, Nahrung und Luft, in dem nur die kräftigsten siegen. Die Natur hat aber in der mannigfaltigen Ausgestaltung von Früchten und Samen erstaunlich viele Wege eingeschlagen, damit die Pflanzen neue Wohngebiete erobern und den Fortbestand ihrer Art sichern können.
Die Ausbreitung erfolgt selbsttätig — aktiv — oder passiv. Die passive Verbreitung wird durch den Wind, durch Wasser, Tiere oder durch den Menschen vermittelt.

Aktive Verbreitung

Bohrfrüchte

Die langgestreckten Früchte des *Reiherschnabels* (Erodium cicutarium) und seiner Verwandten zerfallen bei der Reife in je fünf in ihrem oberen Abschnitt grannenförmige Teilfrüchtchen. Jedes besitzt nur einen mit Borsten besetzten Samen. Bei

Eine Teilfrucht des Reiherschnabels bohrt sich in die Erde.

Trockenheit dreht sich die Granne spiralig ein, streckt sich aber wieder, sobald sie Wasser aufnimmt. Sie ist *hygroskopisch* (gr. hygros = feucht, skopeein = spähen, hier erspähen, aufnehmen). Findet die Granne dann am Erdboden ein Widerlager, so bohrt sie den Samen durch drehende Bewegungen in die Erde. Seine Borsten halten ihn im Boden fest.

Einpflanzen durch Wachstumsbewegungen

Bei der in Südamerika heimischen *Erdnuß* (Arachis hypogaea) wächst der Stiel der noch unreifen Kapsel weiter, krümmt sich nach unten und schiebt die Frucht bis zu 8 cm in die Erde. Dort erst reift sie. So finden die Samen sofort ein geeignetes Keimbett. — Bei dem an Felsen und Mauern häufigen *Cymbelkraut* (Cymbalaria muralis) wachsen die Stiele der reifen Fruchtkapsel seltsamerweise vom Lichte fort auf die dunkelste Stelle ihrer Umgebung zu und schieben schließlich die Kapsel in eine Mauer- oder Felsenritze. Hier erst öffnet sie sich und die Samen keimen. — Ähnlich verhält sich das *Alpenveilchen* (Cyclamen purpurascens), dessen Fruchtstiele

Alpenveilchen (¾ nat. Gr.)

aufschnellende Frucht vom Wiesenstorchschnabel (vergr.)

großes Springkraut

sich nach unten krümmen und die Früchte dicht am Boden unter den Blättern verbergen. Dort springen die Kapseln auf, und im Schutze des Blattschattens keimen nun die Samen in der feuchten Erde.
Bei den angeführten Pflanzen werden die Samen nicht weit verbreitet, wohl aber ist die Keimung gesichert.

Schleuderfrüchte

Durch besondere Schleudervorrichtungen werden die Samen mancher Pflanzen über ein größeres Gebiet ausgestreut. Wie bei dem Reiherschnabel sind bei dem *Wiesenstorchschnabel* (Geranium pratense) und seinen Verwandten die fünf Fruchtblätter zu einem langen Schnabel verwachsen. Ihre inneren Teile bleiben bei der Reife als Mittelsäule stehen, während sich die äußeren fast bis zur Schnabelspitze lösen. Sie rollen sich dabei ruckartig zusammen und schnellen den am unteren Ende sitzenden Samen fort.

BEOBACHTUNGSAUFGABE: Berühre reife Früchte des großen oder kleinen Springkrautes und beobachte die »Explosion« und das Fortschleudern der Samen.

Bei dem *großen Springkraut* (Impatiens noli-tangere) und dem *kleinen Springkraut* (I. parviflora) stehen die fünf verwachsenen Fruchtblätter unter starker *Gewebespannung*. Berührt ein vom Wind bewegtes Blatt oder ein Tier die reife Kapsel, so reißen die Fruchtblätter und rollen sich uhrfederartig zusammen, wobei sich die Gewebespannung löst (»Rührmichnichtan«). Die Samen werden dadurch weit fortgeschleudert.

Passive Verbreitung

Verbreitung durch den Wind

Streukapseln: Die winzigen, sehr leichten Samen des Mohns, der Schlüsselblumen-, Heidekraut- und Knabenkrautgewächse und anderer Pflanzen werden aus der aufspringenden Kapsel buchstäblich »in alle Winde verstreut«. Oft wird — wie bei Schlüsselblume, Mohn und Tulpe — das Ausschütteln der Samen durch den elastischen Stengel begünstigt.

AUFGABE: Beobachte, wie sich die Kapseln verschiedener Pflanzen öffnen. Warum schließen sich die »Fenster« und Zähnchen der Kapseln meist bei feuchter Witterung?

Früchte mit Flugeinrichtungen: Schwere Früchte besitzen häutige Flugflächen und können daher leicht vom Wind fortgetragen werden. Bei Linde und Hainbuche sind die Früchte mit Hochblättern verwachsen, die vom Wind in kreisende Bewegung versetzt werden. Sie wirken daher wie Propeller und legen so einen weiteren Weg zurück, ehe sie auf dem Boden landen. — Die Nüsse von Ulme, Esche und Birke und die Spaltfrüchte des Ahorns besitzen Flügel, die als Tragflächen dienen.

Bekannt sind die als Pappus bezeichneten Fallschirme der Früchte von Korbblütlern (gr. pappos = alter Mann; die Bezeichnung bezieht sich auf den weißen Haarkelch). Auf langem Schirmstiel steht der Pappus der Löwenzahnfrucht. Die zahlreichen Fallschirme schweben im Gleitflug oft lange über der Wiese, ehe sie zu Boden sinken. Dort bleiben die mit Borsten besetzten Früchte haften.

Bei *Wiesenbocksbart* (Tragopogon pratensis) und *Ackerkratzdistel* (Cirsium arvense) sind die gefiederten Pappushaare miteinander verflochten. Dem Pappus der Kratzdistel fehlt der Stiel, auch dem der *echten Disteln* (Carduusarten), deren Pappushaare aber nicht gefiedert sind. Bei beiden

Gattungen sind die Haare unten zu einem Ring verwachsen. Stößt die Frucht im Flug an ein Hindernis, so löst sich der Ring mit den Flughaaren von der Achäne. Sie fällt sofort zu Boden. — Die Frucht des *Knopfkrautes* (Galinsoga parviflora) wird von der zierlichen Federkrone getragen, die aus den feinzerfransten Kelchblättern besteht. — Bei der *Grasnelke* (Armeria elongata) liegt der Fruchtknoten in dem trichterförmigen Kelch, dessen feine, seidige Blätter zwischen fünf mit Borsten besetzten »Rippen« ausgespannt sind. Mit diesen Borsten verankert sich das »Luftschiff« bei der Landung am Boden.

AUFGABE: Sammle und zeichne geflügelte Früchte, betrachte kleine unter der Lupe und klebe sie auf.

Geflügelte Samen: Bei der Baumwolle (s. S. 126) und dem Weidenröschen (Chamaenerion angustifolium) entlassen die Kapseln zahlreiche geflügelte Samen.

Verbreitung durch Tiere und Menschen

Verbreitung durch Ameisen: Oft verschleppen Ameisen Samen, die nährstoffreiche, ölhaltige Anhängsel, sog. Elaiosomen, besitzen (gr. elaion = Öl, soma = Körper), z. B. die Samen von Lerchensporn und Schöllkraut, die Teilfrüchtchen von Taubnessel und Schwarzwurz. Unter den Gräsern bieten die meist kalkholden Perlgräser (Melica-Arten) den Ameisen diese Nahrung, unter den Mohngewächsen das weit verbreitete *Schöllkraut* (Chelidonium majus) mit gelbem (!) Milchsaft. Die roten

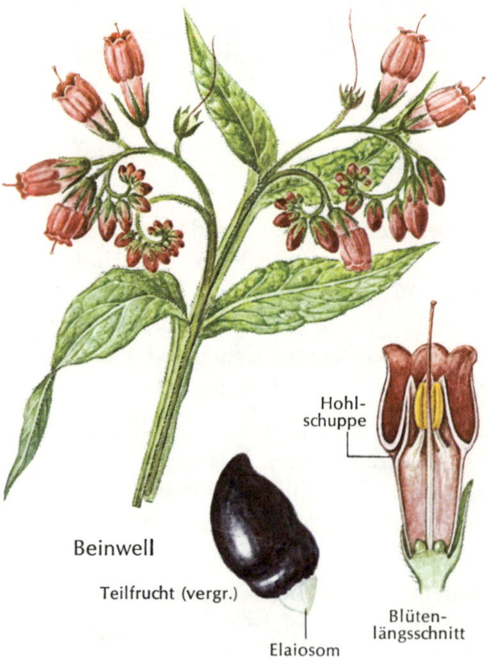

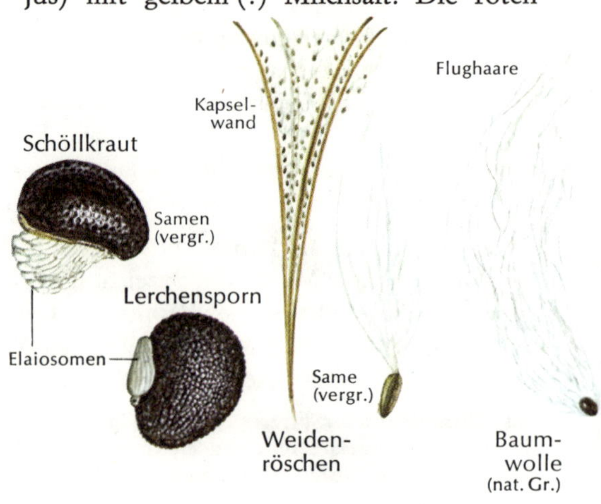

Waldameisen sollen während eines Sommers schätzungsweise 40 000 solcher Samen in ihren Bau schleppen. Sie fressen die ölreichen Anhängsel, und die Samen werden bei der Reinigung des Baues herausbefördert. Diese Art der Verbreitung erklärt das Auftreten der erwähnten Pflanzen im Wald und am Waldrand.

Verbreitung durch Vögel: Viele Vögel ernähren sich von saftigen Beeren, auch von Steinfrüchten. Sie scheiden die unverdaulichen Samen oft erst in beträchtlicher Entfernung von der Mutterpflanze aus. Auf diese Weise »verpflanzen« die Vögel Vogelbeerbaum, wilde Stachelbeere, Maiglöckchen, Erdbeere, Heckenrose, Holunder und andere Gewächse an neue Standorte. Das süße Fruchtfleisch der Kirsche wird — sehr zum Ärger des Gartenbesitzers — von Staren und Amseln verzehrt, und mancher »Stein« kommt später am Waldrand oder Ackerrain zur Keimung. Der Kirschkernbeißer aber macht »reinen Tisch«, weil er die Steine aufknackt, die Samen frißt und sie verdaut. Auch alle Körnerfresser unter den Vögeln (nenne Beispiele) verdauen die Samen, verstreuen aber bei der Nahrungssuche manche Frucht.
Viele Beeren, die für den Menschen gefährliches Gift enthalten, wie die Früchte der Nachtschattengewächse, werden von den Vögeln verzehrt, ohne daß das Gift ihnen schadet. So hat man im Magen eines erlegten Fasans etwa 50 bis auf Fruchthaut und Samen völlig verdaute Tollkirschen gefunden. — Manche Samen besitzen einen leuchtend gefärbten Samenmantel (Arillus), der, z. B. beim Pfaffenhütchen, von Vögeln gefressen wird (s. S. 23). Die giftigen Samen werden unverdaut ausgeschieden.

Verbreitung durch Säugetiere und Menschen: Wo in den Wäldern bei uns noch Schwarzwild lebt, z. B. im Spessart, werden durch die Wühlarbeit der Wildschweine Eicheln und Bucheckern verbreitet, der Boden gelockert — allerdings auch viele Jungpflanzen vernichtet. Das Eichhörnchen verschleppt vor allem Haselnüsse, und an den Hufen des Rotwildes bleibt manche Frucht und mancher Same haften.
Die mit hakenförmigen Fortsätzen bewehrten Klettfrüchte von Möhre, Klebkraut (Galium aparine), Bachnelkenwurz, Odermennig (Agrimonia eupatoria), Ackerhahnenfuß, Klette (Arctium lappa) und Zweizahn (Bidens tripartitus) bleiben leicht am Fell vorbeistreifender Tiere und an der Kleidung der Menschen hängen. Wenn sie sich der Früchte entledigen, können diese weit vom ursprünglichen Standort zur Keimung gelangen. — Die mit klebrigem Schleim überzogenen Samen des Vogel-

knöterichs (Polygonum aviculare) und des Wegerichs (s.S.101) bleiben an den Hufen der Tiere und an den Schuhsohlen der Menschen haften. Wir finden beide Pflanzen daher besonders entlang der Wege.

In viel größerem Maße aber hat der Mensch bewußt die Kulturpflanzen über die ganze Erde verbreitet. Freilich hat er ungewollt auch viele Unkräuter verschleppt.

Verbreitung durch Wasser

Bei vielen Ufer- und Wasserpflanzen ist das spezifische Gewicht der Früchte oder Samen durch *lufthaltiges Gewebe* verringert, so daß sie lange auf dem Wasser schwimmen können (s. S. 184).

Die unter Wasser reifenden, beerenartigen Früchte der *Teichrose* (Nuphar lutea) und der *Seerose* (Nymphaea alba) sind lufthaltig. Sie steigen an die Oberfläche und zerfallen in Teilstücke, bzw. Samenklümpchen, die durch Strömungen im Wasser verfrachtet werden. Schließlich entweicht die Luft und die zu Boden sinkenden Samen keimen am Grunde des Gewässers. — An den lufthaltigen, runzeligen Früchten des *Wasserhahnenfußes* (Ranunculus aquatilis) vergrößert ein hakig gebogener »Schnabel« die Oberfläche. Sie schwimmen daher lange auf dem Wasserspiegel. Oft werden sie auch durch Schwimmvögel, an deren Gefieder oder Füßen sie hängen bleiben, in andere Gewässer gebracht.

Zusammenfassung: Verbreitung von Früchten und Samen

1. Die Pflanzen verbreiten sich durch ihre Früchte und Samen. Diese sind der Art ihrer Verbreitung angepaßt.
2. Sie können aktiv durch hygroskopische Bewegungen, durch gerichtetes Wachstum und durch Schleuderkapseln verbreitet werden. Häufiger werden sie passiv durch Wind, Tiere und Wasserströmungen, aber auch durch den Menschen verbreitet.
3. Der Wind bewegt die elastischen Stiele der Kapseln, und die Samen werden dadurch passiv ausgestreut. Häutige Tragflächen und »Fallschirme« vieler Früchte und Samen verzögern das Niedersinken.
4. Samen mit ölreichen Anhängseln werden von Ameisen verschleppt. Vögel scheiden die Samen vieler Früchte unverdaut aus. Sie dienen damit ebenso der Verbreitung der Pflanzen wie manche Säugetiere bei ihrer Wühl- und Grabarbeit.
5. Durch den Menschen werden Kulturpflanzen in neue Gebiete gebracht, manche Wildpflanzen ohne Absicht verschleppt.

Weinberg

Hopfengarten

Der Weinstock (Vitis vinifera)

Der Weinstock ist in den Mittelmeerländern beheimatet. Doch gedeiht er auch in nördlicher gelegenen Gebieten mit langen, warmen Sommern sehr gut, z. B. bei uns in Deutschland am Ober- und Mittelrhein, an der Mosel, am Main und in geschützten Teilen von Baden-Württemberg. Bei starkem Frost wintern die Stöcke aus, die Blüten vertragen Spätfröste im Frühjahr oft nicht. Die ausgedehntesten Weingebiete finden wir daher in den süd- und südosteuropäischen Ländern und in Frankreich. Dieses steht nach Menge und Güte seines Weines an der Spitze der »Weinländer«.

Mit der tiefgreifenden Wurzel erhält der Weinstock auch bei lange anhaltender Trockenheit genügend Wasser aus den feuchten unteren Bodenschichten.
Die kurzen Stämme werden bei alten Stöcken oft sehr stark. So gibt es auf der Halbinsel Krim Weinstöcke von mehr als eineinhalb Meter Umfang. Die schwachen Äste oder Reben brauchen eine Stütze: Spaliere, Rebstöcke, Drähte, Lauben. In Italien pflanzt man die Weinstöcke oft zwischen Ulmen und Maulbeerbäumen, an deren Stämmen die Reben Halt finden.
Die Ranken stehen wie die Blütenstände je einem der schön geformten, fünflappigen Blätter gegenüber. Oft tragen sie einzelne Blüten, sind also verkümmerte Blütenachsen. Es sind *Sproßranken* im Gegensatz zu den Blattranken der Erbse. Auch die Weinranken führen kreisende Bewegungen aus und umschlingen die erfaßte Stütze mehrfach, sich rechts, also im Uhrzeigersinn windend (vgl. mit den Erbsenranken).
Die stark duftenden, unscheinbaren Blüten sind in *Rispen* angeordnet. Der Winzer nennt sie »Gescheine«. Aus dem kleinen, napfförmigen Kelch erheben sich fünf Kronblätter, die oben verwachsen sind. Strecken sich die fünf vor ihnen stehenden Staubblätter in die Höhe, so lösen sich die Kronblätter aus dem Kelch und liegen zunächst wie eine kleine Kapuze über den Staubbeuteln, werden aber bald als Ganzes abgeworfen. Die Staubblätter überragen nun den flaschenförmigen Stempel. Die Nektarien am Grunde des Fruchtknotens liegen danach offen für kurzrüsselige Be-

stäuber bereit. Beim Abwerfen der Kronblätter findet aber auch erfolgreiche Selbstbestäubung statt.

Die *Fruchtrispe,* die man fälschlicherweise als »die Traube« bezeichnet, trägt je nach Art zahlreiche süße gelbe, grüne, rote oder blaue Beeren mit meist zwei bis vier Samen. Eine Wachsschicht auf der Fruchtschale läßt das Regenwasser ablaufen und verhütet so ein Faulen der Beeren. Gehen aber kurz vor der Fruchtreife starke Regengüsse nieder, so platzt die dünne Schale auf. Dann halten sich die Trauben nicht. — Die unverdaulichen Samen des wilden Weinstocks — er kommt da und dort auch in Deutschland vor — werden durch Vögel verbreitet.

Nutzen: Das Frischobst ist sehr bekömmlich, hält sich aber nicht lange. In den Mittelmeerländern trocknet man die zuckerreichen Weinbeeren oft und erhält so die Rosinen. Aus hellen, kernlosen Sorten bekommt man die großen, hellen Sultaninen, aus kleinen, samenlosen, blauen Beeren die Korinthen (erkläre die Namen).

Meist preßt man aus den Trauben in der Kelter den süßen Saft oder Most aus. Läßt man ihn gären, so verwandelt sich der Zucker teilweise in Alkohol. Aus weniger guten Weinsorten stellt man Weinessig oder Weingeist her. Auch alkoholfreier, süßer Traubensaft kommt heute viel in den Handel.

Schädlinge: Unter den tierischen Schädlingen ist die *Reblaus* am meisten gefürchtet. Wenn die »Wurzellaus« die Stöcke befallen hat, muß der Winzer alle Pflanzen ausroden und verbrennen, den Weingarten jahrelang brachliegen lassen. Das Auftreten dieses Schädlings muß sofort gemeldet werden. Die weitere Bekämpfung durch chemische Mittel übernehmen staatliche Stellen. — Großen Schaden richtet auch der *Traubenwickler* an. Die Larve der Frühjahrsgeneration des kleinen Falters, der »Heuwurm«, zerfrißt die »Gescheine«, die der Sommergeneration, der »Sauerwurm«, die Beeren. Das Weibchen des *Rebenstechers* rollt die Blätter junger Triebe zigarrenförmig zusammen und legt zwischen ihnen Eier ab. Die Larven nähren sich von den welkenden Blättern. Da die Käfer nicht nur Blattstiele, sondern auch Fruchtstiele durchnagen, können sie bei massenhaftem Auftreten die Ernte völlig vernichten.

Gefürchtete pflanzliche Schädlinge des Rebstocks sind der echte und der falsche *Rebenmehltau,* zwei Kleinpilzarten. Man vernichtet sie durch Bestreuen mit Schwefelpulver und durch Bespritzen mit Kupferkalkbrühe.

Verwandte des Weinstocks:

»Schmuckreben« werden gerne angepflanzt. Die handförmigen fünfzähligen Blätter des wilden Weins, der *Jungfernrebe* (Parthenocissus quinquefolia) färben sich im Herbst herrlich rot. — Ähnliche Arten tragen am Ende der Ranken kleine Haftscheiben, mit denen sie sich auch an Hausmauern festklammern können. Besonders fest hält sich

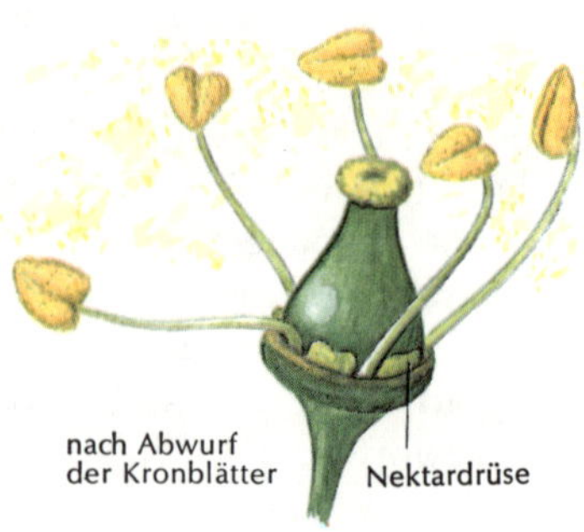

von diesen »Selbstklimmern« die *dreispitzige Jungfernrebe* (Parthenocissus tricuspitata). Will man die Ranken dieser Pflanze von der Unterlage lösen, so reißen sie ab, die Haftscheiben aber bleiben in der Mauer verankert.

Der Hopfen (Humulus lupulus)

Schon seit dem 9. Jahrhundert wird der Hopfen, der wild in Hecken und Ufergebüschen vorkommt, in Deutschland zur Verwendung im Braugewerbe angebaut. Für manche Gegenden (Holledau, Spalt) sind die Hopfengärten sehr charakteristisch. An Gerüsten mit senkrechten und waagrechten Verbindungsdrähten finden die schwachen Stengel des Hopfens Halt. Die etwa fünf Meter langen Sprosse tragen mehrere Reihen ankerförmiger Klimmhaken. Mit diesen klammern sich die rechtswindenden Pflanzen an der Stütze fest. Die rauhhaarigen, gegenständigen Blätter sind drei- bis fünflappig. Die Staubblüten des zweihäusigen Windblütlers sind in leicht beweglichen Rispen angeordnet. Die Deckblätter der dicht gedrängt stehenden Stempelblüten wachsen nach der Bestäubung noch weiter. So entsteht ein zapfenähnlicher, gelbgrüner Fruchtstand. Die Deckblätter und die kleine Fruchthülle scheiden aus zahlreichen Drüsen eigentümlich riechende Schuppen, das »Hopfenmehl«, aus.

Die würzig-bitter schmeckenden Stoffe werden zum Haltbarmachen und Würzen des Bieres verwendet. Ende August holt man die Sprosse nieder. Die Fruchtzapfen werden gepflückt, getrocknet und an die Brauereien geliefert. Die Vermehrung des Hopfens geschieht durch unterirdische Sprosse, vorwiegend durch »Fechser« (Bd. I, S. 129) weiblicher Pflanzen. Ein Teil der zahlreichen Frühjahrstriebe wird ausgebrochen (»Geizen«) und als spargelähnliches Gemüse (»Hopfensalat«) gegessen.

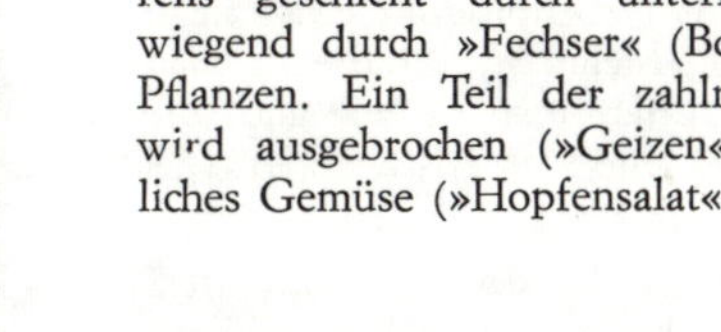
Stengelstück (vergr.)

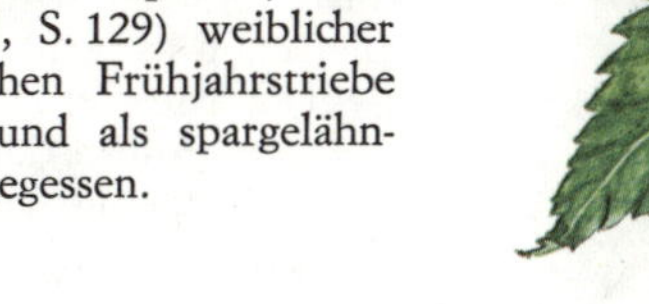
Klimmhaar (vergr.)

Runkelrübe und **Zuckerrübe** (Beta vulgaris)

Runkelrübe: Seit der Mitte des 18. Jahrhunderts werden weite Flächen Deutschlands mit Runkel- oder Futterrüben (Beta vulgaris, var. alba) bebaut. Die dicke, fleischige Wurzel der zweijährigen Pflanze trägt im ersten Jahr einen Schopf großer Blätter und speichert für die Blüten- und Fruchtbildung im zweiten Jahr viele Nährstoffe, besonders Zucker und Eiweiß. Man erntet die Rübe daher im Herbst, ehe die Pflanze die Vorräte verbraucht. Sie liefert gutes, nährstoffreiches, frisches Viehfutter. Einige Pflanzen läßt man im zweiten Jahr zum Blühen kommen, um Samen zu gewinnen. Die Perigonblätter der unansehnlichen Blüten fallen nicht ab, sondern legen sich über die Früchtchen und werden hart. Einige der Scheinfrüchte verwachsen zu »Rübenkernen«. Zuchtziele sind Nährstoffanreicherung, Vergrößerung der Rübe und Veränderung ihrer Form. Walzenförmige und runde Rüben lassen sich bei der Ernte leichter herausziehen, da sie sich größtenteils über dem Boden entwickeln, während die pfahlförmigen Rüben fast ganz in der Erde stecken.

Blüte (vergr.)

Blüten-längsschnitt (vergr.)

Scheinfrucht

Pflanze im 1. Jahr

und im 2. Jahr, fruchtend

Runkelrübe

Zuckerrübe: 1747 wies der Berliner Apotheker Marggraf nach, daß die Runkelrüben Rohrzucker enthalten, den man bisher nur aus dem Zuckerrohr erhalten konnte. 1802 errichtete man in Schlesien die erste Fabrik, um Zucker aus Rüben zu gewinnen. Die Ausbeute blieb sehr gering. Noch 1840 wurde der Weltbedarf an Zucker zu 95,65% von den Zuckerrohrpflanzungen des Auslandes gedeckt. Durch planmäßige Züchtung erhielt man die »Zuckerrübe« (Beta vulgaris, var. altissima) mit 16—24% Zuckergehalt gegenüber 7—8% bei der Runkelrübe. Allerdings erzielt man solch hohen Zuckergehalt der Rüben nur auf sehr nährstoffreichen Böden. Der Zuchterfolg führte dazu, daß in Deutschland schon um die Jahrhundertwende zwei Drittel »Rübenzucker« und nur noch ein Drittel »Rohrzucker« verbraucht wurden.

Zuckergewinnung: Der Zucker wird mit heißem Wasser aus den Rüben gelöst. Aus dem gereinigten und eingedickten Zuckersaft gewinnt man den »Rohzucker«, der nochmals gereinigt wird. Als Nebenprodukt erhält man Sirup. Den Rückstand, die »Melasse«, verarbeitet man z. T. auf Spiritus, z. T. verfüttert man sie wie auch die ausgelaugten Rübenschnitzel und das frische oder »gesäuerte« Rübenkraut ans Vieh.

Schädlinge: Die schwarzen Larven des *Rübenaaskäfers* können einen jungen Rübenbestand in wenigen Tagen vernichten. — Kleine Würmer, die *Rübenälchen,* rufen die »Rübenmüdigkeit« hervor. Die von ihnen befallenen Wurzeln bleiben fingerdünn (»Hungerwurzeln«), die Blätter vergilben. Auf den verseuchten Feldern muß mit dem Rübenanbau einige Jahre ausgesetzt werden. »Feindpflanzen« der Rübenälchen, wie Kartoffeln, Luzernen und Buschbohnen, gedeihen gut auf diesen Äckern. — Schlimmen Schaden richten oft die *Wühlmäuse* an.

Der Flachs oder **Lein** (Linum usitatissimum und L. crepitans)

Die Hauptanbaugebiete der uralten Kulturpflanze liegen heute in der Sowjetunion und in Flandern. Der einst bedeutende Flachsbau in Deutschland wurde im Dreißigjährigen Krieg vernichtet. Doch sieht man da und dort noch Äcker, auf denen die dünnen, etwa 60 cm hohen Stengel im Hochsommer ihre fünfzähligen himmelblauen Blüten entfalten. Die zahlreichen wechselständigen Blätter sind klein und schmal.

Aufgaben: 1. Zerreiße Flachsstengel und achte auf die »Flachsfasern«. — 2. Zerdrücke Leinsamen auf Papier. Beobachtung? Laß die Samen einige Stunden in Wasser quellen. Wie verändern sie sich? Lege sie nun auf Papier und versuche, sie nach einigen Stunden von diesem zu entfernen.

Will man die Flachsfaser gewinnen, so muß der Stengel des Leins (Linum usitatissimum) bald nach dem Verblühen geerntet werden, weil er später stark verholzt. Zur Gewinnung von Leinöl dagegen läßt man die Früchte des sogenannten »Springleins« (Linum crepitans) nahezu ausreifen. Die reifen Kapseln springen leicht auf. Die goldgelben Samen kommen als »Leinsaat« in den Handel. — Das ausgepreßte Öl benützt man zum Backen und Braten, die Samen in der Heilkunde. Das »trocknende« Öl verwendet man zur Herstellung von Ölfarben und Druckerschwärze, Firnis und Linoleum. Der Preßrückstand wird als »Ölkuchen« ans Vieh verfüttert. Die Kapseln des »Dresch- oder Schließleins« springen nicht von selbst auf. Sein Stengel ist nur wenig verästelt, daher sind seine zähen, dicken Fasern länger als die des stark verzweigten »Springleins«. Durch die mühsame Aufbereitung des Flachses erhält man das Garn, das zu Leinen verwoben wird. Die kurzen Fasern bleiben beim »Hecheln« als Werg zurück, das zu Stricken und Packleinen verarbeitet wird.

reife Kapsel

Lein oder Flachs

Die große Brennessel (Urtica dioica)

Das weit verbreitete, lästige Unkraut war früher eine wichtige Nutzpflanze. Aus den festen Bastfasern des bis 1,5 m hohen Stengels wurde das haltbare Nesseltuch hergestellt. Die »Brennhaare« der scharfgesägten, gegenständigen Blätter rufen bei Menschen mit besonders empfindlicher Haut beim Berühren einen heftig juckenden Ausschlag, die »Nesselsucht«, hervor. Im Mikroskop erkennt man, daß die Haare der Blätter hohl sind und oben ein kleines Köpfchen tragen. Dicht unter diesem ist die feine Haarröhre spröde wie Glas. Daher bricht das Köpfchen bei Berührung ab, die nadelspitze Röhre dringt in die Haut ein, und ein scharfer, ätzender Drüsensaft ergießt sich in die Wunde. Die große Brennessel hat eingeschlechtige Blüten. Sie ist zweihäusig. Die *kleine Brennessel* (Urtica urens) ist einhäusig. Sie wird nur 15 bis 50 Zentimeter hoch. Ihre Blätter sind eiförmig und sehr tief gesägt.

Aufgaben: 1. Greife eine Brennessel kräftig an und streife von unten nach oben an der Pflanze entlang. Warum brennt sie dich nicht? — 2. Untersuche die Blüten mehrerer Pflanzen. — 3. Wie liegen die Staubblätter in der jungen männlichen Blüte? — 4. Ist die Brennessel ein Insekten- oder ein Windblütler?

unversehrte und abgebrochene Spitze (300× vergr.)

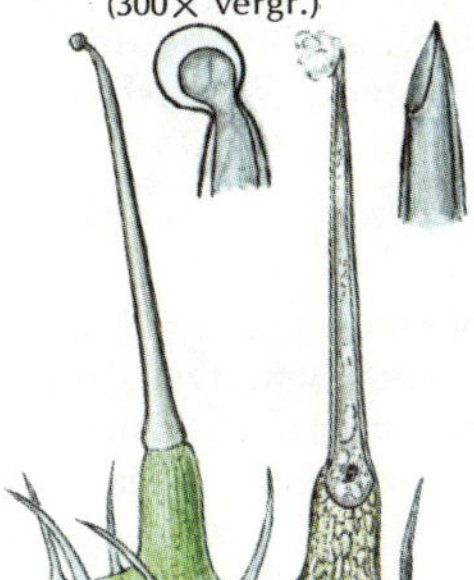
Brennhaare (30× vergr.)

männl. Blüte, vor und während des Stäubens (vergr.)

weibl. Blüte (vergr.)

im Längsschnitt

große Brennessel
blühende männl. Pflanze

Ausländische Nutzgewächse

Sisalplantage

Viele unserer Nutzpflanzen können in unserem Klima nicht gedeihen. Daher werden ihre Erzeugnisse eingeführt. Nach diesen ordnen wir sie, obwohl sie verschiedenen Familien angehören.

Faserpflanzen

Die Baumwollpflanze (Gattung Gossypium)

Sie wächst als einjähriger, krautiger Busch oder als ausdauernder Strauch in verschiedenen Sorten wild in den subtropischen Gebieten der Alten und Neuen Welt. Seit etwa zweieinhalb Jahrtausenden wird sie zur Fasergewinnung im großen angebaut. Sie hat den Flachs, der schon viel länger kultiviert wurde, weitgehend verdrängt. Hauptanbaugebiete sind heute Nordamerika, Ägypten, Russisch Turkestan, Indien und Brasilien.

Der Strauch trägt mehrfach gelappte Blätter und große, malvenähnliche Blüten. Die Fruchtkapsel ist dicht mit Samen gefüllt, deren Flughaare bei den Kultursorten untereinander verfilzt sind (s. S. 118). Wenn sich die reife Kapsel öffnet, bleiben die Samen daher in der Fruchthülle hängen. Die Kapseln reifen nicht gleichzeitig. Die Samen müssen deshalb in mehreren Arbeitsgängen aus ihnen »gezupft« werden. Das geschieht heute meist mit Pflückmaschinen. Die geernteten Samen werden maschinell entkernt und die Fasern zu großen Ballen zusammengepreßt. Spinnereien und Webereien verarbeiten sie zu Garnen und Geweben, wie Kattun (Cotton ist das englische Wort für Baumwolle), Mako, Musselin usf. Die kurzen Fasern (Linters) verwendet man u. a. zur Herstellung von Watte, Zelluloid, Schießbaumwolle und Kunstseide. Aus den Samen preßt man Öl, das besonders zur Herstellung von Margarine, Seifen und Kerzen dient. Die Preßrückstände liefern gutes Viehfutter.

Andere Faserpflanzen

Der *Hanf* (Cannabis sativa) ist in Südasien beheimatet, wird aber auch bei uns angebaut. Die zweihäusige Pflanze ist an ihren fünf- bis neunzähligen Blättern leicht zu erkennen. Die eingeschlechtigen Blüten sind unscheinbar. Die Fasern der etwa 3 m hohen Pflanze werden zu Tauen, Stricken und Garnen, für grobe Gewebe (Gurte, Zelttuch) verarbeitet. Die ölreichen Samen dienen als Futter für Stubenvögel und zur Herstellung von Seife und Firnis. Aus dem Harz des *indischen*

Hanfes (C. indica) wird das Haschisch (Marihuana), ein äußerst gefährliches Rauschgift, gewonnen. — Den sehr festen Sisalhanf erhält man aus den Fasern der stacheligen, dickfleischigen Blätter der *Sisalagave* (Agave sisalana). In Mittel- und Südamerika gewinnt man durch Vergären des Saftes einer mexikanischen Agave ein beliebtes alkoholisches Getränk, den Pulque. — Mit der Brennessel ist die *Ramiefaserpflanze* (Boehmeria nivea) Südostasiens verwandt. Ihre Fasern werden in China zu sehr festem Nessel, bei uns zu Segeln und Ballonhüllen verarbeitet. — Hervorragend gute Fasern für Schiffstaue und Kletterseile, den *Manilahanf* (Musa textilis), bekommt man aus den Blattscheiden einer Bananenart. — Rohstoffe für Stricke, Decken, Schuhe, Matten und Flechtwerk, besonders aber für Papier liefert das *Esparto-* oder *Halfagras* (Stipa tenacissima) Spaniens und Nordwestafrikas. — Fasern für billiges Packmaterial erhält man von der indischen *Jutepflanze* (Corchorus capsularis). — Der *Maulbeerbaum* (Morus nigra, bzw. alba) erzeugt nicht unmittelbar eine Gespinstfaser, aber seine Blätter dienen den Seidenraupen zur Nahrung. Aus den Kokons ihrer Puppen wird echte Seide hergestellt. Der Baum gedeiht in den subtropischen Ländern und in milden Gebieten der gemäßigten Zone. In China soll er schon 4000 v. Chr. als Futterpflanze für die Seidenraupen angepflanzt worden sein. China ist heute noch neben Japan und den Mittelmeerländern Hauptgebiet für die Seidengewinnung. Seit der Verwendung synthetischer Fasern geht die Nachfrage nach dem einst so kostbaren Gewebe zurück.

Pflanzen mit verwertbarem Milchsaft

Aus verletzten Stellen vieler tropischer Bäume, z. B. des echten *Federharz-* oder *Kautschukbaumes* (Hevea brasiliensis) tritt klebriger Milchsaft aus, der nach einiger Zeit fest wird und die Wunde verschließt. Die Indianer des Amazonasgebietes verstanden es schon ehe die Europäer zu ihnen kamen, aus diesem Saft über rauchendem Feuer wasserdichten, elastischen Gummi zu bereiten. »kau-utschu« hieß in ihrer Sprache »weinender Baum«. Die Weißen legten nun große Heveapflanzungen zur Gewinnung der »Milch« an und brachten sie mit Essigsäure zum Gerinnen. Durch geeignete Behandlung mit chemischen Stoffen wurde der Kautschuk verbessert, durch »Vulkanisieren« Hartgummi gewonnen. Den Engländern gelang die Ausfuhr des empfindlichen Samens nach Ostindien. So wurde auch dort in großen Plantagen Rohgummi erzeugt. Inzwischen stellt man synthetischen Kautschuk her, der in vielen Eigenschaften dem natürlichen überlegen ist. Der Weltbedarf an Gummi ist jedoch so groß, daß 1960 neben 2,5 Millionen Tonnen Kunstkautschuk noch 1,9 Millionen t Naturkautschuk auf den Weltmarkt kamen. — Auch aus dem Milchsaft des als Zimmerpflanze bekannten *Gummibaumes* (Ficus elastica) Hinterindiens gewinnt man Gummi. — Einen wasserdichten, aber nicht elastischen Stoff, die Guttapercha, erhält man aus dem Milchsaft des *Guttaperchabaumes* (Palaquium gutta) der Ostindischen Inseln. Sie findet als Isoliermasse, in der Zahntechnik und zum Abdichten feuchter Verbände Verwendung.

Baumwollzweig

Kautschukgewinnung

Reisfeld

Zuckerrohr

Sojabohne

Pflanzen mit stärke-, zucker-, und eiweißreichen Nährstoffen

Der Reis (Oryza sativa)

Neben Weizen ist Reis das wichtigste »Brotgetreide« der Welt. Das etwa mannshohe Rispengras gedeiht in den Tropen und Subtropen, ferner in milden Gegenden der gemäßigten Zone. Hauptanbaugebiet ist Südostasien. In natürlichen und künstlichen Überschwemmungsgebieten baut man den »Wasserreis« an. Die handhohen Halme werden versetzt. Wenn sich die Rispen bilden, entwässert man die Felder. Der »Berg- oder Trockenreis« braucht meist keine künstliche Bewässerung. Reismehl eignet sich nicht zum Backen. Daher werden die geschälten Körner gedünstet oder gekocht und bilden in dieser Form die Hauptnahrung der Bevölkerung Ostasiens. Doch wird auch viel ausgeführt. Durch Schälen und Polieren werden die Fruchtschale und die silbrige, vitaminreiche Samenhaut entfernt. Bei einseitiger Ernährung mit geschältem Reis tritt häufig eine Vitaminmangelkrankheit, die Beriberi, auf, die durch Frischkost leicht zu heilen ist. Auch alkoholische Getränke, wie Arrak und der japanische Sake, werden aus Reis bereitet.

Das Zuckerrohr (Saccharum officinarum)

Der Halm des mächtigen, schilfähnlichen Rispengrases wird bis 6 m hoch, bei einem Durchmesser von 5 cm. Aus dem zuckerhaltigen Mark (!) quetscht man den Saft aus und verarbeitet ihn ähnlich wie den der Zuckerrübe (s. S. 124). Aus der Melasse stellt man Rum her. Die frostempfindliche Pflanze wird durch Stecklinge vermehrt. Zum Reifen braucht die Pflanze 9 Monate in heißen und bis zu 18 Monaten in kühleren Gebieten. Das Zuckerrohr wird vor allem in Westindien (Kuba), Indien und Java in Plantagen angebaut.

Die Sojabohne (Glycine max, bisher Soja hispida)

Sie wird seit langem in Ostasien angebaut. Die Samen des Schmetterlingsblütlers enthalten Stärke und außerdem viel Fett und Eiweiß. Man verarbeitet sie zu Mehl und Öl. Das Mehl wird, meist mit Weizenmehl vermischt, zu Brot verbacken. Das Öl benutzt man als Speisefett und zur Herstellung von Brot und Margarine. Die Preßrückstände ergeben wertvolles Kraftfutter. Zu völligem Ausreifen ist ein langer Sommer nötig. Für unser Klimagebiet hat man schnellreifende Rassen gezüchtet.

Die *Batate* (Ipomoea batatas) oder Süßkartoffel Ostasiens ersetzt in den heißen Ländern unsere Kartoffel. Die Knollen enthalten neben sehr viel Stärke auch Zucker. — Die bis zu 10 kg schweren Knollen der *Maniokstaude* (Manihot esculenta) enthalten ein Gift, das durch Kochen und Trocknen zerstört wird. Aus dem stärkereichen Mark der *Sagopalme* (Metroxylon) der Malayischen Inseln und Neuguineas gewinnt man den echten Sago. — Die *Negerhirse* oder *Durrha* (Sorghumarten), die Körnerfrucht Afrikas, gedeiht auch bei lange anhaltender Dürre, wenn sie nur zu Beginn ihres Wachstums genügend Regen erhalten hat.

Olivenhain

Dattelpalmen

Kokospalmen

Ölliefernde Gewächse

Der Ölbaum (Olea europaea)

Er stammt aus Vorderasien und wird seit Jahrtausenden im ganzen Mittelmeergebiet, heute in allen subtropischen Gebieten angepflanzt. Sein knorriger Stamm wird 6—10 m hoch. Die schmalen, graugrünen Blätter erinnern an die der Weiden. Die derbe Oberhaut und die silbergraue Behaarung der Blätter schränken in den trockenen Sommermonaten die Verdunstung ein. Aus gelblichweißen zwittrigen Blüten entwickeln sich schwarzblaue Steinfrüchte, die ölhaltigen *Oliven.* Man ißt die Oliven frisch, eingesalzen oder in Essig eingelegt. In Ölmühlen preßt man aus ihnen zunächst ohne Erwärmung das reinste Öl (Kaltöl). Aus dem zurückbleibenden Fruchtbrei gewinnt man durch Erwärmen weiteres durch Eiweißstoffe etwas verunreinigtes Öl. Aus den Preßrückständen erhält man Öl für technische Zwecke und zur Seifenbereitung. Das schön gemaserte Holz wird vor allem vom Drechsler sehr geschätzt. Ölzweige galten schon im Altertum als Sinnbild des Friedens.

Die Kokospalme (Cocos nucifera)

Die Kokospalme ist als »Küstenpalme« in den Tropen weit verbreitet und hat große Bedeutung erlangt. Der schlanke Stamm wird bis 30 m hoch, seine gefiederten Blätter, die

Fruchtstand der Ölpalme

Fruchtstand der Dattelpalme

Fruchtstand der Kokospalme

Zitronen

Feigen

»Palmwedel«, werden bis 6 m lang. Aus den weiblichen Blüten entwickeln sich fast kopfgroße *Steinfrüchte, die fälschlich Kokosnüsse* genannt werden. Unter der dünnen Außenhaut liegt eine derbfaserige Mittelschicht, die die holzige Wand des »Steins« umschließt. Der nährstoffreiche, besonders fetthaltige Same enthält einen großen Hohlraum, der z. T. mit süßlich schmeckender »Milch« gefüllt ist. Das lufthaltige Fasergewebe bildet eine Art »Schwimmgürtel« der Frucht. Sie bleibt, von den Wellen getragen, lange keimfähig. Das macht die Verbreitung der Kokospalme an den Küsten und auf den Inseln des Stillen und Indischen Ozeans verständlich. Der Keim entwickelt sich sogar auf salzhaltigem Boden und in trockenem Sand. Er nimmt nämlich zunächst Wasser aus dem durchfeuchteten Fasergewebe auf, das kugelige Keimblatt löst die Nährstoffe des Samens und führt sie der Keimpflanze zu. Diese ist schon weit entwickelt, wenn sie die »Keimpore« der holzigen Schale durchbricht.
Aus den Kokosfasern stellt man Läufer, Matten, Besen und Bürsten her. Die getrockneten fettreichen Samen werden als *Kopra* im großen ausgeführt und zur Herstellung von Kerzen und Seifen verwendet. Reines Kokosfett, das Palmin, dient als Speisefett. Aus der Steinschale macht man Knöpfe. Die Eingeborenen verwenden sie als Gefäße, der Stamm liefert ihnen Bauholz, die Blätter werden zu Flechtarbeiten genommen. Das Kernfleisch wird gegessen und auch für Backwerk verwendet, die Kokosmilch als erfrischendes Getränk genossen. Aus den Blüten gewinnt man Palmwein und aus ihm eine Art Arrak.
Ähnliche Verwendung finden die verschiedenen Teile der *Ölpalme* (Elaeis guineensis) Westafrikas, die nur etwa 6—9 m hoch wird. Die Blätter erreichen eine Länge von 3—5 m. Der große Fruchtstand trägt Hunderte pflaumengroßer Steinfrüchte. Fruchtfleisch und -steine liefern das Palmöl, das wie Kokosfett verwendet wird. Die Eingeborenen schneiden die männlichen Blütenstände ab, um aus dem »Wundsaft« Palmwein zu bereiten. — Die *Erdnuß* (Arachis hypogaea), ein krautiger einjähriger Schmetterlingsblütler, stammt aus Brasilien. Er stellt nur geringe Ansprüche an den Boden. Nach dem Verblühen wächst der Fruchtstiel weiter, krümmt sich nach unten und bohrt die Frucht 5—8 cm tief in die Erde (s. S. 116). Dort erst reifen die zweisamigen Hülsen, die bei der Ernte ausgegraben werden müssen. Die Samen oder »Erdnüsse« enthalten viel Öl und Eiweiß. Man baut die frostempfindliche Pflanze in heißen Ländern daher im großen an (1963 betrug die Welternte 15 Millionen Tonnen!). Aus den Samen preßt man sehr feines Speiseöl. Die nahrhaften Samen werden frisch, geröstet und gesalzen genossen (s. Abb. S. 115).

Südfrüchte

Agrumen: Unter Agrumen versteht man Zitronen und ihre nächsten Verwandten. Alle besitzen lederartige dicke Blätter, mit denen sie die trockenen subtropischen Sommermonate gut überstehen. Doch sind sie frostempfindlich. In Norditalien schützt man daher die *Zitronenbäume* (Citrus limon) durch hohe Mauern gegen rauhe Winde. Das Fleisch der gelben Beere, der Zitrone, zerfällt durch dünne Scheidewände in einzelne »Saftsäcke«.

Ananas

Fruchtstand der Banane

Der säuerliche Saft ist reich an Vitamin C. Schon im Altertum wurde die Zitrone als Heilmittel gegen Gicht und Rheumatismus verwendet. Aus der dicken, schwammigen Schale der *Zitronatzitrone* (C. medica) stellt man das haltbare Zitronat als Backwürze her. — Die *Orange* (C. sinensis), der »Apfel aus China«, wird in zahlreichen Spielarten in subtropischen und tropischen Ländern gezogen. Man pfropft die Zweige der Apfelsine häufig auf die weniger frostempfindliche *Pomeranze* (C. aurantium). Der Orange steht die *Grapefrucht* (C. paradisi) nahe. Die vitaminreichen, herbschmeckenden Früchte werden vor allem aus den Südstaaten der USA und aus Westindien eingeführt. — Beliebt sind auch die besonders süßen Mandarinen (C. reticulata) und die kernlose Zuchtform der Clementinen.

Die Dattelpalme (Phoenix dactylifera): Sie ist die wichtigste Pflanze der Flußoase des Nils und anderer Oasen. Die bis zu 30 m hohen, schlanken Stämme mit den endständigen Büscheln graugrüner Fiederblätter bestimmen das Landschaftsbild dieser Gegenden. Um die Bestäubung zu sichern, hängt man männliche Blütenstände der zweihäusigen Pflanze in die Krone der weiblichen Bäume. Die saftigen zuckerreichen Früchte (54% Zucker) mancher Sorten werden in großer Menge ausgeführt. Die mehligen, dickfleischigen Datteln anderer Rassen sind das »tägliche Brot« der Wüstenbewohner und liefern, getrocknet und zusammengepreßt, lange haltbaren Mundvorrat für die Karawanen.

Der *Fruchtfeigenbaum* (Ficus carica), eine zweihäusige Pflanze, wird durch Gallwespen bestäubt. Um reichen Fruchtansatz zu erhalten, hängt man Zweige mit männlichen Blütenständen an die weiblichen Bäume. Die süßen, saftigen Früchte, genauer die Fruchtstände, kommen getrocknet oder eingezuckert (kandiert) in den Handel. — Den sehr aromatisch schmeckenden Fruchtstand der *Ananas* (Ananas comosus) erhalten wir aus den tropischen Anbaugebieten, frisch oder in Dosen. Die Früchte der Ananas verwachsen mit der fleischigen Achse und den Deckblättern zu einer Scheinfrucht. Der Sproß des seltsamen Fruchtstandes treibt oben schon wieder grüne Blätter. — Erfrischende, sehr bekömmliche Früchte erntet man von der *Netzmelone* (Cucumis melo), einem Kürbisgewächs, und von dem tropischen *Melonenbaum* (Carica papaya), der oft als »Schattenspender« für die jungen Kakaopflanzen gezogen wird. — Die *Banane,* eine Riesenstaude der feuchtheißen Tropen, blüht und fruchtet innerhalb eines Jahres. An dem kurzen »Stamm« sitzen die Scheiden abgeworfener Blätter. Er trägt oben mächtige, fiedernervige Blätter, die vom Wind entlang der Seitennerven aufgeschlitzt werden, ohne daß das Gedeihen der Pflanze dadurch beeinträchtigt wird. Diese »Blattlappen« können im Gegenteil starken Regengüssen und Stürmen leichter »ausweichen«. An den nickenden Fruchtständen zählt man bis 120 mehlige Beeren. Die samenlose *Obstbanane* (Musa paradisiaca) ist eine der ältesten Kulturpflanzen Asiens, Afrikas und der Südseeinseln. Die leicht verderblichen Früchte der Obstbanane werden auf Schiffen mit besonderen Kühlanlagen ausgeführt. Für die Einheimischen ist die eiweiß- und stärkereiche *Mehlbanane* eines der wichtigsten Nahrungsmittel.

Kaffeefrüchte

Kakaofrucht

Pflanzen, von denen wir Genußmittel erhalten

Genußmittel enthalten Stoffe, die in kleineren Mengen anregen, in größeren giftig wirken. Die bekanntesten sind Kaffee, Tee, Kakao und Tabak.

Der Kaffeebaum (Coffea arabica)

Seine Heimat ist das nordöstliche Afrika. Hier und an der arabischen Küste wurden die Samen zuerst zur Bereitung eines Getränkes verwendet. Heute besitzen die süd- und mittelamerikanischen Staaten, besonders Brasilien, die ausgedehntesten Kaffeeplantagen. Der leichteren Ernte wegen wird der immergrüne Baum meist strauchartig gezogen. Die kirschenähnlichen Früchte können in der Regel zweimal im Jahr geerntet werden. Man befreit die zwei Samen (»Kaffeebohnen«) vom Fruchtfleisch und der pergamentartigen Innenschicht. Geröstet werden sie erst in den Einfuhrhäfen, da das Aroma des Röstkaffees leicht verloren geht, ganz besonders »auf See«.

Die Bohnen enthalten das *Koffein,* ein Gift. In kleinen Mengen genossen erfrischt es. Bei regelmäßigem Genuß größerer Mengen starken Kaffees leiden Herz- und Nerventätigkeit. Dem »koffeinfreien Kaffee« ist das Koffein fast völlig entzogen worden, das Aroma bleibt aber erhalten.

Der Teestrauch (Camellia sinensis)

In den Teepflanzungen läßt man die Sträucher etwa zwei Meter hoch werden. So kann man die jungen Blätter für die feineren Teesorten, die älteren für die billigeren leichter ernten. Die geernteten Blätter schichtet man auf Haufen und läßt sie gären, ehe sie getrocknet werden. Bei diesem Fermentieren wird das in den Blättern enthaltene *Koffein* wirksam. So erhält man den schwarzen Tee. Der nicht fermentierte grüne Tee, der vor allem in China getrunken wird, regt weniger an, ist aber auch unschädlich.

Das südamerikanische Nationalgetränk ist der aus den getrockneten Blättern der *Matepflanze* (Ilex paraguariensis) zubereitete Tee. Er enthält nur wenig Koffein.

Der Kakaobaum (Theobroma cacao)

Die Früchte des etwa zwölf Meter hohen Baumes sind »stammbürtig«, d. h. sie entspringen unmittelbar dem Stamm oder den Ästen. Die Pflanze gedeiht nur in feuchtheißen Gebieten der Tropen. Die Anlage einer Plantage ist kostspielig, da die jungen Pflanzen durch Melonenbäume oder Bananen beschattet werden müssen. Von ihnen erntet man jahrelang, ehe der Kakaobaum selbst fruchtet. Das aus den Samen der großen, gurkenähnlichen Früchte hergestellte Kakaopulver enthält *Theobromin,* ein dem Koffein ähnliches An-

Teepflücker

Tabakpflanzung

regungsmittel, außerdem Fett, Eiweiß und Stärke. Die vom Fruchtfleisch getrennten Samen fermentiert man (s. Tee) und preßt die Kakaobutter ab, die in den Apotheken Verwendung findet. Das weitgehend entölte Kakaopulver wird in den Handel gebracht, ebenso nicht entölte Bohnen, aus denen Schokolade hergestellt wird.

Der Tabak

Den *virginischen Tabak* (Nicotiana tabacum) und den *Bauerntabak* (Nicotiana rustica) brachten die Entdecker Amerikas Anfang des 16. Jahrhunderts nach Europa. Bei den Indianern war das Tabakrauchen längst üblich. Das etwa zwei Meter hohe Kraut, ein Nachtschattengewächs, gedeiht auch in unserem Klima. Doch wachsen in wärmeren Gebieten, z. B. in Virginia und auf Kuba, bessere Sorten (Havannatabak). Die abgeernteten Blätter werden zum Gären (Fermentieren) auf Haufen geschichtet, und später, vor der Verarbeitung zu Rauchtabak, Zigarren und Zigaretten, sorgfältig getrocknet. *Nikotin,* das Anregungsmittel des Tabaks, ist ein sehr starkes Gift. Wenige Zentigramm des reinen Stoffes wirken tödlich. Ein Teil des Nikotins geht beim Fermentieren verloren. Bei dem sehr ungesunden Lungenrauchen kommt Nikotin in den Körper. Die im Rauch enthaltenen teerartigen Stoffe sollen das Entstehen des Lungenkrebses begünstigen. Diese tödlich verlaufende Krankheit hat in den letzten Jahrzehnten erschreckend zugenommen.

Gewürzpflanzen

Gewürze verbessern den Geschmack der Speisen und regen die Tätigkeit der Verdauungsdrüsen an.

Die meisten ausländischen Gewürzpflanzen sind in den tropischen Regenwäldern Südostasiens heimisch und werden zum größten Teil auch heute noch dort angebaut. Die Molukken oder Gewürzinseln haben von ihnen ihren Namen erhalten. Nur Vanille und Paprika stammen aus Amerika, der Lorbeer aus den Mittelmeerländern. Sie enthalten alle mehr oder weniger stark duftende ätherische Öle und scharf schmeckende, würzende Stoffe. Schon im Mittelalter blühte der Gewürzhandel der Ostindischen Inseln mit Europa. Die Händler wurden nach dem begehrtesten Gewürz »Pfefferleute«, die durch den Gewürzhandel wohlhabend gewordenen Kaufleute »Pfeffersäcke« genannt.

Der *Pfeffer* (Piper nigrum), eine holzige Kletterpflanze, wird wie der Hopfen an Stangen gezogen. Trocknet man die unreif geernteten grünen Früchte, so erhält man den *schwarzen Pfeffer.* Zur Gewinnung *weißen Pfeffers* läßt man die angefeuchteten, reifen Früchte gären. Dann kann man das äußere Fruchtfleisch ablösen. Weißer Pfeffer ist der »Kirschkern« des Steinfrüchtchens. — In den Mittelmeerländern und in Ungarn wird der *Paprika* (Capsicum annuum) feldmäßig angebaut (s. S. 134). Die leuchtend rote »Trockenbeere« liefert den scharf schmeckenden Spanischen oder roten Pfeffer. Die unreifen Früchte schmecken je nach Sorte scharf oder mild und werden oft roh und als Gemüse

verzehrt. — Besonders hoch wurde im Mittelalter der *Zimt* (Cinnamomum zeylanicum) bezahlt. Er wurde damals nicht nur als Gewürz, sondern auch als Räucherwerk benutzt. Der Stangenzimt besteht aus getrockneten Bastteilen der abgelösten Rinde rutenförmiger Äste. Die getrocknete Rinde des *chinesischen* und *indonesischen Zimtbaumes* (C. aromaticum, bzw. burmanii) wird gemahlen in den Handel gebracht. — Die Frucht des *Muskatnußbaumes* (Myristica fragrans) hat nur einen Samen, der von einem Samenmantel (Arillus) umgeben ist. Der Samenmantel kommt als »Muskatblüte« oder Macis, der Samen als »Muskatnuß« zum Verkauf. — Die lange, zylindrische Frucht der *Vanille* (Vanilla planifolia), einer mit Luftwurzeln kletternden Orchidee der tropischen Regenwälder, enthält etwa 25 000 winzige Samen. Die grüne Frucht wird kurz in

heißes Wasser gelegt und dann in der Sonne vorsichtig getrocknet. Die dabei einsetzende Gärung erzeugt den feinen Geschmack der Vanillefrüchte. Sie nehmen dabei die merkwürdig schwarze Farbe an. Das teure Gewürz wird heute oft durch synthetisches Vanillin ersetzt. Dieses gewinnt man aus dem Nelkenöl, das reichlich in den Blütenknospen des *Gewürznelkenbaumes* (Syzygium aromaticum) enthalten ist. Die ihrer Form wegen als »Nägelein« bezeichneten Knospen werden in der Küche zum Würzen, das Nelkenöl in der Heilkunde verwendet.
Der aromatische Wurzelstock des *Ingwer* (Zingiber officinale) wird in Lebkuchenfabriken und Konditoreien, aber auch in pharmazeutischen Betrieben verarbeitet, im Haushalt beim Einmachen von Gurke und Kürbis, Äpfeln und Birnen verwendet. — Die Blätter des *Lorbeers* (Laurus nobilis) enthalten ein kräftig schmeckendes ätherisches Öl, das sie zum Würzen von Speisen geeignet macht. Zweige und Blätter waren schon im Altertum Zeichen des Ruhmes und des Sieges.

Ausländische Nutzhölzer

In Portugal, Südspanien und Algerien finden sich ausgedehnte Wälder der *Korkeiche* (Quercus suber). In der Rinde dieser Bäume liegt eine dicke Korkschicht. Man löst sie sorgfältig ab, um das korkbildende Gewebe nicht zu zerstören. Man kann dann nach 8 bis 10 Jahren vom gleichen Baum wieder Kork gewinnen. Der für Flüssigkeiten und Gase undurchlässige Stoff wird zu Flaschenkorken, für Schwimmgürtel, zum Isolieren und für technische Zwecke verwendet. Korkmehl ist ein Bestandteil des Linoleums. — Die tropischen Urwälder liefern sehr wertvolle Hölzer. Für Möbel verwendet man das schwarze Kernholz des *Ebenholzbaumes* (Diospyros ebenum) und das rote, seidig glänzende des *Mahagonibaumes* (Swietenia). — Der *Teakholzbaum* (Tectona grandis) der Steppen Südasiens wird auf Java in geschlossenen Forsten angepflanzt. Er wird als bestes Schiffsbauholz — dreimal so dauerhaft wie Eiche — ausgeführt. Außerdem wird Teakholz viel für Möbel verwendet. — Die *Eukalyptuswälder* Australiens liefern diesem Erdteil hervorragendes Nutz- und Bauholz. Die schnellwüchsigen, tiefwurzelnden Pflanzen überstehen Trockenheit gut, weil ihre gestielten, langen, sichelförmigen älteren Blätter nach unten hängen und von den Sonnenstrahlen nur an den Kanten getroffen werden. In Sumpflandschaften des Mittelmeergebietes hat man mit gutem Erfolg Eukalyptus zur Entwässerung angepflanzt und so den Malariamücken ihre Brutstätten entzogen. — Zu den Nutzhölzern gehören auch die *Bambusarten* (Gattung Bambusa). Die Halme dieser riesigen, bis 40 m hohen Gräser sind unten verholzt. Das Bambusrohr ist die Charakterpflanze der indischen Dschungel, steigt aber auch hoch ins Gebirge hinauf und kommt in den heißen Ländern aller Erdteile vor. Die Bewohner dieser Gebiete verwenden die Halme zum Hausbau und zum Dachdecken, für Wasserleitungsrohre und Zäune. Mit ihrer Hilfe baut man kleine Brücken, fertigt auch Möbel, Gefäße und Musikinstrumente. Die jungen Schößlinge geben ein vortreffliches Gemüse, aus dem Blutungssaft macht man Wein. Die Blätter eignen sich zum Flechten von Matten und Körben, und nach geeigneter Behandlung mit Laugen macht man aus Bambus Gewebe und Papier. Schließlich gibt er auch noch den nötigen Brennstoff.

Bambus

Teakholz

Eukalyptus

Korkzellen nach einer Originalzeichnung von Hooke

Korkzellen durch ein modernes Mikroskop gesehen

Die Zelle, der kleinste Baustein der Organismen

An den bisher besprochenen Pflanzen konnten wir alle für uns wichtigen Teile noch mit dem bloßen Auge erkennen. Bei der Untersuchung kleinerer Blüten erwies sich die Verwendung eines Vergrößerungsglases als sehr nützlich. Lupen vergrößern in der Regel etwa 20fach, ein Mikroskop aber ermöglicht noch über tausendfache Vergrößerungen. Mit diesem Hilfsmittel erschließt sich uns eine wunderbare Welt.

AUFGABEN: 1. Stelle mit einer Rasierklinge von einem Stückchen Flaschenkork möglichst dünne Schnitte her. Bringe sie mit einem Tröpfchen Wasser auf einen Objektträger, lege ein Deckglas darüber und untersuche das so hergestellte »Objekt« mit dem Mikroskop bei etwa 100facher Vergrößerung. — 2. Schneide von beliebigen Pflanzenteilen dünne Scheibchen ab und untersuche sie in gleicher Weise. — 3. Versuche mit Hilfe einer Pinzette die feine Oberhaut eines Laubblattes abzuziehen. Von den derben Blättern der Tulpe und der Schwertlilie läßt sie sich besonders leicht ablösen. Betrachte die Hautstücke ebenfalls mit dem Mikroskop.

Die ersten Mikroskope wurden wahrscheinlich in Holland hergestellt. Das zusammengesetzte Mikroskop wurde um 1590 von Zacharias Jansen erfunden. Der englische Naturforscher und Mathematiker R. Hooke betrachtete 1667 hauchdünne Scheibchen vom Flaschenkork mit einem solchen Mikroskop, das er sich aus Holland hatte schicken lassen. Zu seinem Erstaunen fand er ein Gefüge von winzigen Kämmerchen. Wegen ihrer Ähnlichkeit mit den Hohlräumen der Bienenwaben nannte er sie Zellen. Auch bei anderen Pflanzen entdeckte er derartige Gebilde. 1839 stellten die beiden Forscher Schwann und Schleiden die Theorie auf, daß der Körper aller Organismen aus Zellen besteht. Sie wurde voll bestätigt: die Zelle stellt die kleinste lebende Einheit eines Organismus dar.

Die Bestandteile der pflanzlichen Zelle

R. Hooke beobachtete am Flaschenkork nur die toten Wände, welche die Korkzellen begrenzen. Den Aufbau der lebenden Zelle erkennen wir an dünnen Schnitten durch Teile der lebenden Pflanze. Der mittlere Durchmesser der Zellen beträgt meist nur $^1/_{10}$ bis $^1/_{100}$ mm. Die *Zellwand* oder *Zellhaut* umschließt eine zähflüssige, meist farblose Masse, deren Beschaffenheit mit Hühnereiweiß vergleichbar ist. Man bezeichnet sie als *Protoplasma,* »Urbildungsstoff« (gr. protos = erster, plasma = Gebilde). Im Protoplasma ist ein dichteres, meist kugeliges Gebilde enthalten, der *Zellkern.* Junge Zellen sind vom Protoplasma ganz ausgefüllt. In älteren Zellen dagegen entstehen Hohlräume, sog. *Vakuolen,* die mit Zellsaft gefüllt sind. Die Zellwände werden stets in dünner Schicht von einem Plasmamantel überzogen. Manchmal durchsetzen feine Plasmastränge den Zellsaftraum, dann hängt der Kern oft in der Mitte der Zelle »wie eine Spinne im Netz«. Häufig ist der Kern im plasmatischen Wandbelag eingebettet, und die Zelle enthält dann nur einen einzigen großen Saftraum. Im Plasma finden sich winzige Körperchen von verschiedener Gestalt, die *Plastiden* (gr. plastos = geformt). Die farblosen Plastiden bezeichnet man als *Leucoplasten* (gr. leucos = weiß, farblos), die gefärbten als Farbstoffträger oder *Chromoplasten* (gr. chroma = Farbe). Besonders auffällig sind die grüngefärbten Chlorophyllkörner oder *Chloroplasten.* Sie finden sich in allen assimilierenden Zellen. Lebhaft gelb oder rot gefärbte Farbstoffträger kommen z. B. in den Zellen der buntgefärbten Kapuzinerblüten, der Hagebutte und der Vogelbeere vor. In den farblosen Leucoplasten wird häufig Assimilationsstärke abgelagert. Gestalt und Bau dieser Körnchen sind oft so charakteristisch, daß man mikroskopisch die Pflanze bestimmen kann, in der sie gebildet wurden (s. S. 138). Für die Lebensmitteluntersuchung ist diese Tatsache von großer Bedeutung. — In den Zellen der Frucht- und Samenschalen werden auch kleine Eiweißkörperchen abgelagert. So enthält die »Kleber- oder Aleuronschicht« dicht unter der Samenhaut der Getreidekörner Ei-

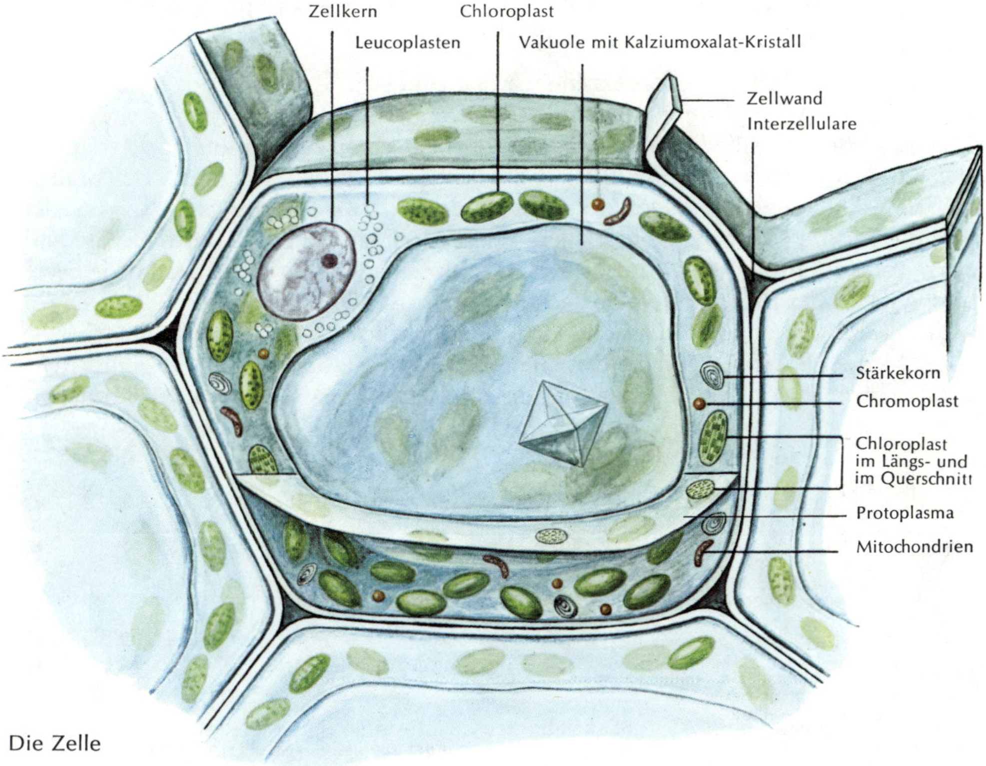

Die Zelle

weiß. (Warum ist Vollkornbrot als Nahrungsmittel wertvoller als gewöhnliches Schwarzbrot?). — Schließlich sind noch die *Mitochondrien* (gr. mitos = Faden, chondros = Knorpel) zu erwähnen, kleine, stäbchenförmige oder gekrümmte Gebilde.

Die Eigenschaften und Aufgaben der Zellbestandteile

Plasma und Kern: Das Plasma besteht zu etwa 80% aus Wasser, der Rest zum größten Teil aus Eiweiß. Wird das Wasser entzogen, so geht das Plasma in vielen Fällen zugrunde, nur manchmal verfallen Zellen dadurch in einen Erstarrungszustand. So ist z. B. in den Zellen der Samen verhältnismäßig wenig Wasser enthalten. Bei Wasserzufuhr (Bd. I, S. 10) findet zuerst eine Quellung statt. Dann erst erwacht das Plasma zu neuem Leben: die Samen beginnen zu keimen. An den Blattzellen der Wasserpest, an Moosblättchen u. ähnl. kann man beobachten, wie die grünen Chlorophyllkörnchen ähnlich kleinen Booten auf den Plasmasträngen und dem Wandbelag dahingleiten. Die Strömung des Plasmas weist auf ein wesentliches Kennzeichen des Lebens hin: die Bewegung. Aber auch andere bedeutsame Lebensvorgänge wie Stoffwechsel, Wachstum und Vermehrung spielen sich im Bereich der Zelle ab.
Alle Vorgänge im Plasma werden vom Kern gesteuert. Er stellt eine Art »Befehlsstelle« der Zelle dar. Zellkern und Plasma sind ohne einander nicht lebensfähig. Der Zellkern wird bei der Zellteilung sorgfältig geteilt. Er enthält, wie wir heute sicher wissen, die Anlagen oder *Gene* (lat. genere = hervorbringen), durch welche die Eigenschaften der Ausgangszelle weitergegeben werden.

Plasmaeinschlüsse: Die Chloroplasten enthalten Blattgrün, das eine Voraussetzung für den Ablauf der Assimilation bildet. Die Leucoplasten speichern oft die durch die Assimilation erzeugte Stärke, und die Mitochondrien besitzen Enzyme, die der Zellatmung und Energiegewinnung dienen.

Zellsaft: Abgeschnittene Pflanzenteile werden bald schlaff, sie welken. Wenn man sie rechtzeitig ins Wasser stellt, bekommen sie ihre ursprüngliche Festigkeit wieder. Die Pflanze verdunstet ständig Wasser, das vor allem aus dem Zellsaft ihrer Zellen stammt. Bei reichlicher Wasserversorgung sind die Zellwände durch den Druck der prall gefüllten Vakuole gespannt. Der Zellsaftdruck oder *Turgor* (lat. turgere = anschwellen) gibt der Pflanze eine gewisse Festigkeit. Der Zellsaft ist manchmal durch gelöste Farbstoffe rot, violett oder blau gefärbt, z.B. in den Zellen der Kirschen, der Heidelbeeren und in denen der Blüten von Rose und Rittersporn. Außerdem sind im Zellsaft Zucker, Mineralsalze und andere Stoffe enthalten. Gelegentlich werden sogar kleine Kristalle abgeschieden. So finden wir in den Blattstielzellen des Schiefblatts (Begonie) regelmäßig Kristalle aus Kalziumoxalat und in den Blättern der Gräser »Kieselkörper«.

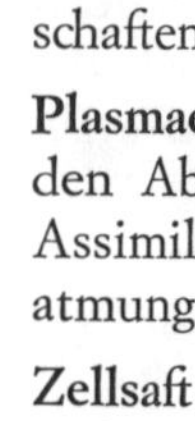

Raphidennadeln aus einem Tradescantienblatt (vergr.)

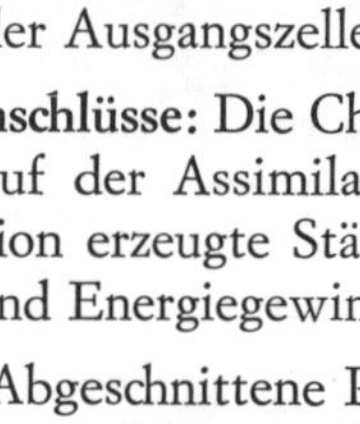

Kalziumoxalat-Kristalle in Blattstielzellen der Begonie (250× vergr.)

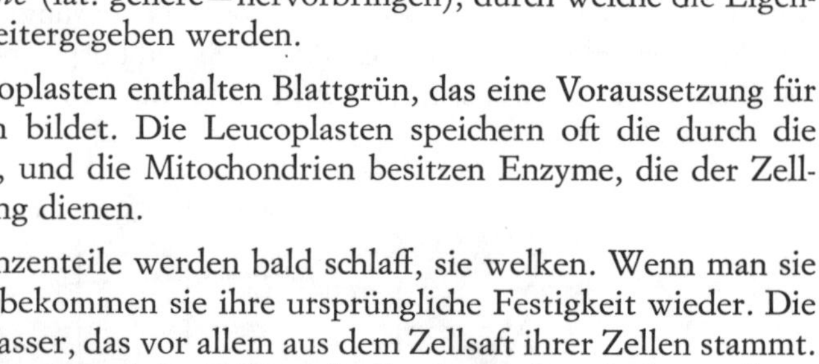

Stärkekörner: Weizen (1); Hafer (2); Bohne (3); Kartoffel (4) Zwillingskörner der Kartoffel (5); Mais (6) (400× vergr.)

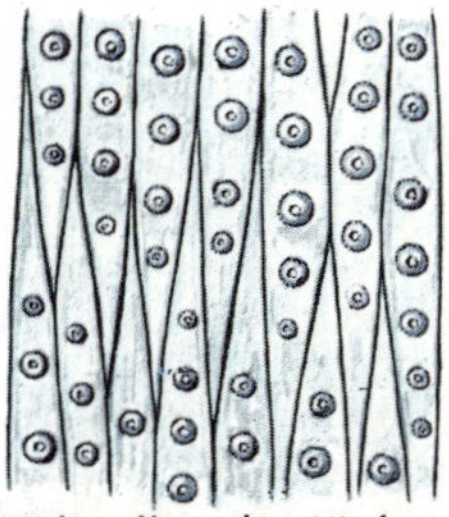

Holzzellen der Kiefer
Längsschnitt (70× vergr.)

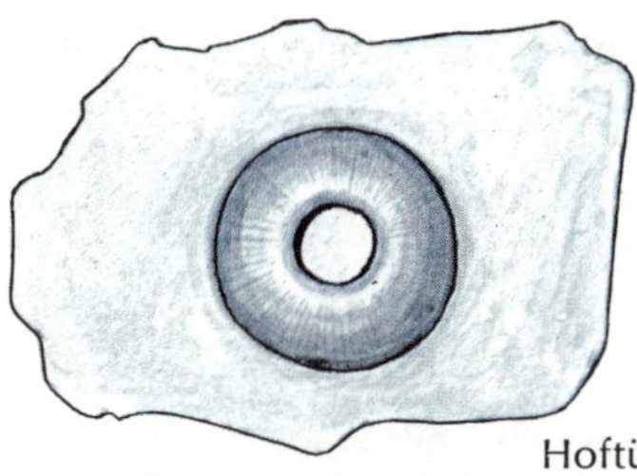

Hoftüpfel
Flächenansicht (500× vergr.)

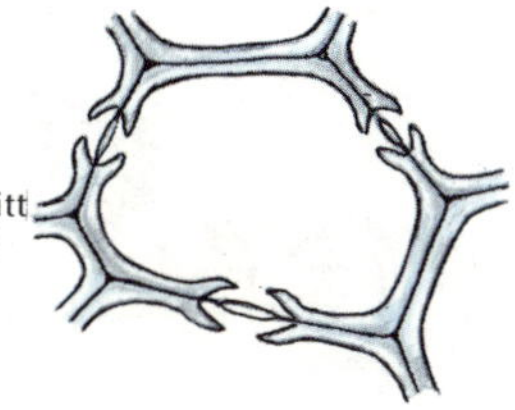

Holzzelle
im Querschnitt
(250× vergr.)

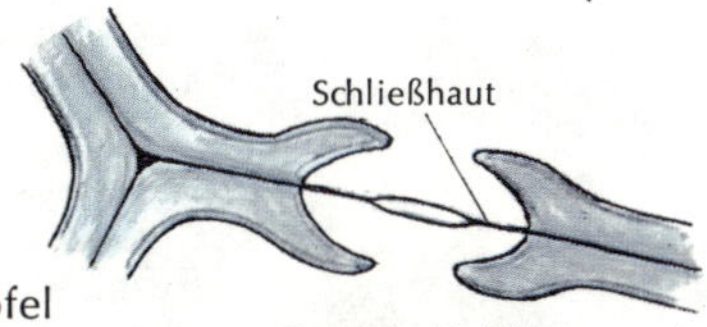

Querschnitt (500× vergr.)

Zellwand: In der Regel erhalten die Zellen durch die Zellwand eine bestimmte Gestalt. Bei jungen Zellen ist die Wand äußerst zart, sie besteht aus Zellulose oder Zellstoff. Durch den Druck des Zellsaftes werden die Wände versteift. Wasser und darin gelöste Stoffe können durch die dünne Zelluloseschicht leicht von einer Zelle zur andern gelangen. Aber nur sehr einfach gebauten Gewächsen gibt die Zellwandspannung genügend Festigkeit. Meist werden die Zellwände durch Anlagerung von Zellulose, Holzstoff, Kork und anderen Stoffen verstärkt. Zellen mit verholzten Wänden bedingen die Festigkeit der Baumstämme. Wasser- und luftundurchlässige »Korkzellen« bilden einen wirksamen Verdunstungsschutz in den Rindenschichten vieler Bäume (Korkeiche) und in der Haut der Kartoffelknolle. Der Abschluß darf aber nicht völlig undurchlässig sein (weshalb wohl?). Auch als Wundverschluß beim herbstlichen Laubfall werden »Korkzellen« verwendet (s. S. 22).
Verstärkte Zellwände erschweren den Stoffaustausch. Daher werden in den Zellen, in denen Stoffe geleitet und ausgetauscht werden, ring-, schrauben- oder netzförmige Verdickungsleisten gebildet. Die mächtig entwickelten Wände der *Steinzellen* (Birne, Nußschalen u. dgl.) werden von feinen Kanälen durchsetzt, die im Querschnitt wie *»Tüpfel«* aussehen. Im Holz der Nadelbäume erkennt man an den Zelltüpfeln kleine konzentrische Kreise. Man nennt sie Hoftüpfel. Bei der Verstärkung der Zellwand wurden zunächst kreisförmig begrenzte Flächen ausgespart. Die weiter angelagerten Schichten greifen jeweils etwas über die darunter liegende Schicht, so daß schließlich nur eine ganz kleine Öffnung übrig bleibt. In der Aufsicht erscheint sie daher wie von einem dunkleren Hof umgeben. — Durch die teilweise unverdickt

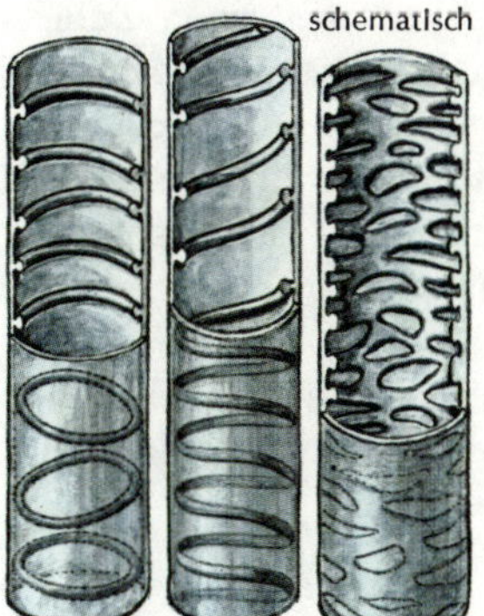

ring-, schrauben- u. netzförmige
Zellwandverdickungen
(etwa 240× vergr.)

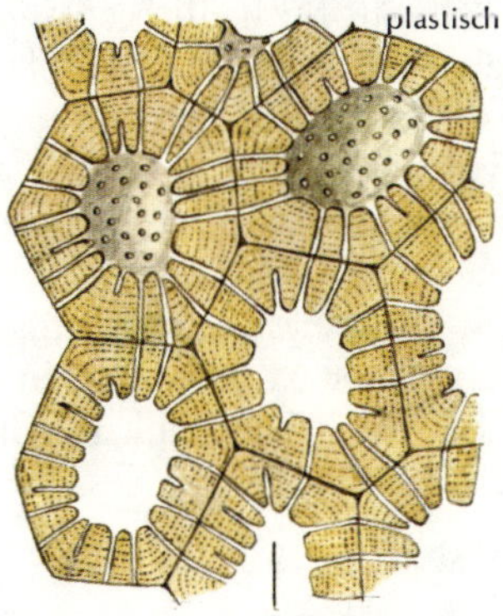

gefärbte
Steinzellen des Kirschkerns
(etwa 600× vergr.)

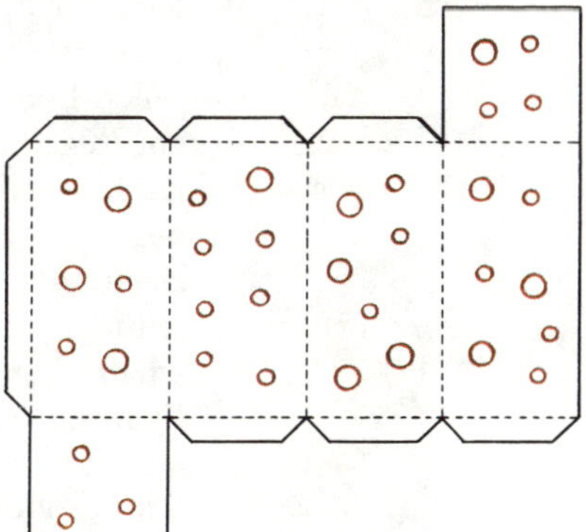

Klebemodell
einer getüpfelten Zelle

gebliebene Wand kann das Wasser in die benachbarten Zellen übertreten. Feine Plasmafäden, die sich besonders in den Tüpfelwänden lebender Zellen finden, erleichtern zusätzlich den Stoffaustausch.

KLEBEMODELLE: 1. Zelle mit einfachen Tüpfeln: Die Faltfigur der Abb. auf S. 139 wird zweimal aus starkem und einmal aus dünnem Papier ausgeschnitten. Die starken Bögen legen wir genau übereinander und stanzen mit einem Locheisen Öffnungen heraus. Zwischen die gelochten Bögen kleben wir das dünne, durchsichtige Papier, falten längs der Linien und kleben das Ganze zur »Zelle« zusammen.
2. Einseitig behöfter Tüpfel: Stärkere Kartonstücke werden mit kreisförmigen Ausschnitten von verschiedenem Durchmesser versehen. Wir kleben sie so zusammen, daß die Öffnungen mit kleiner werdendem Durchmesser übereinander liegen. Die größte Öffnung wird schließlich mit dünnem Papier überklebt und in die Mitte eine kleine Scheibe aus stärkerem Karton eingesetzt.

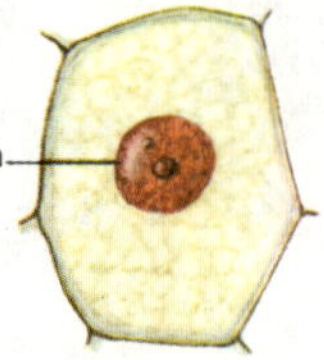

Zelle vor der Teilung

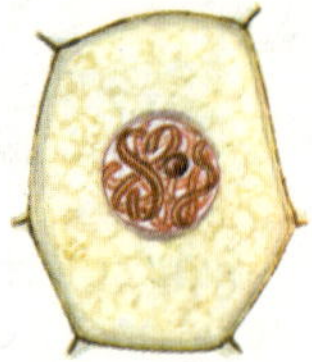
Die Chromosomen (schon mit Längsspalt) entwirren

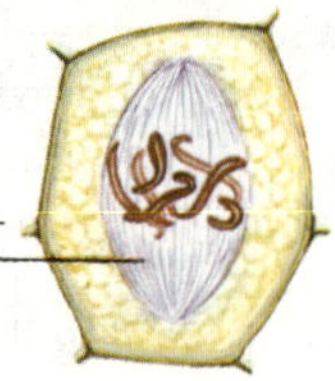

und ordnen sich.

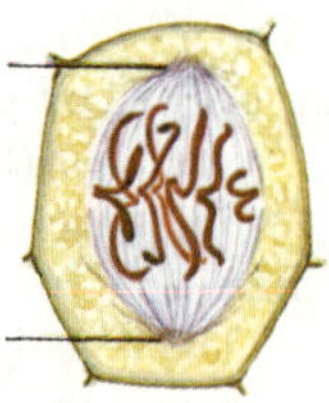

Die Chromosomen teilen sich der Länge nach und

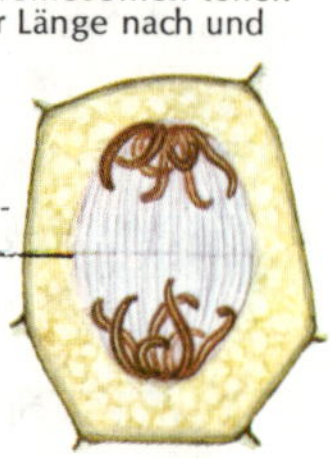

wandern zu den Spindelpolen. Es bildet sich

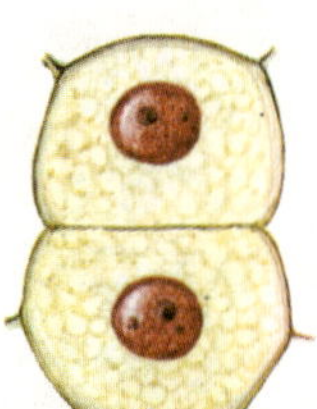
eine Scheidewand zwischen den zwei neuen Zellen (Zellen gefärbt)

Wachstum und Zellteilung

Im Gegensatz zu den Tieren wachsen die Pflanzen, solange sie leben. Eine Größenzunahme der bereits vorhandenen Zellen ist aber nur in beschränktem Maße möglich, so daß das Wachstum in der Regel mit einer Vermehrung der Zellen verbunden ist. Diese Vermehrung erfolgt durch Teilungen von Zellen, wobei aus je einer »Mutterzelle« zwei »Tochterzellen« hervorgehen. Diese sind nur halb so groß wie die Ausgangszelle, sie können wachsen und sich nach einiger Zeit erneut teilen.

Bei der Zellteilung erfährt der Kern auffällige Veränderungen. Im »Ruhezustand« umschließt eine dünne Membran das *Chromatingerüst,* das wiederum in der *Kernflüssigkeit* eingebettet ist. Oft finden sich im Innern ein oder mehrere *Kernkörperchen.* Zu Beginn der Zellteilung löst sich die *Kernmembran* auf und aus dem Chromatingerüst entstehen die Kernschleifen oder *Chromosomen.* Im Plasma bildet sich eine merkwürdig aussehende, spindelähnliche Figur aus winzigen, feinen Fäden, die *Kernspindel.* Die Chromosomen ordnen sich zunächst in der Mitte dieser Spindel an und teilen sich schließlich in der Längsrichtung. Dann rücken die Chromosomenhälften auseinander und wandern zu den »Polen« der Spindelfigur. Schließlich entsteht in der Mitte der Zelle eine neue Scheidewand, die das Protoplasma teilt. In den Tochterzellen bilden sich aus den Chromosomen wieder neue Kerne.

Im Regelfall ist die Zellteilung immer mit einer Umbildung des Kernes verbunden. Dadurch werden die auf den Chromosomen liegenden Erbanlagen oder Gene gleichmäßig den Tochterzellen zugeteilt. Auch im tierischen Organismus verlaufen die Zellteilungen in ähnlicher Weise, ein Hinweis auf die Verwandtschaft aller Lebewesen. Die Zahl der Chromosomen ist für jede Pflanzen- und Tierart konstant.

Die Gewebe

Die mikroskopische Untersuchung zeigt, daß der Körper einer Pflanze in der Regel aus verschieden gestalteten Zellen besteht.

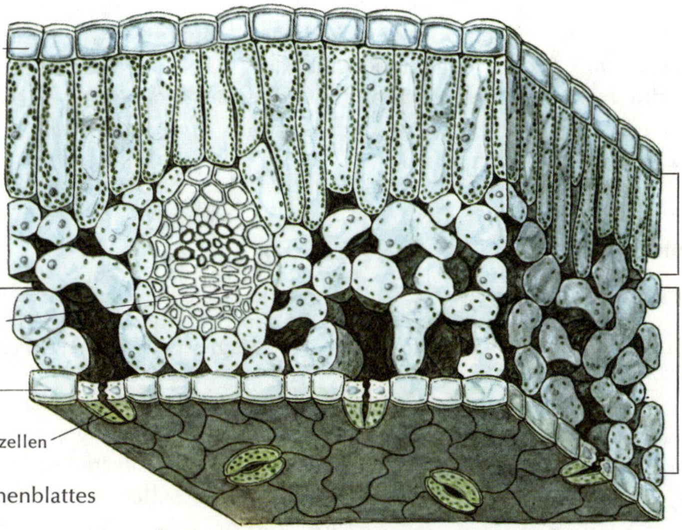

Blockbild eines Buchenblattes
(400× vergr.)

Gleichaussehende und ähnlich gebaute Zellen sind häufig zu größeren Verbänden zusammengefaßt, die man als Gewebe bezeichnet (Beobachtungsaufg. S. 136). Die Organe der Pflanzen (s. Bd. I, S. 59 ff.), wie Blätter, Stengel und Wurzeln, sind aus mehreren verschiedenen Gewebearten aufgebaut, die zu einer Leistungseinheit zusammengefaßt sind (s. Bd. I, S. 59 ff.). An einem Querschnitt durch ein Laubblatt können wir die wichtigsten Gewebe einer Pflanze erkennen: Hautgewebe, Grundgewebe, Stütz- und Leitgewebe. Alle Zellen in den Bildungsgeweben gehen aus einfachen Grundformen hervor. Ihre endgültige Gestalt erhalten sie im Laufe der weiteren Entwicklung, sie werden dadurch dem besonderen Verwendungszweck im Körper angepaßt. Eine im Prinzip ganz ähnliche Spezialisierung der Zellen, eine *Differenzierung,* erfolgt auch bei der Entwicklung eines tierischen Organismus.

Hautgewebe

Die außen liegenden Hautzellen der Epidermis schützen die inneren saftreichen Gewebe vor Austrocknung und Verletzung. Die Zellen liegen dicht beieinander, ihre Außenwand ist in den meisten Fällen verstärkt. Eingelagerte Stoffe, z. B. *Kutin,* Wachs, machen die Zellwand weitgehend undurchlässig für Luft und Wasserdampf. Verdunstung und Gasaustausch dürfen aber nicht völlig unterbunden werden. Daher befinden sich auf der Unterseite der Blätter im Hautgewebe zahlreiche winzige *Spaltöffnungen,* oft mehrere Hundert pro Quadratmillimeter. Sie können durch halbmondförmige *Schließzellen* geöffnet und geschlossen werden. Mit ihrer Hilfe kann die Verdunstung und der Gasaustausch geregelt werden. Auf der Oberhaut stehen oft einzellige oder mehrzellige Haare, die gegen Tierfraß (s. Brennhaare der Brennnessel S. 125) und zu intensive Lichteinstrahlung schützen.

Grundgewebe

Der größte Teil des Blattes besteht aus dem Parenchym, chlorophyllhaltigen, dünnwandigen Zellen, in denen die Assimilation stattfindet. Gegenüber der »Grundform« im Bildungsgewebe haben sie die geringsten Veränderungen erfahren. Man bezeichnet derartige Zellverbände als Grundgewebe. Auch in anderen Pflanzenorganen finden wir diese wenig differenzierten Zellen häufig. Im Blatt lassen sich meist zwei Schichten unterscheiden. Im *Palisadengewebe* liegen langgestreckte, mit zahlreichen Chloroplasten erfüllte Zellen eng nebeneinander. Das *Schwammgewebe* zeichnet sich dagegen durch unregelmäßig gestaltete Zellen aus, die weniger Blattgrün enthalten. Zwischen ihnen befinden sich besonders große *Zwischenzellräume* (Interzellularen), die der Durchlüftung dienen.

Stütz- und Leitgewebe

AUFGABEN: 1. Stelle beblätterte Teile einer krautigen Pflanze in Wasser, das mit roter Tinte angefärbt wurde. Beobachtung? — 2. Prüfe Blattgewebe mit starken »Adern« mit einer Pinzette auf seine Reißfestigkeit. — 3. Vergleiche damit die Festigkeit von zartem Blattgewebe ohne größere Adern.

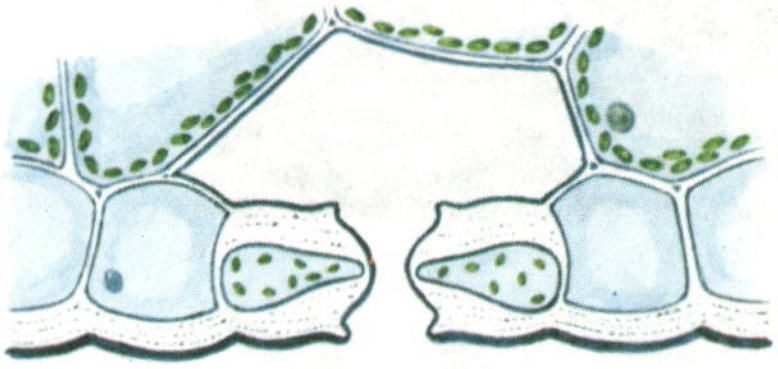
Schließzelle offen

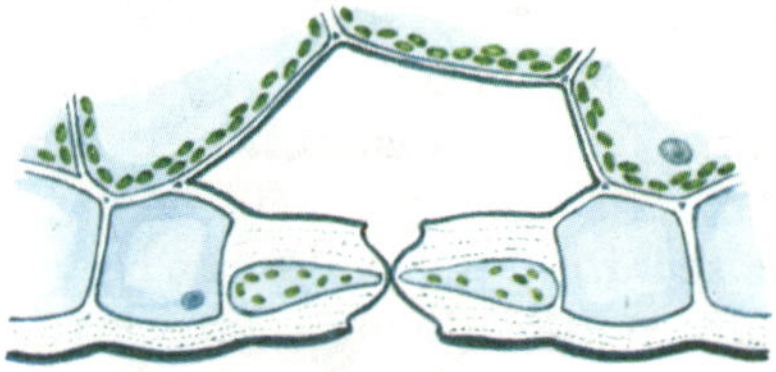
und geschlossen (etwa 1000× vergr.)

Durch das Grundgewebe der Blätter ziehen sich Stränge aus dickwandigen, langgestreckten Zellen. Sie bilden die Blattadern oder »Blattnerven«. Manche dieser Zellen leiten Wasser, gelöste Nährsalze und organische Stoffe. Außerdem dienen sie der Festigung. Andere Zellen haben nur die Aufgabe, den Pflanzenkörper zu versteifen. Die Zellen werden mitunter mehrere Zentimeter lang.

In den Strängen finden sich Zellen, deren Protoplasma abgestorben ist und deren Querwände zum Teil aufgelöst wurden. Sie bilden in der Pflanze ein Netz von Röhrenleitungen, in denen der Wassertransport stattfindet. Die verholzten Wände dieser Röhren oder *Gefäße* sind mit ring-, schrauben- oder netzförmigen Verdickungen versehen. — Langgestreckte, spindelförmige Zellen mit stark verdickten Wänden sind zu zugfesten Faserbündeln vereinigt. Außerdem finden sich langgestreckte, große, zylinderförmige Zellen, die mit schräggestellten Endwänden aneinanderstoßen. Da sie von zahlreichen Poren durchsetzt werden, nennt man die Zellen *Siebröhren* und ihre Endwände Siebplatten. Die Siebröhren transportieren die im Grundgewebe gebildeten organischen Nährstoffe wie Zucker und Eiweiß.

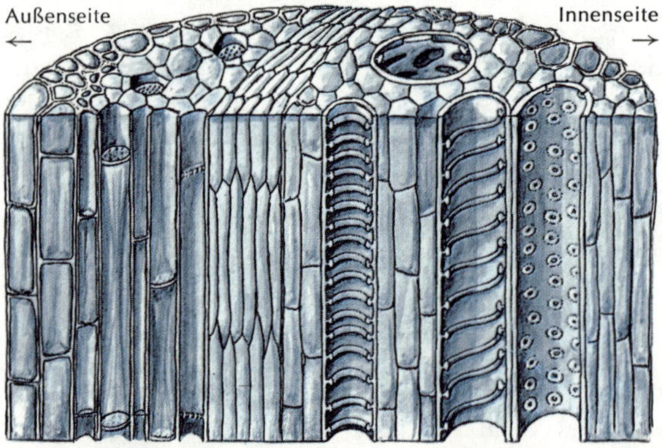

Blockbild eines Leitbündels (320× vergr.)

Gefäße, Festigungszellen und Siebröhren bilden *Leitbündel,* die alle Teile der Pflanze durchziehen. Die notwendige Zellvermehrung erfolgt im *Kambium,* einem Bildungsgewebe zwischen Rinde und Holz. In den Stämmen der Bäume werden im Frühjahr besonders weite Gefäße angelegt, da große Mengen an Säften transportiert werden müssen. Im Spätsommer aber genügen engere. Durch den Wechsel in der Bildung enger und weiter Gefäße im Holzteil der Bäume entstehen die *Jahresringe.*

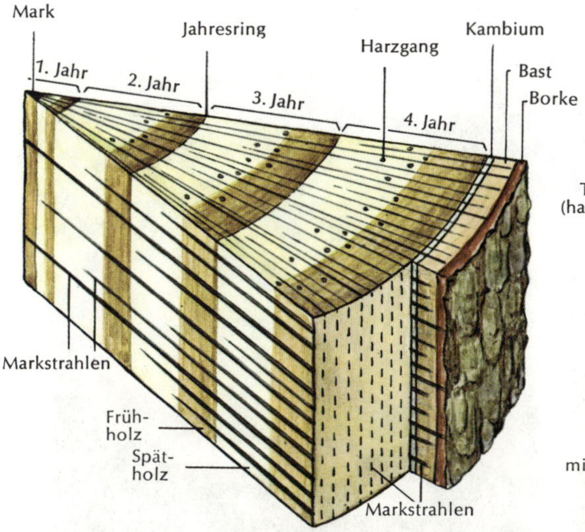

Keil aus einem Kiefernstamm
(6× vergr.)

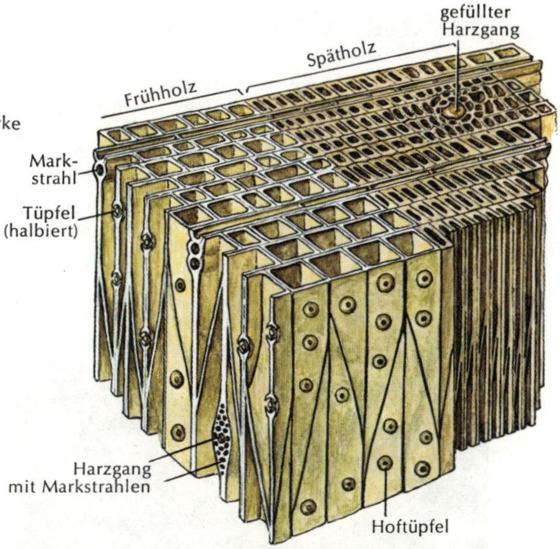

schemat. Ausschnitt aus einem Kiefernstamm
(150× vergr.)

Zusammenfassende Beobachtungsaufgaben über den Feinbau der Pflanze (auch für botanische Arbeitsgemeinschaften geeignet)

1. Stelle von Pflanzen, die an verschiedenen Standorten wachsen, Längs- und Querschnitte durch Wurzeln, Stengel und Blätter her und untersuche sie auf ihren Feinbau. Achte vor allem auf die verschiedene Ausbildung der Zellformen in den Geweben. Halte die Ergebnisse des Vergleiches in Zeichnungen fest. — 2. Untersuche mit dem Mikroskop die Haarbildungen an den Blättern und Stengeln verschiedener Pflanzen. Vergleiche! Versuche ihre Entwicklung festzustellen. Welche Pflanzenzellen werden zu Haaren umgebildet? — 3. Bestreiche die Unterseite eines Laubblattes mit dünnflüssigem, raschtrocknendem Zaponlack. Hebe nach dem Trocknen die gebildete Haut vorsichtig mit einer Pinzette ab und untersuche sie unter dem Mikroskop bei kleiner Blende. — 4. Stelle nach dem Verfahren der Aufgabe 3 den Öffnungszustand der Spaltöffnungen verschiedener Pflanzen fest. Versuche festzustellen, welchen Einfluß Standort, augenblickliche Wasserversorgung und die herrschende Sonneneinstrahlung auf die Öffnung und Schließung der Spalte ausüben.

Längsstruktur des Holzes an abgebrochenem Fichtenstamm

Jahresringe der Fichte

Freistehende Kiefer

Samenüberhälter

Unter Nacktsamern versteht man Samenpflanzen, deren Samenanlagen nicht von Fruchtblättern umschlossen werden. Zu ihnen gehören unsere Nadelhölzer. Die Zahl der bei uns vorkommenden Arten ist zwar gering, ihr Anteil am Baumbestand jedoch bedeutend. Die widerstandsfähigen Nadelbäume stellen geringere Ansprüche an Boden und Klima als die bisher besprochenen Laubbäume. Daher dringen sie im Gebirge in höhere Lagen vor und sind in Gebieten mit härterem Klima vorherrschend (vgl. die Vegetationszonen von Osteuropa! Suche andere Beispiele!). Nadelbäume wachsen in der Regel schneller heran und werden daher bevorzugt in den Forsten angepflanzt.

Die Kiefer oder Föhre (Pinus sylvestris)

Die sehr anspruchslose Kiefer ist über ganz Mittel- und Osteuropa verbreitet. Besonders die mageren Sandflächen tragen ausgedehnte Bestände. Man kann die Kiefer als *Trockenlandpflanze* bezeichnen. Sie nimmt etwa 40% der Waldfläche Deutschlands ein.

Stamm und Krone: Die Krone des raschwüchsigen Baumes ist zunächst pyramidenförmig. Später breitet sie sich auf schlankem Stamm schirmartig aus. Die Kiefer erreicht eine Höhe bis zu 40 m und in einzelnen Fällen ein Alter von mehreren Hundert Jahren. Die Umtriebszeit (s. S. 157) beträgt etwa 80 Jahre.

Wurzel: Die lange Pfahlwurzel verankert den Baum auch in lockerem Sandboden und holt das Wasser aus großer Tiefe. Reich verzweigte Seitenwurzeln nehmen Wasser aus den oberflächlichen Bodenschichten auf.

Man hat berechnet, daß die Länge der aneinandergelegten Wurzeln einer Kiefer 400 000 km betragen kann, d. i. das Zehnfache des Erdumfanges. Im Mikroskop findet man merkwürdigerweise keine Wurzelhaare an den Wurzelspitzen. Dafür umspinnt sie ein dichtes Geflecht feiner Pilzfäden. Sie führen an Stelle der fehlenden Wurzelhaare dem Baum nährsalzreiches Wasser zu, bilden also eine Pilzwurzel oder *Mykorrhiza* (gr. mykos = Pilz, rhiza = Wurzel). Von der Kiefer erhalten die Pilze organische Stoffe, wie Stärke und Zucker. Sie leben mit ihr in einer Art Symbiose.

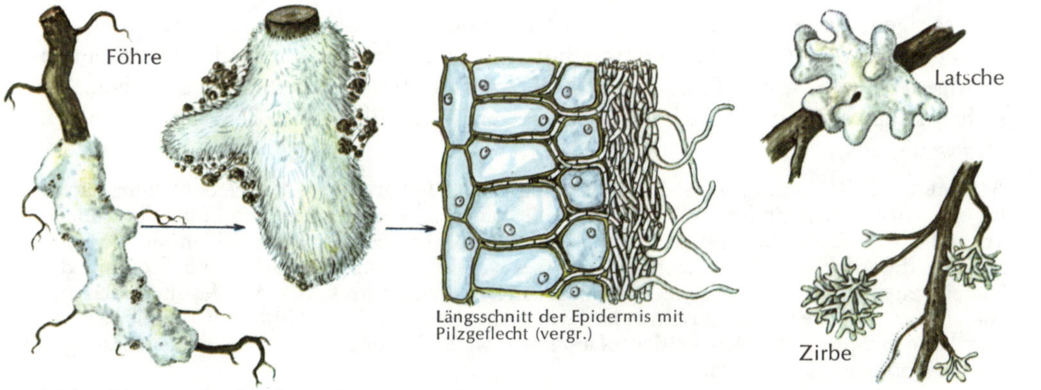

Mykorrhiza an verschiedenen Baumwurzeln

Langtriebe und Kurztriebe: Die etwa 6 cm langen Blätter entspringen paarweise an einem kleinen Zweig, dem Kurztrieb, der von den Resten eines silbrigen Häutchens umgeben ist. Diese Kurztriebe stehen in großer Zahl an langgestreckten Zweigen, den Langtrieben.

Die Nadeln, deren lederartige Oberhaut von einer Wachsschicht überzogen ist, haben eine kleine Oberfläche. Die Spaltöffnungen liegen windgeschützt in Längsrillen. Da die saftführenden Adern in den isolierenden Schichten des Blattgewebes verlaufen, sind sie äußerlich nicht zu erkennen.

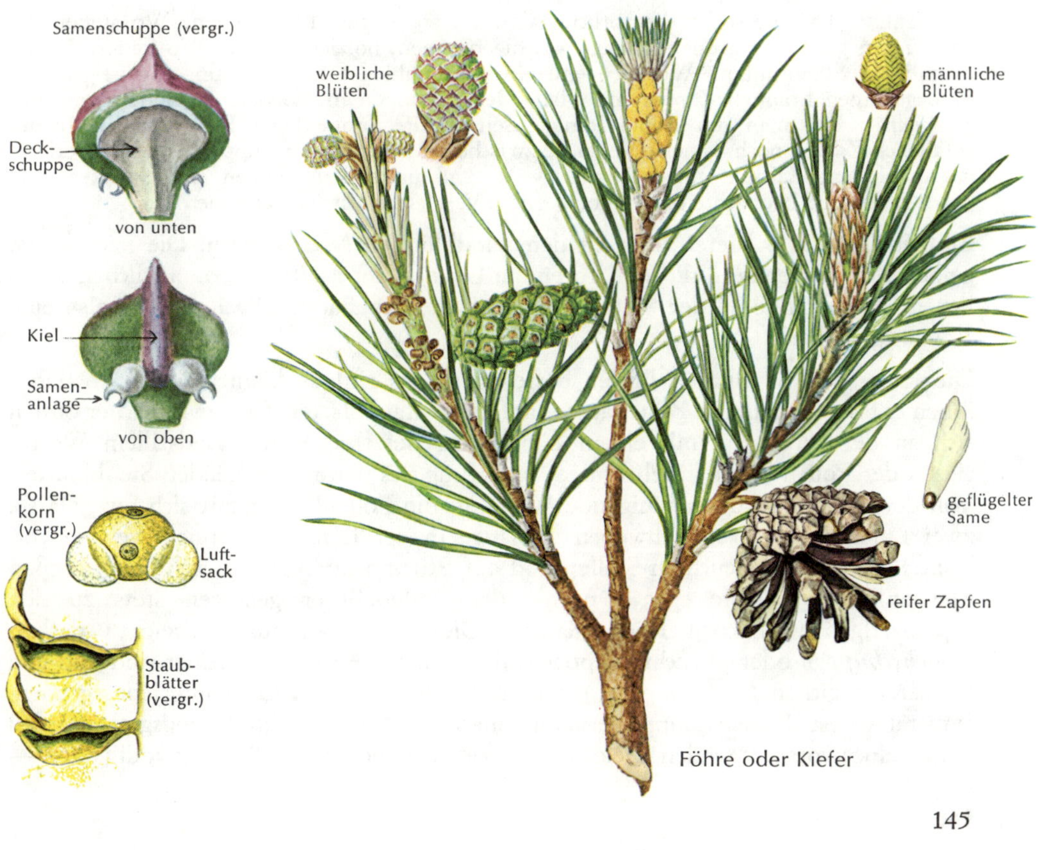

Föhre oder Kiefer

Die saftigen, jungen Langtriebe, die »Maitriebe«, sind sehr zart und brauchen daher einen besonderen Verdunstungsschutz. Jedes Nadelpaar ist zunächst von einem silbrigen Häutchen, der Trieb von fein zerfransten, braunen Schuppen umgeben. Sie stehen anfangs senkrecht nach oben und setzen so die Blattfläche den Sonnenstrahlen nur wenig aus.

AUFGABEN: 1. Beobachte, wie sich die Stellung junger Langtriebe (»Maitriebe«) einer Kiefer in einigen Wochen ändert. Welche Vorteile bietet die anfängliche Stellung der jungen Triebe? — 2. Löse die braunen Schuppen eines Maitriebes ab. Wie fühlen sie sich an? Schlitze die silbrige Hülle eines Nadelpaares vorsichtig auf. Beobachte die Stellung der Nadeln zueinander und zeichne die Form ihres Querschnittes. — 3. Warum fallen die Nadeln eines Paares nicht auseinander, wenn du die bräunliche Hülle entfernst? Zeichne den kleinen Sproß mit den beiden Nadeln. — 4. Stelle in Stichworten die Anpassungen an den trockenen Standort zusammen.

Alle diese Einrichtungen verhüten zu starke Verdunstung. So kann die Kiefer mit den geringen Wassermengen dürftiger Sandböden auskommen. Die austrocknenden Seewinde der Küsten können ihr nichts anhaben. Nur »duckt sich« der hier stets kurze Stamm unter dem ständigen Winddruck und die Krone wird oft »einseitig«. Die Föhre gedeiht, wie viele andere Trockenlandpflanzen, auch auf Moorboden. »Mitten im Naß« müssen die Pflanzen dieses Standorts mit Wasser sparen (s. S. 176). Der Bodenfrost im Winter schadet der Kiefer nicht. Etwas Schnee bleibt auf den schmalen Nadeln liegen und bewahrt sie vor dem Austrocknen. Bei lang anhaltendem Frost können die dicken, biegsamen Zweige unter der Last brechen.

Die Kiefer, ein windblütiger Nacktsamer

AUFGABEN: 1. Untersuche die rötlichen Zapfen an jungen Triebspitzen. Wo stehen die nach unten geneigten grünen Zapfen, wo die braunen, holzigen? — 2. Wo findest du die männlichen Staubblüten? Wodurch entstehen die kahlen Stellen an jungen Zweigen? — 3. Lege einen braunen Zapfen mit klaffenden Schuppen in Wasser. Veränderung? Was geschieht, wenn man ihn danach einige Zeit in die Sonne legt? Enthalten die herabgefallenen Zapfen noch Samen? Versuche zwischen den holzigen Schuppen Samen unverletzt herauszuholen. Zeichne einen davon. — 4. Laß unverletzte Samen einige Meter nach unten fallen und beobachte die Flugbewegung. Vergleiche mit Fichtensamen.

Blütenstände: Die Kiefer zählt zu den windblütigen Nacktsamern. Die männlichen gelben Blüten stehen in dichten Ähren am Grunde der Maitriebe, die rötlichen weiblichen Blütenstände an der Spitze, beide am gleichen Baum. Die Kiefer ist also eine einhäusige Pflanze.

Die Hülle der männlichen Blüten besteht nur aus einigen kleinen Schuppen. Über ihnen entspringen an der Blütenachse zahlreiche Staubblätter. Ihre zwei Fächer öffnen sich an der Unterseite mit einem Längsspalt. Bei trockenem, windstillem Wetter rieselt der Pollen in die löffelförmige Vertiefung des darunterstehenden Staubblattes. Von dort nimmt schon aufsteigende Warmluft die Pollenkörner mit sich fort. Da sie zwei Luftsäcke besitzen, schweben sie lange in der Luft und können weithin verbreitet werden. An feuchten Stellen und auf Pfützen sammeln sie sich oft in großen Mengen als »Schwefelregen«. Einige der Pollenkörner gelangen stets zu den zapfenartigen weiblichen Blütenständen. Diese bestehen aus zahlreichen derben *Samenschuppen* oder »Fruchtschuppen«, die an einer Achse angeordnet sind und von kleineren weichen *Deckschuppen* getragen werden. Auf der Oberseite jeder grünen, rotgeränderten Samenschuppe erkennt man mit dem Vergrößerungsglas an den Seiten eines vorspringenden Kieles je eine kleine Samenanlage. Sie liegt völlig offen —

»nackt« — da. Die Pollenkörner können also zwischen den Schuppen unmittelbar zu ihr gelangen: *Nacktsamer.*

Merke: Die Kiefer ist ein einhäusiger Windblütler mit getrenntgeschlechtigen Blüten. Die Samenanlagen liegen frei auf den Samen- oder Fruchtschuppen.

Befruchtung und Samenbildung: Merkwürdigerweise entwickeln die Pollen erst ein Jahr nach der Bestäubung den Pollenschlauch und befruchten die Eizelle der Samenanlage. Zu dieser Zeit neigen sich die Zapfen nach unten, die Schuppen legen sich fest aufeinander und verkleben mit Harz, so daß die empfindlichen Samenanlagen gut geschützt sind. Während des zweiten Jahres verholzt der Zapfen und wird braun. Im dritten Frühjahr, zwei Jahre nach der Bestäubung, spreizen die verholzten Schuppen bei trockenem Wetter auseinander. Die geflügelten Samen fallen heraus und werden vom Wind fortgetragen. Bei feuchter Witterung legen sich die Schuppen wieder fest aneinander (Bedeutung?). Schließlich fallen die mehr oder weniger entleerten Samenzapfen ab.

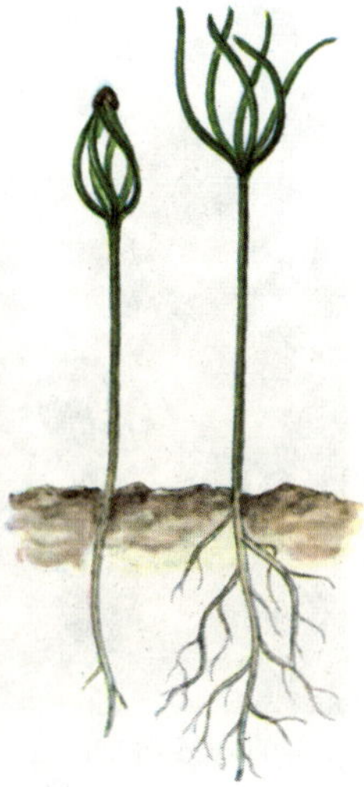
Keimlinge der Föhre

Auf Kahlschlägen läßt der Förster meist einige Kiefern als »Samenüberhälter« stehen, um die natürliche Aussaat zu sichern. Sie geben mit ihren schönen Schattenrissen den Waldlichtungen ein eigentümliches Gepräge (s. Abb. S. 144).

Entwicklung des Baumes aus dem Samen: In forstlichen Pflanzgärten läßt sich die Entwicklung des Samens leicht beobachten. Ein kurzer Stiel treibt meist fünf Keimblätter, deren Spitze zunächst noch durch die hochgehobene Samenschale zusammengehalten wird. An der rasch in die Tiefe vordringenden Pfahlwurzel entspringen bald reichverzweigte Seitenwurzeln. Am Sproß entsteht erst im 3. Jahr ein Astquirl. Im nächsten Jahr kommt ein neuer Zweigwirtel hinzu, die Seitenäste verzweigen sich in gleicher Weise. An der Anzahl der »Stockwerke« der pyramidenförmigen Krone kann man das Alter des Baumes zunächst leicht feststellen. Im geschlossenen Bestand sterben die unteren Zweige infolge von Lichtmangel allmählich ab. Aus dem »Kiefernjungholz« wird nun das »Stangenholz«.

Zusammenfassung

Die Kiefer ist eine immergrüne Trockenlandpflanze.
Die Pfahlwurzel und reichverzweigte Seitenwurzeln sorgen für Halt in lockerem Boden und sichern zusammen mit einer »Pilzwurzel« die Versorgung mit Nährstoffen und Wasser aus dem Erdreich.
Die derben Nadeln stehen paarweise an Kurztrieben, diese wiederum an quirlständigen Langtrieben.
Die Bestäubung der getrenntgeschlechtigen, einhäusigen Pflanzen geschieht durch den Wind.
Die Kiefer ist ein Nacktsamer, d. h. ihre Samenanlagen liegen frei auf den Samen- oder »Fruchtschuppen« des Blütenzapfens.
»Der Fruchtstand« wächst zu einem holzigen Zapfen heran, aus dem bei trockenem Wetter die geflügelten Samen fallen. Bei der Keimung entstehen 5—7 Keimblätter.

Freistehende Fichten

Tanne

Fichte, Tanne und Lärche

AUFGABEN: 1. Vergleiche Kiefern- und Fichtenzapfen. Beobachte die Stellung reifer Zapfen an Fichten, Kiefern und Tannen. Wie erklärst du die senkrecht stehenden, kahlen Spindeln auf Tannenzweigen? — 2. Stelle die Unterschiede in Größe, Form, Farbe und Anordnung der Nadeln von Kiefer, Fichte, Tanne und Lärche übersichtlich zusammen.

Diese Nadelhölzer sind vor allem im Gebirge bestandbildend. Die Fichte (Picea abies) steigt vom Hügelland bis über die Waldgrenze empor. Sie findet als »Flachwurzler« noch in dünner Bodenkrume zwischen Felsbrocken Halt. Doch bietet sie den Stürmen weniger Widerstand als tieferwurzelnde Bäume, da ihr eine Pfahlwurzel fehlt. Einzeln stehende Fichten besitzen eine regelmäßige, pyramidenförmige Krone. Ihre Zweige reichen fast bis zum Erdboden. In geschlossenen Beständen sterben die unteren Äste des Baumes ab, da die dichte Krone nur wenig Licht durchläßt. Hochwüchsige alte Edeltannen (Abies alba) kann man an ihrer walzenförmigen Krone mit nestartigem Wipfel leicht von den pyramidenförmigen Kronen der Fichten und Lärchen (Larix decidua) unterscheiden.

Wegen ihres weißlich gefärbten Stammes bezeichnet man die Tanne auch als »Weißtanne«, die Fichte wegen der schuppigen, rotbraunen Rinde als »Rottanne«. Alle drei Nadelbäume sind windblütige Nacktsamer mit zapfenartigen Blütenständen (s. Abb. S. 149). Die kurzen, spitzen Fichtennadeln fallen wie die dunkelgrünen, flachen, glänzenden Tannennadeln erst nach 5—8 Jahren ab (immergrüne Bäume), während die zarten, weichen, büschelförmig angeordneten Nadeln der Lärche im Herbst abgeworfen werden. Die Tanne ist besonders leicht an den zwei silberweißen Wachsstreifen an der Unterseite der Nadeln zu erkennen, auch an den an Zweigenden aufrechtstehenden Zapfen und Zapfenspindeln. Sie wirft nämlich ihre Schuppen und die Samen einzeln ab. Bei Fichte und Lärche lösen sich dagegen die reifen Zapfen als Ganzes vom Zweig. Die geflügelten Samen werden durch den Wind und durch Tiere (Eichhörnchen und Häher) verbreitet.

Merke: Alle Nadelhölzer mit zapfenförmigen Samenständen faßt man zur Klasse der Zapfenträger oder Coniferen zusammen (lat. conus = Zapfen, ferre = tragen).

Vergleich von Kiefer, Fichte, Tanne und Lärche

Kiefer	Fichte	Tanne	Lärche
Stamm			
20—40 m hoch, erst rötlich, später graubraun	30—50 m hoch, rötlich »Rottanne«	30—65 m hoch, silbergrau »Weißtanne«	30—50 m hoch, graubraun
Nadeln			
bis 6 cm lang, Querschnitt halbkreisförmig	kurz, vierkantig, auf »Blattkissen« sitzend	kurz, flach, stumpf, mit 2 Wachsstreifen auf der Unterseite	weich, hellgrün, fallen im Herbst ab
paarig an Kurztrieben	einzeln an Langtrieben; spiralige Anordnung	einzeln an Langtrieben; spiralige Anordnung, später scheinbar 2-reihig	einzeln an Langtrieben, büschelig an Kurztrieben
Zapfen			
rundlich, hängend, fallen als Ganzes ab	langgestreckt, hängend, fallen als Ganzes ab	langgestreckt, aufrecht; Samenschuppen fallen einzeln ab	rundlich, bleiben jahrelang am Baum und fallen mit dem Zweigstück ab

Zweig der Lärche

Andere Nacktsamige Gewächse

In den Misch- und Nadelwäldern werden heute auch die aus Nordamerika stammenden *Douglasfichten* (Pseudotsuga taxifolia) und die *Weymouthskiefern* oder Stroben (Pinus strobus) angepflanzt, denn sie wachsen rasch und liefern ausgezeichnetes Holz. — Charakterpflanzen des Hochgebirges sind die *Zirben* oder Arven (P. cembra) und die *Latschen* oder Legföhren (P. mugo). Da die Zirbe ihres schöngemaserten Holzes wegen in Deutschland zu stark eingeschlagen wurde (Wandverkleidungen, Schnitzarbeiten), ist sie jetzt unter Naturschutz gestellt. Der kurze Stamm der Latsche, der wie die Äste zunächst talwärts wächst, richtet sich später auf (»Knieholz«). So können die »Legföhren« auch schwere Schneelast tragen. — Für Heide- und Moorlandschaften und die trockenen Triften der Jurahänge ist der zweihäusige *Wacholder* (Juniperus communis) kennzeichnend. Die Fruchtschuppen wachsen nach der Bestäubung weiter, werden fleischig und schließen die Samen fast völlig ein. Die blauen »Wacholderbeeren« werden zum Würzen und zur Schnapsherstellung (Gin) verwendet. — Der leuchtendrote Samenmantel oder Arillus (s. S. 23) der

Eibe (Taxus baccata), der einzige nicht giftige Teil des niedrigen, ebenfalls zweihäusigen Baumes, wird von Vögeln verzehrt, der Same dabei verbreitet. Der schattenliebende Baum kommt in Oberbayern (Paterzell) und im Jura als Einsprengling im Laubwald vor. Er ist heute selten geworden und daher geschützt. Die Nadelbäume erreichen vielfach ein sehr hohes Alter. So soll die Eibe bis 3000 Jahre alt werden. Für die gewaltigen *Mammutbäume* (Sequoia gigantea) Kaliforniens — Höhe bis 100 m, Durchmesser 12 m — hat man das gleiche Alter errechnet, für die *Borstenkiefer* (P. aristata), die ebenfalls in Kalifornien wächst, gar ein Alter von 4000 Jahren. — Die dunkelernsten *Zypressen* geben mit ihren überschlanken, pyramidenförmigen Kronen der südeuropäischen Landschaft ein besonderes Gepräge. Sie und die auf unseren Friedhöfen gepflanzten *»Lebensbäume«* (Thujaarten) aus Nordamerika tragen statt Nadeln schuppenförmige Blätter.

Vergleich der Samenbildung bei Bedecktsamigen und Nacktsamigen Gewächsen

Die Ränder der Fruchtblätter verwachsen zu einem Fruchtknoten, der eine oder mehrere Samenanlagen völlig umschließt. Aus ihm entsteht die samenhaltige Frucht.

Die Samenanlagen liegen völlig frei oder »nackt« meist auf flachen Samenschuppen, die sich dachziegelartig decken. Durch Verkleben mit Harz werden sie bis zur Reifung der Samen vorübergehend verbunden.

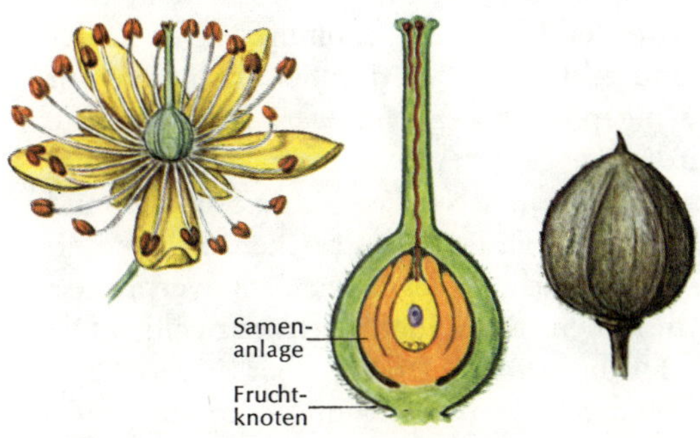

Bedecktsamige Gewächse

Nacktsamige Gewächse

Einteilung der Samenpflanzen

Alle Gewächse, die sich durch Samen vermehren, faßt man zur Abteilung der Samenpflanzen oder Spermatophyta (gr. sperma = Same, phyton = Pflanze) zusammen. Dazu gehören alle bisher betrachteten Pflanzen.

Samenpflanzen, bei denen sich die Samen in einem Fruchtknoten entwickeln, bilden die Unterabteilung der Bedecktsamigen Gewächse oder »Angiospermae« (gr. angeion = Kapsel, Gefäß).

Ihnen stehen als zweite Unterabteilung die Nacktsamer oder Gymnospermae (gr. gymnos = nackt) gegenüber. Bei ihnen liegen die Samen frei zugänglich auf Schuppen. Man bezeichnet diese ungenau als »Fruchtschuppen«, obwohl keine Fruchtbildung stattfindet.

Lärche

Wacholder

DER NADELWALD

Nutzen und Verbreitung der wichtigsten Nadelbäume: Die meisten Laubbäume liefern nach 150—200 Jahren ihren höchsten Ertrag, die Nadelhölzer jedoch bereits nach 80—100 Jahren. Bei der allmählichen Umwandlung der Urwälder in die heutigen Forste wurden daher vor allem Nadelbäume angepflanzt. Gegenwärtig bilden vorwiegend Kiefern und Fichten unsere »Stangenäcker«. Etwa 40% der deutschen Waldfläche werden von der Kiefer, 20% von der Fichte eingenommen. Die Kiefer stellt die geringsten Ansprüche an Boden und Klima und wird daher besonders auf den trockenen, nährstoffarmen Sandböden angepflanzt. An Nutzwert ist die Fichte allen anderen Hölzern überlegen. Sie wird überall gesetzt, wo sie gedeiht. Ihre besten Bedingungen findet sie in den höheren Lagen, wo feuchtkühle Sommer und kalte Winter herrschen. Die Tanne verlangt Wärme. Sie ist gegen stärkere Fröste und Industrieabgase empfindlich. Früher war sie in manchen Gegenden recht verbreitet. Heute treffen wir sie nur noch selten in reinen Beständen (Schwarzwald). Die nadelabwerfende Lärche ist ein Baum des Hochgebirges, gedeiht aber auch in den Forsten der Ebenen. Als Einsprenglinge kommen alle Nadelbäume auch im Laubwald vor.

Die besonderen Bedingungen im Nadelwald: Da die bestandbildenden Arten ihre Blätter im Herbst behalten, sind im Nadelwald die Lichtverhältnisse während des ganzen Jahres gleichmäßiger als im Laubwald. Nur die jahreszeitlich bedingte Veränderung der Sonnenscheindauer macht sich auch hier bemerkbar. Bodenflora und Unterholz der Nadelwälder unterscheiden sich daher wesentlich von denen des Laubwaldes. Auch die immergrünen Nadelbäume verlieren ihre Blätter. Sie werfen sie freilich nicht auf einmal ab, sondern nacheinander, meist während mehrerer Jahre. Die Lebensdauer der Nadeln hängt vom jeweiligen Standort und dessen Klimabedingungen ab. Infolge des hohen Harzgehaltes verwesen sie nur langsam und unvollständig, dabei entsteht unfruchtbarer *Rohhumus,* der sich auch nachhaltig auf das Pflanzen- und Tierleben der Wälder auswirkt.

Nicht nur zwischen Laub- und Nadelwald bestehen grundlegende Unterschiede, sondern auch zwischen Kiefern- und Fichtenwald.

Kiefernwald

Fichtenhochwald

Der Kiefernwald

Pflanzenwelt: Die in lockeren Beständen wachsenden, lichthungrigen Kiefern verlieren mit zunehmendem Alter die unteren Zweige. Da die schirmartige Krone wenig verästelt ist und viel Licht durchläßt, sind Lichtfülle und Trockenheit für diesen Lebensraum charakteristisch.

Als Begleiter der Kiefer wachsen daher auf dem meist sandigen Untergrund die anspruchslosen, lichtbedürftigen Birken sowie Espen und Robinien. Auf günstigeren Böden gesellt sich noch die Eiche hinzu.

Im ausgesprochen trockenen Kiefernwald sind Unterholz und Kräuter nur spärlich zu finden. Die bezeichnenden Vertreter, vor allem Wacholder, Ginster und Brombeere, stellen nur geringe Ansprüche. Gräser, einzeln stehende Habichtskräuter und Moosrasen bedecken locker den Boden. Mit zunehmender Feuchtigkeit und Bodengüte stellen sich dann Blumen, wie Stendelwurz, Waldvöglein (s. S. 50/51), Nestwurz und Fichtenspargel, zwei Schmarotzer (s. S. 68), und viele andere ein. Nun gedeihen auch saftige Kräuter und Halbsträucher in größerer Zahl, so neben der immergrünen Preiselbeere auch die Heidelbeere. Sie verliert im Herbst ihre Blätter, kann aber mit ihren grünen Stengeln — wie der Ginster — in der kühlen Jahreszeit noch assimilieren. Der Rippenfarn und der Tüpfelfarn (s. S. 167), Moose und Flechten siedeln sich an. Oft klettert auch der Efeu an Baumstämmen hoch.

In den Kiefernwald kann der Wind viel tiefer eindringen als in den dichtbelaubten Buchenwald. Daher beobachtet man an den hier wachsenden Pflanzen Anpassungen an die Windwirkung. Wacholder, der kleine Sauerampfer und alle Gräser sind Windblütler. Die Sporen von Pilzen, Moosen und Bärlappgewächsen (s. S. 168) und die leichten Samen mancher Blumen, wie Nestwurz und Fichtenspargel (s. S. 68) werden durch den Wind verbreitet, ebenso die leichten, mit Flughaaren ausgestatteten Samen des Weidenröschens.

Aufgaben: Welche Anpassungserscheinungen an den trockenen Standort zeigen die Pflanzen des Kiefernwaldes? — Stelle selber eine Liste von Blumen des Kiefernwaldes zusammen. — Welche unter diesen haben geflügelte Früchte?

Bodenbildung: Die harzreichen, derben Nadeln verwesen nur langsam. In älteren Beständen sammelt sich am Boden eine mächtige Schicht von unzersetzten Kiefernzweigen, Nadeln und Resten von Moosen und Farnen an. Sie verhindert die Durchlüftung des Bodens und hemmt die bakterielle Zersetzung der organischen Stoffe. Während im Laubwald durch die vollständige Verwesung der Blätter lockerer, nährstoffreicher echter Humus entsteht, bildet sich am Boden des Kiefernwaldes der Rohhumus. Die in ihm enthaltenen Stoffe begünstigen die Auswaschung und Fortführung der Nährsalze. Der Boden versauert, wird unfruchtbar: er entartet. Der echte Humus dagegen hält auf Grund seiner besonderen Eigenschaften die Bodensalze zurück.

Tierleben: Lichtfülle, Trockenheit und Bodenverhältnisse schaffen für die Tiere eine sehr ungünstige Umwelt, die nur für angepaßte Formen als Lebensraum geeignet ist. Das Wild findet nicht genügend Nahrung und schützendes Buschwerk. Seine Vermehrung wird hier durch Raubtiere, Raubvögel und den Menschen stark eingeschränkt. Von den Vögeln leben nur wenige Arten im Kiefernwald, da die Nistgelegenheiten fehlen. Die feste Streu bietet nur wenigen Kleintieren Unterschlupf. Die Bodenlebewelt ist wesentlich ärmer als im Laubwald. Feuchtigkeitsliebende Weichtiere und Würmer können hier nicht leben. Dagegen ist für viele Insekten der Kiefernwald ein ausgesprochen günstiger Lebensraum. Mit ihrem verdunstungshemmenden Außenskelett können sie die Trockenheit dieses Bereiches gut ertragen. In Kiefernmonokulturen finden *Ernährungsspezialisten* ein überreiches Nahrungsangebot. Da ihre natürlichen Feinde, vor allem Vögel, meist nur in geringer Zahl vorhanden sind, können sich diese Spezialisten in manchen Jahren sehr stark vermehren. Nach der Art ihrer Nahrung unterscheiden wir Nadel-, Trieb-, Rinden- und Holzzerstörer (s. Tierkunde und Tabelle S. 159). Das Anbringen von Nistkästen für die verschiedenen Vogelarten (sog. v. Berlepsche Nistkästen) ist in solchen Monokulturen besonders wichtig.

Der Fichtenwald

Pflanzenwelt: Als Schattenbaum braucht die Fichte viel weniger Licht als die Kiefer. Sie wächst selbst in dichten Beständen so rasch heran, daß neben ihr andere Gehölze nicht hochkommen. Infolge der überaus starken Beschattung gedeihen am Boden fast nur die schattenliebenden Farne und Moose. In der Nadelstreu finden außerdem zahlreiche Pilze ihre Nahrung. Während das Gebüsch im Laubwald vom Rande her weit ins Innere vordringt, bleibt das Strauchwerk beim Fichtenwald auf den Waldrand beschränkt. Da das Unterholz also fast völlig fehlt, ist ein deutlich erkennbarer Stockwerkaufbau nicht vorhanden. Auf die Bodenschicht folgt unmittelbar die »Säulenhalle« der schlanken, glatten Stämme, die von den dichten Wipfeln nach oben zu abgeschlossen werden. In überalterten Fichtenwäldern können die Stämme von den grauen Krusten der Flechten dicht bedeckt sein. Mitunter hängen Bartflechten wie Vorhänge von den Zweigen und drohen die Bäume zu ersticken.

Boden: Wie im Kiefernwald, so sammeln sich auch hier die schwer verwesenden, harzreichen Nadeln auf dem Boden an. Ihre unvollständige Zersetzung liefert ebenfalls sauren Rohhumus, der in älteren Beständen mächtige Schichten bildet. Durch die flachen, stark verzweigten Baumwurzeln wird die oberste Bodenschicht verfestigt, und das rasch von den Zweigen ablaufende Regenwasser verschlämmt den Boden.

Moose, die sich in geschlossenen, wenig durchlässigen Polstern über die Rohhumusdecke legen, verhindern die notwendige Durchlüftung des Bodens. Als Folge des Luftmangels vergrößern sich am Fuße der Stämme die Rindenporen. Es entsteht ein schwammiges Gewebe, durch das zwar die Luft eindringen kann, aber auch schädigende Krankheitserreger erhalten so leichter Zutritt zum Holz. Bei solch ungünstigen Bedingungen entartet der Boden unter dem Fichtenwald noch rascher als unter dem Kiefernwald. Im Laufe der Zeit entwickeln sich die Bäume immer kümmerlicher.

Tierleben: Im lichtarmen »Stangenacker« des Fichtenwaldes stehen der Tierwelt vor allem zwei Lebensräume zur Verfügung: die Nadelstreu und die Wipfelzone. Aus diesem Grunde ist die Fauna dieser Monokultur noch artenärmer als im Kiefernwald, schädliche Nahrungsspezialisten können sich noch leichter vermehren.

Vergleich von Laubwald und Nadelwald

Laubwald	**Nadelwald**
Bäume mit zarten Blättern, die im Herbst abgeworfen werden	Bäume meist mit immergrünen, derben Nadeln
daher:	daher:
Lichtverhältnisse jahreszeitlich schwankend	gleichmäßige Belichtung während des ganzen Jahres
im Frühling reiche Bodenflora	Frühlingsflora fehlt
Moose treten zurück, Blütenpflanzen reich vertreten	zahlreiche Moose, Blütenpflanzen nur spärlich vertreten
selten immergrüne Sträucher und Kräuter	oft immergrüne Sträucher und Kräuter
Boden mit rasch verwesendem, locker liegendem Fallaub bedeckt	Boden mit langsam verwesender, dicht liegender Nadelstreu bedeckt
daher:	daher:
Durchlüftung recht gut, Humusbildung	Durchlüftung mangelhaft, Rohhumusbildung
Tierwelt artenreich	Tierwelt artenarm
	in Monokulturen Gefahr des Überhandnehmens von Schädlingen

Die Bewirtschaftung des Waldes

Die Bedeutung des Waldes für den Menschen

Der Wald mit seinem besonders günstigen Klima verschafft dem Menschen ein Gegengewicht zu den gesundheitlichen Schädigungen, die ihm im Industriezeitalter durch Lärm, Ruß und Staub der Städte drohen. Die feuchte, von Staub und radioaktiven Stoffen nahezu freie Luft gewährt ihm auch an heißen Tagen Kühlung und Erholung. Die Stille des Waldes gibt ihm die nötige Entspannung und Ruhe. Die Erhaltung der Wälder ist daher für die Gesundheit des Menschen sehr wichtig. Andererseits erlangt der Wald durch seinen Reichtum an Nutzholz für die Wirtschaft größte Bedeutung. Freilich drohte durch übermäßiges Abholzen weiter Gebiete die Gefahr der Entwaldung. Die staatliche Forstwirtschaft sucht dem seit etwa hundert Jahren durch sorgfältig geplanten Einschlag und durch Wiederaufforstung der Wälder zu begegnen.

Folgen der Entwaldung

Nicht nur unbedachter oder durch Kriegsfolgen bedingter Raubbau droht den Waldbestand zu mindern, auch Vernichtung von Monokulturen durch Insektenbefall (s. S. 154), Waldbrände, Schnee- und Windbruch richten großen Schaden an. Wenn dann eine rasche Aufforstung unterbleibt, zeigen sich verheerende Folgen für die betroffenen Gebiete. So führte einst die starke Abholzung in der Eifel, in der Auvergne Frankreichs und im Mittelmeerraum z. T. zu starker Senkung des Grundwasserspiegels. Mit der Bodenflora ging das wasserspeichernde Moospolster zugrunde. Das entblößte Erdreich wurde durch den Regen ausgelaugt und verhärtet. Gewittergüsse und die winterlichen Niederschläge in den Mittelmeerländern rissen das Erdreich ungehindert fort. In Gebirgen ging oft viel Geröll als Mure mit ins Tal. Gewaltige Überschwemmungen richteten immer wieder großen Schaden an. Ein nachträgliches Wiederaufforsten in verkarsteten Gebieten und auf den verarmten Böden ist meist äußerst schwierig, gelingt jedoch, z. B. in der Eifel, im zunehmenden Maß. Die Moosdecke bildet sich neu und saugt wieder die langsam durch die Baumkronen dringenden Niederschläge auf. Die Bäume geben das aus dem »Moosspeicher« bezogene Wasser durch Verdunstung allmählich wieder ab. An den oberen, kühleren Luftschichten bilden sich über den Wäldern Wolken, die auch die benachbarten Anbauflächen mit Regen versorgen. Der Grundwasserspiegel hebt sich. Die bei der Entwaldung entstandenen Klimagegensätze gleichen sich aus.

Verhütung schwerer Waldverwüstung und die Aufforstung entwaldeter Gebiete ist Aufgabe der Forstämter und vordringliche Forderung des Naturschutzes. Darüber hinaus steht der Wald unter gesetzlichem Schutz: Es ist verboten, im Wald Feuer zu machen. In der Zeit vom März bis Oktober darf im Wald nicht geraucht werden. Waldbrände muß jeder sofort bekämpfen bzw. unverzüglich melden, wenn ihm selbst das Löschen unmöglich ist. Pflanzen- und Tierwelt sind zu schonen!

Künstliche Verjüngung der Wälder

Um die Mitte des vorigen Jahrhunderts begann man, große, vernachlässigte Wälder durch Kahlschlag zu entfernen. Auf den gewonnenen Flächen legte man Mono-

Großkahlschlag

Fichtensaumschlag

Wald ohne Streunutzung

Folgen der Streunutzung

kulturen von Kiefern und Fichten an. Die Erfahrung an den natürlichen Nadelholzbeständen, den Kiefernwäldern der Sandgegenden und den Fichtenwäldern der Gebirge, hatte gezeigt, daß in ihnen Hieb und Abfuhr des Holzes zügig, daher verhältnismäßig billig durchzuführen waren. Die Umtriebszeit, d. h. das günstigste Alter für den Einschlag (s. S. 144), ist bei Kiefer und Fichte kürzer als bei Laubbäumen. Das wirkte sich auf den Gewinn vorteilhaft aus. Allmählich aber zeigten sich die ungünstigen Folgen solcher Monokulturen und Großkahlschläge.

Nachteile der Monokulturen: Die flachwurzelnden Fichten halten starken Stürmen in den reinen Beständen nur schwer stand, während sie im Mischwald durch tiefwurzelnde Nachbarn gesichert sind. Auch Schneebruch richtet in Monokulturen großen Schaden an. Besonders in Kiefernforsten können sich die Ernährungsspezialisten unter den Insekten, wie Kiefernspinner, -spanner und -eule derart vermehren, daß ihre Raupen ganze Wälder vernichten (s. S. 154). Auch Waldbrände sind im reinen Nadelwald schwerer zu bekämpfen als in gemischten Beständen.

Folgen des Großkahlschlages: Auf ausgedehnten, der Sonne und dem Wind preisgegebenen Kahlflächen verwandelt sich die mehr oder weniger humusreiche Walderde rasch in Trockentorf (s. S. 34). Auf ihm siedeln sich Heidekraut und Brombeere, Fingerhut, Weidenröschen, Seggen und niedriges Beerenkraut an. Sie lassen die Keimlinge der Bäume schwer aufkommen und ersticken die Jungpflanzen. Andere werden durch Frost oder Sonnenglut, denen sie schutzlos ausgesetzt sind, vernichtet. Daher führt man bei Nadelwäldern heute oft den **Saumschlag** durch. Auf schmalen Lichtungsstreifen am Waldsaum entwickeln sich die in Schonungen aufgezogenen Jungpflanzen in der feuchten Walderde gut. Wo dennoch Lücken geblieben sind, keimen die von »Samenüberhältern« ausgestreuten Samen. Um Mischwald heranzuziehen, wird auf geeigneten Böden junges Laubholz zwischengepflanzt.

Natürliche Verjüngung

Femel- und Plenterwald: Im Fichten- und Tannenwald, vor allem aber im Laubwald, ist die natürliche Verjüngung durch »Femeln« üblich. Besonders in »Samenmast-

Femelwald

Niederwald

jahren« der Buchen und Eichen schafft man im Femelwald durch geeignetes Auslichten (Schlagen umtriebsreifer Bäume innerhalb eines Bestandes) für den Nachwuchs eine vor praller Sonne und Wind geschützte Fläche. In dem nun gut durchlüfteten Waldboden keimen die herabfallenden Samen leicht. Durch wiederholtes Auslichten erhalten die vorwiegend gleichalten Jungpflanzen nach und nach mehr Luft und Sonne. Meist werden andere begehrte Holzgewächse, wie Esche, Lärche, Ahorn u. a. vom Förster zwischengepflanzt. Das geschieht nicht nur aus wirtschaftlichen, sondern auch aus biologischen Gründen, um »Selbstvergiftung« der Bäume (s. S. 32) durch Wurzelausscheidungen zu vermeiden.
Man geht also ähnlich vor wie beim »Femeln« des Hanfes, bei dem männliche Pflanzen ausgerauft werden, damit die ölsaatliefernden weiblichen Pflanzen besser gedeihen. Daher kommt der Name Femelwald.
Im Plenterwald fällt der Besitzer je nach Bedarf schwache, also noch nicht umtriebsreife, oder starke Stämme. Der Nachwuchs ist daher aus Bäumen verschiedenen Alters gemischt (Plenter kommt von dem germanischen Wort bland = mischen).

Nieder- und Auenwälder: Ihr Holz wird vor der Umtriebszeit bereits nach zehn bis fünfzehn Jahren geschlagen. Die dünnen Stämme verwendet man zu Brennholz, Rebstöcken, Zäunen usf. Der Bestand erneuert sich vorwiegend durch Stockausschläge. Die Blumenwelt dieser Wälder ist artenreicher als die der Hochwälder. Besonders in den Auenwäldern findet man viele Frühblüher, wie Schneeglöckchen, Märzenbecher, Scilla, Traubenhyazinthen, Seidelbast u. a. Auch um dieser selten gewordenen, unter Naturschutz stehenden Blumen willen sollten diese Wälder erhalten werden.

Laufende Durchforstung

Auf Einzelheiten kann nicht näher eingegangen werden. Bei der regelmäßigen Pflege des Waldes hat man vor allem die Entfernung schlechtwüchsiger und kranker Pflanzen im Auge, das erwähnte Heranziehen gut bekronter Samenbäume und die Stärkung erwünschter Hölzer im Wettbewerb mit dem Hauptbestand. Durch rechtzeitiges Entfernen von Ästen erzielt man möglichst astfreies Nutzholz. Außerdem ist frühzeitiges Erkennen und Bekämpfen von Schädlingen äußerst wichtig.

Beobachtungen über die Tätigkeit von Schädlingen des Waldes

Die Nadeln sind am Rande benagt: Die ältere Raupe frißt schließlich die ganze Nadel (eine Raupe benötigt bis zur Verpuppung etwa 800 Nadeln). Die junge Raupe überwintert im Moos: Bekämpfung durch Leimringe.	**Raupe des Kiefernspinners** (Dendrolimus pini)
Die Nadeln sind am Rande terrassenförmig benagt und grau verfärbt: Im November verkriecht sich die Raupe in die Bodendecke, wo sie sich nach einigen Monaten verpuppt.	**Raupe des Kiefernspanners** (Bupalus piniarius)
Die Nadeln der Maitriebe sind bis zum Grunde abgefressen, aus den Wunden tritt je ein Harztröpfchen: Sie überwintert als Puppe unter der Bodendecke. **Bemerkung:** Spannerraupen und Eulen können also nicht durch Leimringe bekämpft werden, haben aber viele natürliche Feinde, besonders Schlupfwespen.	**Raupe der Kieferneule** (Panolis flammea)
An Stamm und Ästen trichterförmige Harztröpfchen und häufig Holz- oder »Wurmmehl«. Die jungen Triebe werden schlaff und fallen ab, da das Mark ausgefressen ist: Diese Borkenkäfer nennt der Förster »Waldgärtner«. Die Käfer zerstören die Triebe, die Larven leben im Holz.	**Kiefernmarkkäfer** (Myeolophilus piniperda)
Knie- oder posthornförmige Verkrümmung der Kiefernstämme: Er legt sein Ei an die Triebknospe, von der die Raupe sich nährt. Der Trieb stirbt ab. Unter ihm entwickelt sich ein Büschel neuer Triebe, von denen sich einer knieförmig aufrichtet und zum Gipfeltrieb wird. Nach 20—30 Jahren zeigen die Stämme die eigenartige Verbiegung. Sie sind als Werkholz unbrauchbar.	**Kiefernknospentriebwickler** (Evetria turionana)
Dicke Harzgallen an Triebquirlen der Kiefernzweige:	**Larve des Kiefernharzgallenwicklers** (Evetria resinella)
Grünlichgelbe Zapfen, »Ananasgallen«, an den Spitzen von Fichtenzweigen:	**Fichtengallaus** (Sacchiphantesarten)

Verwertung des Holzes

Auch im Zeitalter der Kunststoffe ist Holz als Baustoff unentbehrlich. Nach den mechanischen Eigenschaften unterscheidet man Hart- und Weichhölzer. Sehr begehrt sind die Harthölzer: Eiche, Esche, Hainbuche (»Hornbaum«), Rotbuche, Edelkastanie, Ahorn, Hartriegel (»Hornstrauch«) und Heckenkirsche. Besonders zähes Holz besitzen Esche, Birke und Ulme. Ausgesprochene Weichhölzer liefern Weide, Erle, Linde und Pappel.

40 % des deutschen Holzbedarfs entfallen auf Bauholz. Von den Laubhölzern verwendet man Eiche, Edelkastanie und Rotbuche für Fußböden und Treppen. Für Unterwasserbauten nimmt man außer Eiche auch gerne Erle und Ulme. In der Bau- und Möbelschreinerei benutzt man vor allem Birke, Esche, Eiche, Spitz- und Bergahorn, Nußbaum sowie Kirsch- und Birnbaum u. a.

Der Drechsler verarbeitet das Holz von Erle, Birke, Schwarzpappel, Hainbuche, Spindelbaum, Hartriegel, Heckenkirsche, Nußbaum und Ahornarten. Aus dem schön gemaserten Wurzelholz des Feldahorns werden besonders Pfeifenköpfe hergestellt.

Zum Schnitzen eignet sich vor allem das Holz von Linde, aber auch das der Hasel, der Erle und der Eibe. Für gröbere Holzgeräte nimmt man das Holz der Pappel, des Spindelbaums und des Ahorns. Aus Eschenholz fertigt man Skier, Turngeräte und Werkzeugteile, aus dem Holz der Hainbuche Kammräder, Schrauben und Walzen. Fässer werden aus dem Holz der Eiche und Edelkastanie, Faßreifen aus dem von Birke und Hasel gearbeitet. Zum Korbflechten benützt man neben den Weidenruten auch die Zweige von Hasel und Spindelbaum.

Zur Herstellung von Papier und Pappe verwendet man das weiche Holz von Weide und Pappel. Holzkohle gewinnt man aus dem Holz von Korbweide, Spindelbaum, Hartriegel, Faulbaum und Rotbuche. Sie dient vor allem als Entfärbungsmittel. Beste Zeichenkohle stellt man aus Lindenholz her. Bei der Verkohlung von Buchenholz entsteht u. a. Holzessig.

Ackerschachtelhalm

Wurmfarn

SCHACHTELHALMGEWÄCHSE (Klasse Equisetinae)

VORBEREITENDE WIEDERHOLUNGSAUFGABEN: Wie erfolgen Bestäubung und Befruchtung bei den bisher besprochenen Pflanzen? Was entwickelt sich aus der befruchteten Samenanlage? Welche anderen Wege der Vermehrung haben wir noch kennengelernt?

Der Ackerschachtelhalm (Equisetum arvense)

Als lästiges Unkraut kommt der Ackerschachtelhalm in Äckern, aber auch am Wegrand vor.

Der Frühjahrstrieb: Im zeitigen Frühjahr findet man auf den Äckern kurze, blaßbraune »Halme« mit einer seltsamen »Ähre«. Sie enthalten kein Blattgrün. Ihre Nahrung beziehen sie aus dem reichverzweigten, schwarzbraunen unterirdischen Sproß, in dessen Verdickungen viele Nährstoffe gespeichert sind. Der »Halm« ist längs gefurcht. Im Querschnitt erkennt man mit bloßem Auge in der Wand des hohlen Stengels eine große Zahl luftführender Kanäle. Am Stengelknoten entspringen zahlreiche quirlständige, braune Blättchen. Diese sind zu einer zylindrischen Scheide verwachsen. Ihre pfriemlichen Spitzen sind schwarzbraun gefärbt. Die Stengelabschnitte sind in die Scheiden »hineingeschachtelt« (Name). Der von ihnen umschlossene Abschnitt ist zart und weich (Getreidehalm). Daher reißt er leicht ab und man kann die einzelnen Stengelglieder unschwer aus ihren »Schachteln«, den Scheiden, ziehen. Beim Hervorbrechen aus dem Boden umhüllt der oberste Blattquirl die Ähre. Er schützt sie sehr wirksam, denn Blätter und Halm sind durch eingelagerte Kieselsäurenadeln hart und widerstandsfähig.

Der Kieselsäuregehalt macht den Schachtelhalm geeignet als Putzmittel für Zinn und Glas. Der Sommertrieb wurde früher viel als »Zinnkraut« verwendet.

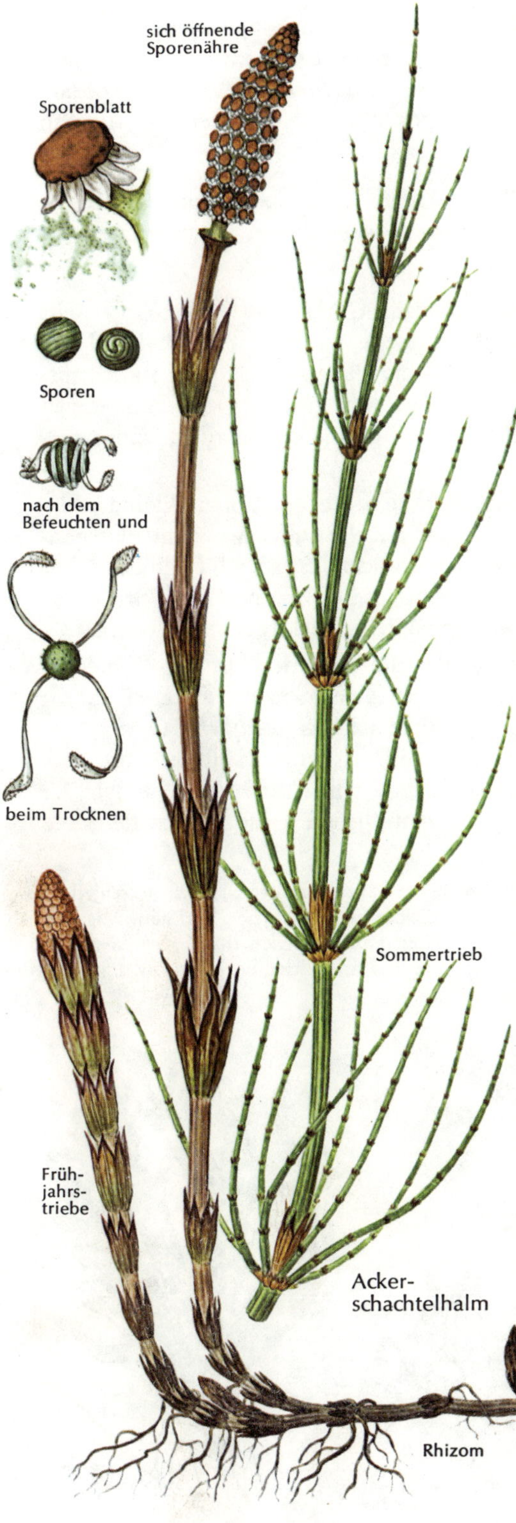

Sporenähre: Die Ähre besteht aus kleinen, fest aneinandergefügten, sechseckigen Platten. Lösen wir eine von ihnen mit einer Nadel aus dem Verband, so sehen wir, daß jede Platte durch ein Stielchen an der Achse befestigt ist. Später rücken die Platten auseinander und stellen sich ein wenig schief. An der Unterseite jeder Platte hängen kleine Säckchen, meist sechs. Aus ihnen tritt bei trockener Witterung blaugrüner Staub. Betrachtet man ihn unter dem Mikroskop, so erkennt man eine Menge kugeliger Körner. Jedes Korn ist mit zwei sich kreuzenden Bändern verwachsen, die in trockenem Zustand wie Windmühlenflügel nach vier Seiten abstehen. Haucht man den Staub auf dem Objektträger an, so bekommt die Masse ein flockiges, watteähnliches Aussehen. Die feucht gewordenen Bänder haben sich spiralig um die Körner gewunden. Beim Trocknen breiten sie sich wieder aus. An der Pflanze drängen sich daher die geflügelten Körnchen bei trockener Witterung aus den aufspringenden Säckchen und werden vom Wind fortgetragen. Bleiben sie auf feuchter Erde haften, so wächst kein Schachtelhalm aus ihnen, sondern aus einem jeden entwickelt sich ein winziges Blatt mit wurzelähnlichen Fäden. Erst viel später entsteht aus diesem kleinen »Keim« die neue Pflanze. Man bezeichnet daher das Blättchen als *Vorkeim* (Prothallium; gr. thallos = Zweig, ungegliederter Sproß). Die Körnchen, aus denen die Vorkeime entstehen, nennt man *Sporen.* Da man an keiner Schachtelhalmpflanze Staubblätter oder Fruchtblätter findet, können die Sporen kein Pollen sein, aber auch keine Samen; denn diese entstehen nur nach einer Befruchtung. Außerdem entwickelt sich aus dem Samen kein Vorkeim, sondern

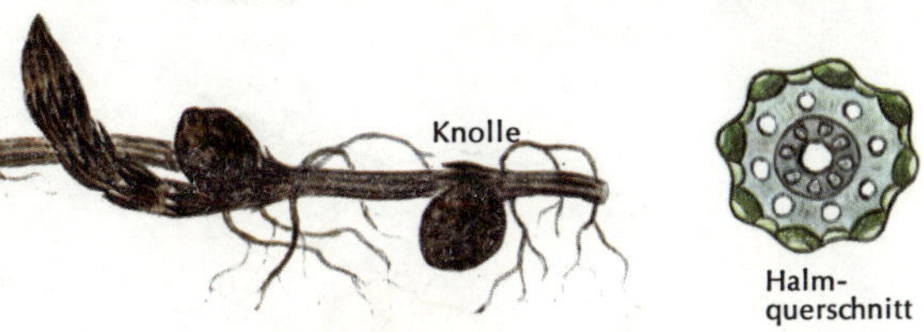

unmittelbar die Tochterpflanze. Die Sporen sind vielmehr einzellige »Ableger«, mit deren Hilfe sich der Schachtelhalm ungeschlechtlich vermehrt. Sie entstehen in großer Zahl in besonderen Behältern, den »Sporensäcken« oder *Sporenbehältern* (Sporangien). Die sechseckigen Platten, an denen die Sporenbehälter hängen, nennt man *Sporenblätter* (Sporophylle). Die Ähre bezeichnet man als *Sporenähre.*

Merke: Der Frühjahrstrieb des Schachtelhalms trägt eine Sporenähre, in deren Sporenbehältern zahlreiche Sporen gebildet werden. Aus diesen gehen ohne vorherige Befruchtung, also ungeschlechtlich, Vorkeime hervor.

Entwicklung der Vorkeime zur Schachtelhalmpflanze: Unter dem Mikroskop sieht man neben kleinen, breiten Vorkeimen feinzerschlissene, größere. Am oberen Ende der breiten Vorkeime erkennt man kugelige Behälter. Platzen diese auf, so schwärmen winzige, korkzieherförmige Gebilde hervor. Sie bewegen sich mit zahlreichen Wimpern im Wasser fort. Man nennt sie *Schwärmer,* Spermatozoiden (lat. sperma = Same, gr. zoon = Tier).

Zwischen den schmalen Zipfeln der größeren Vorkeime entdeckt man kleine »Flaschen«, in deren bauchiger Erweiterung je eine große Zelle ruht. Aus dem Flaschenhals tritt ein säuerlicher Saft, der die Schwärmer anlockt. Diese schwimmen daher zielstrebig zu der Flasche, dringen durch den Hals zur Zelle vor, und ein Schwärmer verschmilzt mit ihr. Als »Brücke« dienen Wassertröpfchen des feuchten Bodens.

Die Schwärmer befruchten also die ruhende Zelle, die man deshalb *Eizelle* nennt. Aus der vereinigten Zelle, der *Zygote* (gr. zygos = Zweigespann, Paar), entsteht eine neue Schachtelhalmpflanze. Der Eizellenbehälter ist das *weibliche Organ,* das Archegonium (arché = Ursprung, gone = Erzeugung). Es entwickelt sich an dem *weiblichen Vorkeim.* Die kugeligen *männlichen Organe,* die Antheridien, entstehen am *männlichen Vorkeim.* In ihnen werden die männlichen Geschlechtszellen, die Schwärmer, Spermatozoiden, gebildet.

Die Sporen, aus denen sich die Vorkeime entwickeln, sehen gleich aus, müssen jedoch verschiedenwertig sein. Denn aus einer Spore entsteht ein männlicher oder ein weiblicher Vorkeim. Mit den langen Bändern bleiben stets einige Sporen aneinander hängen und werden durch den Wind an die gleiche Stelle getragen. Daher entwickeln sich männliche und weibliche Vorkeime in unmittelbarer Nachbarschaft und die Befruchtung ist gesichert.

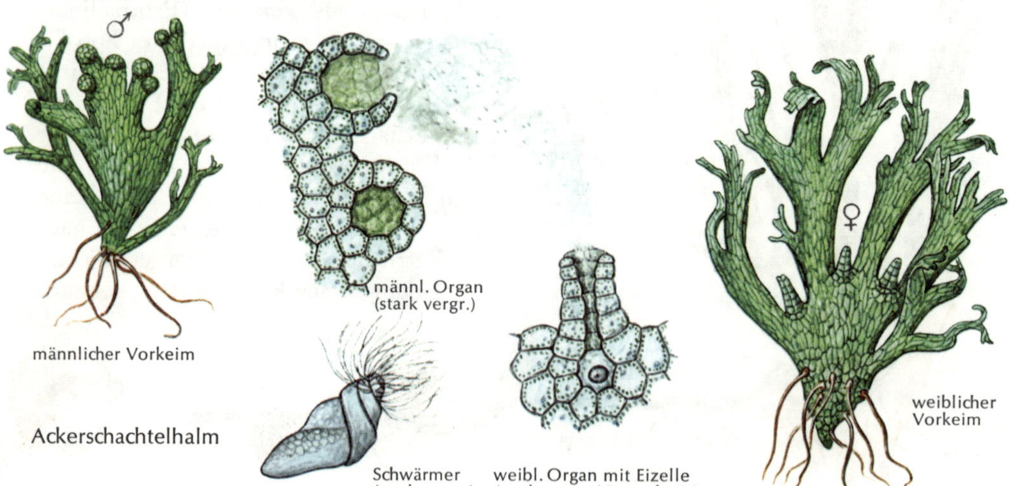

Ackerschachtelhalm

Generationswechsel: Die Vorkeime tragen entweder männliche oder weibliche Organe. Sie bilden die geschlechtliche Generation. In dieser erfolgt die Befruchtung der Eizelle. Aus der befruchteten Eizelle, der Zygote, geht die Schachtelhalmpflanze hervor, aus deren Sporen auf ungeschlechtliche Weise die Vorkeime entstehen. Diese vermehren sich wieder geschlechtlich usf. *Die regelmäßige Folge von Generationen, die sich auf verschiedene Weise fortpflanzen, nennt man Generationswechsel.*

Wald-
schachtelhalm

Unterschied zwischen Samen- und Sporenpflanzen: Blütenpflanzen entwickeln nach der Bestäubung Früchte und Samen. Aus diesen gehen nach kürzerer oder längerer Ruhezeit die neuen Pflanzen hervor. Man nennt sie daher auch *Samenpflanzen* (Spermatophyta). — Pflanzen, die sich wie der Schachtelhalm ungeschlechtlich durch Sporen vermehren, bezeichnet man als *Sporenpflanzen* (Sporophyta).

Der Sommertrieb: Der blattgrünlose Frühjahrstrieb geht bald zugrunde, und an dem Rhizom entstehen neue, oberirdische Sprosse. Diese sind aber chlorophyllhaltig und verzweigen sich an jedem Knoten. Wir bezeichnen sie als Sommertriebe. Da ihre Ästchen, wie die Blätter, quirlig angeordnet sind, sehen sie wie Tannenbäumchen aus. Die sehr kleinen Blätter können nur wenig Nährstoffe bereiten. Da die Halmglieder aber auch Blattgrün enthalten, assimiliert der ganze Sommertrieb. Die erzeugten Nährstoffe werden dem unterirdischen Sproß zugeführt, der sie in der Knolle für die Entwicklung des Frühjahrstriebes speichert. An dem Sommertrieb entstehen also weder Sporen noch Geschlechtsorgane. Er ist im Gegensatz zu dem fertilen Frühjahrstrieb (lat. ferre = tragen) ein steriler Trieb (lat. sterilis = unfruchtbar), der nur der Nährstoffbereitung dient.

Manche Schachtelhalme, z. B. der *Waldschachtelhalm* (Equisetum sylvaticum) unterscheiden sich von dem Ackerschachtelhalm dadurch, daß die Sporenähre, noch ehe sie »vergeht«, grüne, zarte Seitenäste treibt, die sich nochmals quirlig verzweigen. — Der *Schlammschachtelhalm* (E. fluviatile) zeigt nur manchmal an der Spitze diese Verzweigung. — Abdrücke riesiger Schachtelhalme und ihnen nahestehender Sporenpflanzen findet man oft in gut erhaltenem Zustand in den Steinkohlenflözen. Diese Pflanzen müssen während des feuchtheißen Klimas der Steinkohlenzeit in Deutschland ausgedehnte Sumpfwälder gebildet haben (s. S. 241).

FARNE (Klasse: Filicinae)

Der Wurmfarn (Dryopteris filix-mas)

An feuchten, schattigen Waldstellen und im Ufergebüsch der Bäche finden wir oft die großen gefiederten Wedel des Wurmfarns.

Der Sproß: Er steckt fast ganz im Boden. Braunschwarze Schuppen, zahlreiche Wurzeln und die Reste abgestorbener Blätter bedecken den schräg nach unten wachsenden Sproß. Aus diesem wurde früher ein Mittel zum Abtreiben der Würmer gewonnen (Name). Während er unten abstirbt, wächst er oben weiter und entwickelt alljährlich eine trichterförmige Rosette aus großen, zarten, gefiederten Blättern. Die Blättchen sind durch viele Einschnitte nochmals gegliedert. Der junge, sehr zarte *Wedel* ist zunächst gegen zu starke Wasserabgabe geschützt. Wie bei allen

Wurmfarn

Blattstiel im Querschnitt

junge Blätter

Farnen sind die Blätter anfangs schneckenförmig eingerollt und mit einem Filz feiner Schuppen bedeckt. So können sie sich, ohne verletzt zu werden, aus dem Boden schieben. Je fester das Blattgewebe wird, um so mehr »entwickeln« sich die Blätter, bis sie die ganze Fläche den spärlichen Sonnenstrahlen entgegenbreiten, die bis zum Waldboden vordringen. Die überflüssig gewordenen Schuppen fallen ab.

Sporenkapseln: Niemals entdeckt man am Farnkraut Blüten. An der Unterseite älterer Blätter fallen zarte, hellgrüne, später braune, nierenförmige Häutchen, die *Schleier,* auf. Hebt man mit einer Nadel einen Schleier hoch, so sieht man bei starker Vergrößerung an dem Stielchen, das ihn am Blatt befestigt, kleine Kapseln. Sie springen beim Austrocknen auf und entlassen eine Menge brauner Körnchen. Diese nennt man *Sporen,* die Behälter *Sporenkapseln* oder Sporangien und die von einem Schleier bedeckten Kapselhaufen *Sori* (gr. sori=Haufen). Überlege, warum es sich nicht um Fruchtknoten und Samen handeln kann.

Über dem »Scheitel« der Kapsel liegt in einem Dreiviertelkreis ein Wulst eigentümlich gestalteter Zellen. Ihre Seiten- und Innenwände sind stark verdickt, ihre Außenwände dagegen dünn. Zunächst sind sie prall mit wäßrigem Zellsaft gefüllt. Werden die Sporen reif, so verdunstet ein Teil des Wassers. Die dünnen, äußeren Wände werden dadurch nach innen gezogen. Durch die entstehende Spannung reißt die Wand am »Kapselmund« unterhalb der Verdickungsleiste quer auf, die Sporen werden herausgeschleudert und bleiben mit ihrer rauhen Oberfläche am Boden haften.

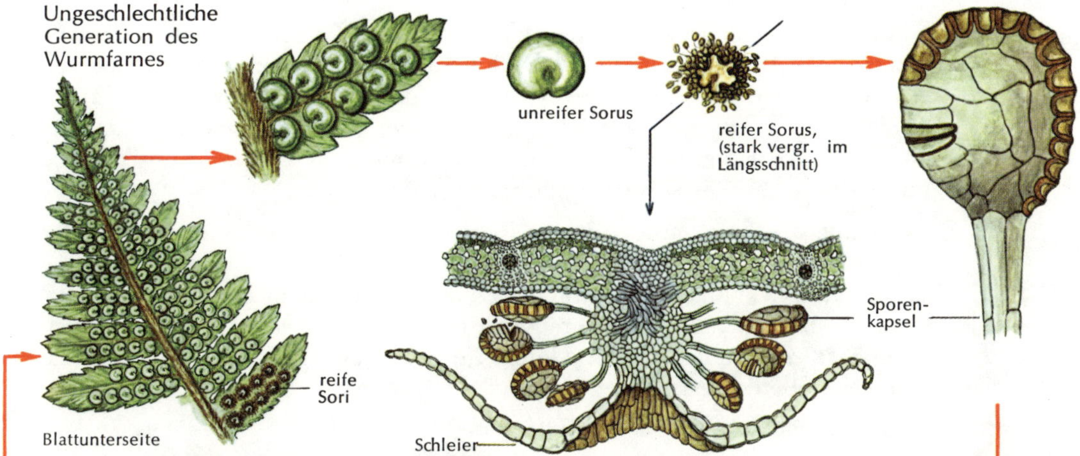

Entwicklung der Spore: Die Sporenzelle teilt sich rasch. So entsteht ein grüner, flacher, pfenniggroßer, herzförmiger *Vorkeim.* Mit vielen wurzelähnlichen Fasern an seiner Unterseite, den *Rhizoiden* (lat. rhiza = Wurzel), wird er an der Unterlage befestigt. Sie führen ihm auch Nährstoffe zu. Unter dem Mikroskop erkennt man auf der Unterseite des Vorkeims in der Nähe der Herzspitze sehr kleine, kuppelförmige Vorwölbungen, am »Herzausschnitt« flaschenförmige. Nach einiger Zeit springen die kuppelförmigen Behälter auf und entlassen viele kugelige Zellen. Aus diesen schlüpfen bald korkzieherförmige Zellen, die sich mit Hilfe kleiner Wimpern durch das Wasser schrauben: die *Schwärmer* oder Spermatozoiden (lat. sperma = Same; gr. zoon = Tier: wie Tiere bewegliche Samenzellen). Sie schlagen die Richtung auf geöffnete flaschenförmige Organe ein. Aus dem Flaschenhals austretender farbloser Schleim lockt nämlich die Schwärmer an. Durch den »Hals« dringen sie zu der im Flaschenbauch liegenden *Eizelle* vor, und ein Spermatozoid verschmilzt mit ihr. In ähnlicher Weise be-

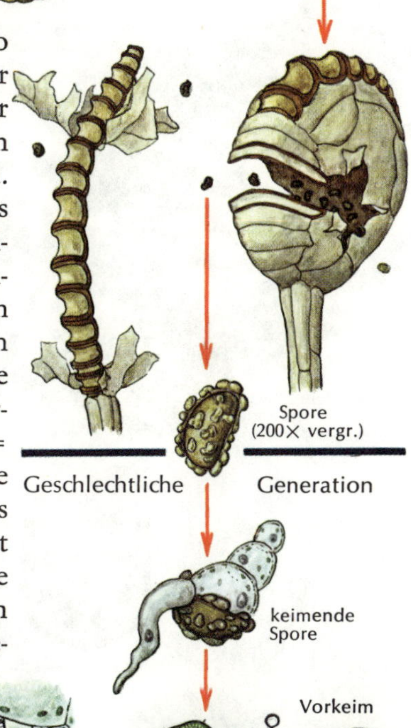

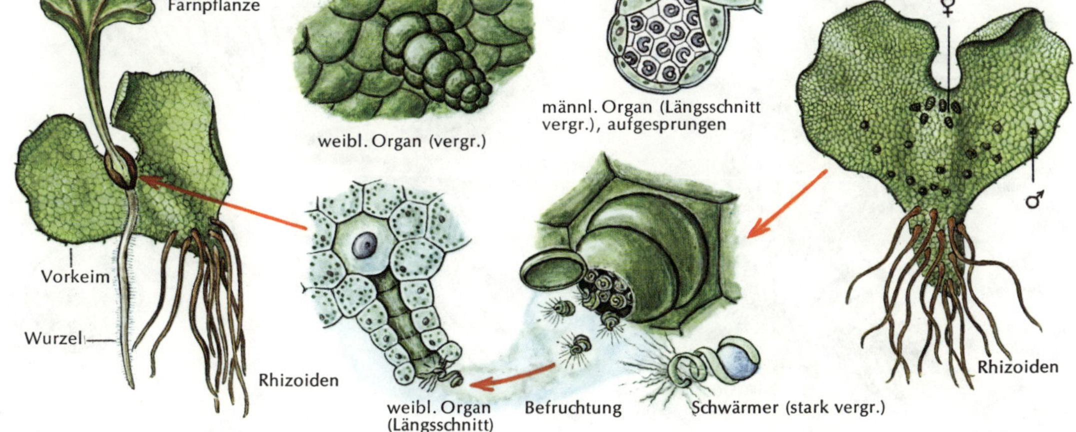

fruchtet bei den Blütenpflanzen die Geschlechtszelle des Pollenschlauchs die Eizelle des Fruchtknotens. Im Gegensatz zu den Blütenpflanzen bewegen sich die Spermatozoiden selbständig durch die an der Unterseite des Vorkeims haftenden Wassertröpfchen zur Eizelle. Die winzigen kugeligen Behälter sind also *männliche Organe*, die Antheridien, die etwas größeren, flaschenförmigen sind *weibliche Organe*, die Archegonien (gr. arché = Ursprung, gone = Erzeugung).

Die Entwicklung des Farnkrautes aus der Eizelle: Aus der befruchteten Eizelle, der *Zygote* (gr. zygos = Zweigespann, Paar), entsteht durch rasch aufeinanderfolgende Zellteilungen ein »Keimpflänzchen« mit Wurzel, kurzem Stamm und Erstlingsblatt. Während es zur neuen Farnpflanze heranwächst, geht der *Vorkeim*, von dem es sich zunächst ernährt, zugrunde. An der Unterseite des neuen Farnwedels bilden sich später aufs neue Sporenkapseln, die Sporangien, mit den Sporen. Das Farnblatt, das die Sporen erzeugt, nennt man *Sporenblatt* oder Sporophyll.

Merke: Die Farne sind Sporenpflanzen, die in ihrer Entwicklung einen regelmäßigen Generationswechsel durchlaufen. Eine Generation, die sich geschlechtlich fortpflanzt (Vorkeim mit Antheridien und Archegonien), wechselt regelmäßig mit einer Generation ab, die sich ungeschlechtlich vermehrt (Farnpflanze mit den Sporenkapseln — s. S. 165).

Andere Farnkräuter: An feuchten Standorten besitzen die Farne zarte Wedel, z. B. der *Frauenfarn* (Athyrium filix-femina), an trockenen felsigen Stellen sind die Blätter oft klein: *Mauerraute* (Asplenium ruta-muraria) und *Strichfarn* (Asplenium trichomanes). Derb sind die Blätter des *Tüpfelfarns* (Polypodium vulgare) und die großen dreifachgefiederten Wedel des *Adlerfarns* (Pteridium aquilinum), der oft in dichten Beständen wächst (Stengelquerschnitt). Beim *Rippenfarn* (Blechnum spicant) stehen aufrechte fertile Blätter inmitten einer Rosette steriler Blätter. — Außer der Blattform sind Anordnung und Form der Sori für die einzelnen Arten bezeichnend. — Beim *Schwimmfarn* umhüllt der Schleier hohlkugelartig entweder große oder kleine Sporenkapseln, die Groß- bzw. Kleinsporen erzeugen, aus denen weibliche oder männliche Vorkeime entstehen (s. S. 162). —

In den feuchten Wäldern der Tropen und Subtropen erreicht der Stamm der *Baumfarne* bis 20 m Höhe. Baumfarne wuchsen in der Steinkohlenzeit auch in Europa, wie Abdrücke in den Steinkohlenflözen beweisen.

BÄRLAPPGEWÄCHSE (Klasse Lycopodinae)

Der Keulenbärlapp (Lycopodium clavatum)

Der in trockenen Wäldern am Boden hinkriechende Bärlapp wird immer seltener. Die gabelig verzweigten Triebe sind dicht mit linealischen, schuppenförmigen Blättern besetzt. Der Sporenträger hebt seine Ähre auf senkrechtem Stengel weit über den Boden. So kann der Wind die gelben Sporen (»Hexenmehl«) leicht davontragen. Die nierenförmigen Sporenbehälter stehen einzeln an der Oberseite breiter, schuppenförmiger Blätter (vgl. dagegen Farne). Die einhäusigen Vorkeime leben unterirdisch und entwickeln erst nach Jahren die männlichen und weiblichen Organe.

AUFGABEN: Als »Semen lycopodii« kann man Bärlappsporen, das sog. »Hexenmehl«, in Apotheken kaufen. Führe damit folgende Versuche aus: 1. Blase das lockere Pulver mit einer Glasröhre in eine Spiritus- oder Gasflamme (»Theaterblitz«). — 2. Schütte etwas »Hexenmehl« in ein mit Wasser gefülltes Glas. Tauche den Finger ein (»Hexenprobe«).

Zusammenfassung: Farnpflanzen

Farne, Schachtelhalme und Bärlappgewächse zeigen große Ähnlichkeit in der Art ihrer Vermehrung. Sie gliedern sich wie die Blütenpflanzen in Wurzel, Stengel und Blätter. Ihr Sproß besitzt Leitgewebe für Wasser und Nährstoffe und erreicht mitunter beträchtliche Länge und Höhe (Baumfarne). Da andere Sporenpflanzen keine Gefäße aufweisen, faßt man die drei Klassen zu den *Gefäßsporenpflanzen* zusammen.

	Bärlappgewächse	Schachtelhalme	Farne
Stengel und Blätter	schwach, niederliegend, mit kleinen, spiralig angeordneten, schuppenförmigen Blättern	aufrecht, an den Stengelknoten sehr kleine, quirlst. Blätter, die am Grunde zu einer Scheide verwachsen sind	Stamm kurz oder bei den Baumfarnen säulenförmig, hoch, Blätter meist gefiedert, in der Knospe eingerollt
Sporenbehälter	an der Blattoberseite	an der Unterseite besonderer, ährenförmig angeordneter Sporenblätter	in der Regel an der Unterseite der Blätter

Frauenhaar

Brunnenlebermoos

LAUBMOOSE (Klasse: Musci)

Das gemeine Frauenhaar oder der **Widerton** (Polytrichum commune)

BEOBACHTUNGSAUFGABEN: Vergleiche das Aussehen eines Moospolsters in feuchtem Zustand mit dem eines ausgetrockneten Polsters. Beachte vor allem die Blättchen. Stelle ein vertrocknetes Pflänzchen mit dem unbelaubten unteren Abschnitt ins Wasser, bei einem anderen laß auch die Blätter eintauchen, bei einem dritten nur die Blättchen. Beobachtung?

Vorkommen und Name: Die dicht beisammenstehenden Pflänzchen des gemeinen Frauenhaars bilden üppige, schwellende Polster an feuchten Stellen der Wälder; an trockenen bleiben die Pflanzen niedriger und stehen in lockeren Rasen. »Goldenes Frauenhaar« heißt das Moos wegen des goldenen Stiels der Sporenkapsel, »Filzmütze« wegen der gelben, filzigen Haube über der Kapsel, »Widerton« nannte man es, weil es früher als Mittel »wider das Antun böser Geister« verwendet wurde.

Stengel und Blätter: Der Stengel wird manchmal bis 30 cm hoch. Während er oben weiterwächst, stirbt er am unteren Ende ab. Neben den Resten abgestorbener Blätter finden wir dort feine Zellfäden, sog. Rhizoiden, die an Stelle von echten Wurzeln Wasser und Nährstoffe aufnehmen. — Die dreieckigen Blätter sind spiralig angeordnet. Bei Trockenheit falten sie sich der Länge nach zusammen und legen sich dem Stengel an (Bedeutung?). Betrachtet man einen Blattquerschnitt im Mikroskop, so erkennt man auf der Blattoberseite viele parallel gerichtete Leisten aus je einer Zellage. Zwischen diesen Längsleisten wird Wasser festgehalten, mit dem das zusammen-

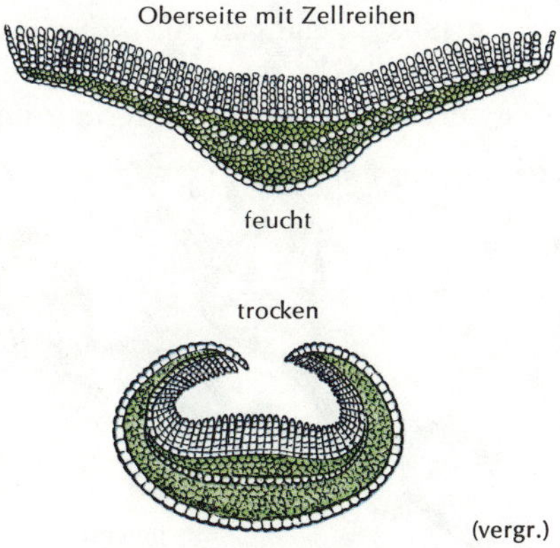

Blatt vom Frauenhaar im Querschnitt

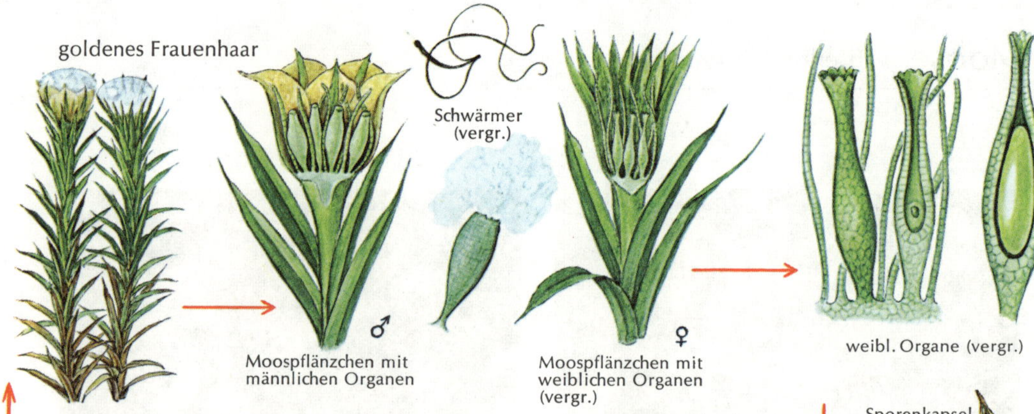

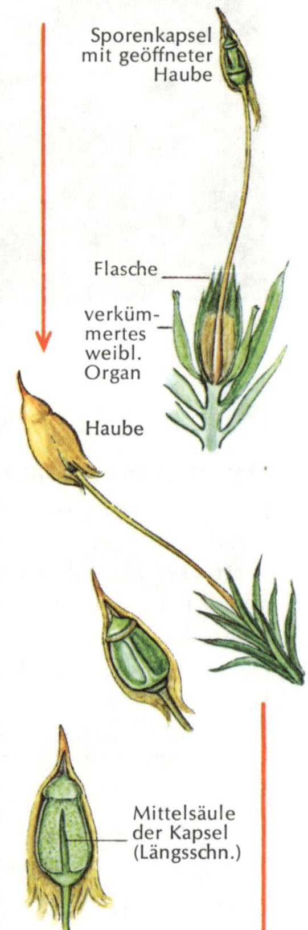

gelegte, scheinbar trockene Blatt noch lange versorgt werden kann. Ganz in Wasser getauchte, trockene Moospflänzchen erholen sich viel rascher als solche, die nur mit dem Sproßende im Wasser stehen (Versuch). Das Moos nimmt also auch unmittelbar mit der Blattoberfläche Wasser, ja sogar Wasserdampf der Luft auf.

Moose sind sehr einfach gebaute Pflanzen. Stengel und Blattadern bestehen nur aus langgestreckten Zellen. Sie enthalten nie Gefäße. Daher können die Moose auch an günstigsten Standorten nicht über 40 cm hoch werden. Weil ihnen die Leitbündel und echte Wurzeln fehlen, kann man sie trotz der Gliederung in Stamm und Blätter nicht zu den Gefäßsporenpflanzen rechnen. Sie bilden unter den Sporenpflanzen eine eigene Abteilung.

Antheridien und Archegonien: Im Frühjahr färben sich die Gipfelblättchen mancher Pflänzchen rötlich, auch verbreitern sich die dicht gedrängten oberen Blätter. In diesen Blattschalen kann man unter dem Mikroskop helle, keulenförmige Säcke, die männlichen Organe oder Antheridien, erkennen. Sind sie reif, so reißt der Schlauch auf, und korkzieherförmige Schwärmer, die Spermatozoiden, schwimmen mit Hilfe von zwei Geißeln durch das Wasser des feuchten Moospolsters. Dieses enthält neben männlichen Moospflanzen auch eine große Zahl von weiblichen. Bei ihnen neigen sich die oberen Blättchen schützend über die mikroskopisch kleinen, flaschenförmigen weiblichen Organe, die Archegonien. Da das Moospolster meist wie ein Schwamm voll Wasser gesogen ist, gelangen die Schwärmer, von besonderen Stoffen angelockt, leicht zu den Archegonien. Dort dringen sie durch den Flaschenhals zur Eizelle und verschmelzen mit ihr zur

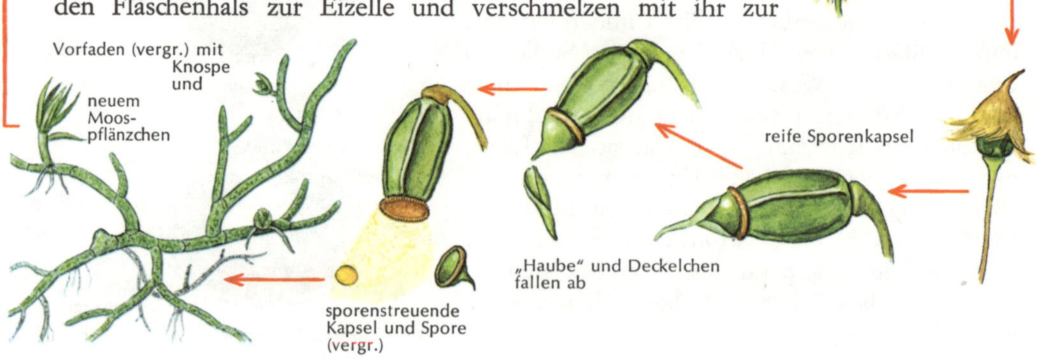

Zygote. Hat in einem der Archegonien eine Befruchtung stattgefunden, so schrumpfen die anderen.

Sporenkapseln und Sporen: Aus der befruchteten Eizelle entsteht eine langgestielte Sporenkapsel. Bei Farn und Schachtelhalm dagegen geht aus der befruchteten Eizelle die neue Pflanze hervor. Die Sporenkapsel des Mooses entwickelt sich zunächst innerhalb des Archegoniums. Bald aber hat sie keinen Platz mehr, sie zerreißt die »Flaschenwand« und hebt den oberen Teil beim Wachsen mit empor. Dieser bedeckt später die Kapsel in Form der filzigen Haube. Hebt man die goldene Kappe vorsichtig ab, so kommt darunter die noch zarte, grüne, vierkantige Kapsel mit einem kleinen Deckel zum Vorschein. An einem Längsschnitt durch die Kapsel erkennt man eine kleine Mittelsäule, um die in großer Menge die unreifen Sporen liegen. Wenn die Kapsel reift, fallen Haube und Deckelchen ab und die Kapsel stellt sich waagrecht. Aber die Sporen können nicht ohne weiteres herausfallen, denn der Behälter ist oben noch durch ein feines Häutchen verschlossen. Erschüttern wir den langen, elastischen Stiel einer trockenen Kapsel, so werden die Sporen durch winzige Öffnungen zwischen dieser Haut und dem fein gezähnten Kapselrand ausgestreut. Die nach innen gebogenen Zähnchen richten sich nämlich bei trockenem Wetter auf und heben das Häutchen hoch. Dadurch entstehen ganz feine Schlitze, durch die die Sporen nach außen gelangen. Bei feuchter Witterung schließen sich die Öffnungen, da sich die Zähnchen am Kapselrand wieder krümmen.

Man kann den Stiel der Sporenkapsel vorsichtig aus der Moospflanze (dem unteren Teil des »Flaschenbauches«) ziehen, ohne beide zu verletzen. Steckt man den Stiel wieder hinein, so wächst die Kapsel weiter.

Die sporenerzeugende Generation bleibt also mit der geschlechtlichen Generation dauernd verbunden. Sie lebt gewissermaßen parasitisch auf ihr.

Entwicklung der Spore: Aus den vom Wind verbreiteten Sporen entwickelt sich ein reich verzweigtes, grünliches Fadengeflecht, das *Vorfaden* oder *Protonema* (gr. protos = Ur-, Vor-; nema = Faden) genannt wird, zum Unterschied von den blattartigen Vorkeimen der Farne. An ihm entwickeln sich Knospen, aus denen neue Moospflänzchen hervorgehen.

Zusammenfassung

Es findet also auch bei Moosen ein Generationswechsel statt. Während aber bei Farnen und Schachtelhalmen am Vorkeim die Archegonien und Antheridien gebildet werden, entwickeln sich beim Moos aus kleinen Knospen des Vorfadens neue Pflänzchen und erst diese tragen wieder männliche und weibliche Organe. Die geschlechtliche Generation besteht beim Moos also aus Vorfaden (Protonema) und Moospflanze, die ungeschlechtliche aus der Mooskapsel, die dauernd mit der Moospflanze verbunden bleibt.

Einteilung: Das Frauenhaar rechnet man zur Klasse der Laubmoose. Diese besitzen meist einen aufrechten Stengel, an dem die Blättchen spiralig angeordnet sind. Die Sporenkapsel ist mit einer Haube versehen, die sich mit einem Deckel öffnet.

Andere Laubmoose

Die *Torf- oder Sumpfmoose* (Sphagnumarten) haben als Torfbildner erdgeschichtliche Bedeutung. Ältere Pflanzen besitzen gar keine Rhizoiden, aber Stengel, Äste und Blätter, mit eigentümlichen »Wasserbehältern«. Im Zellgewebe liegen zahlreiche, sehr große Zellen, die durch kleine Öffnungen in der Zellwand unmittelbar Wasser aufnehmen und speichern können. Die ihnen benach-

Vergleich zwischen der Entwicklung
Farnkraut Moos

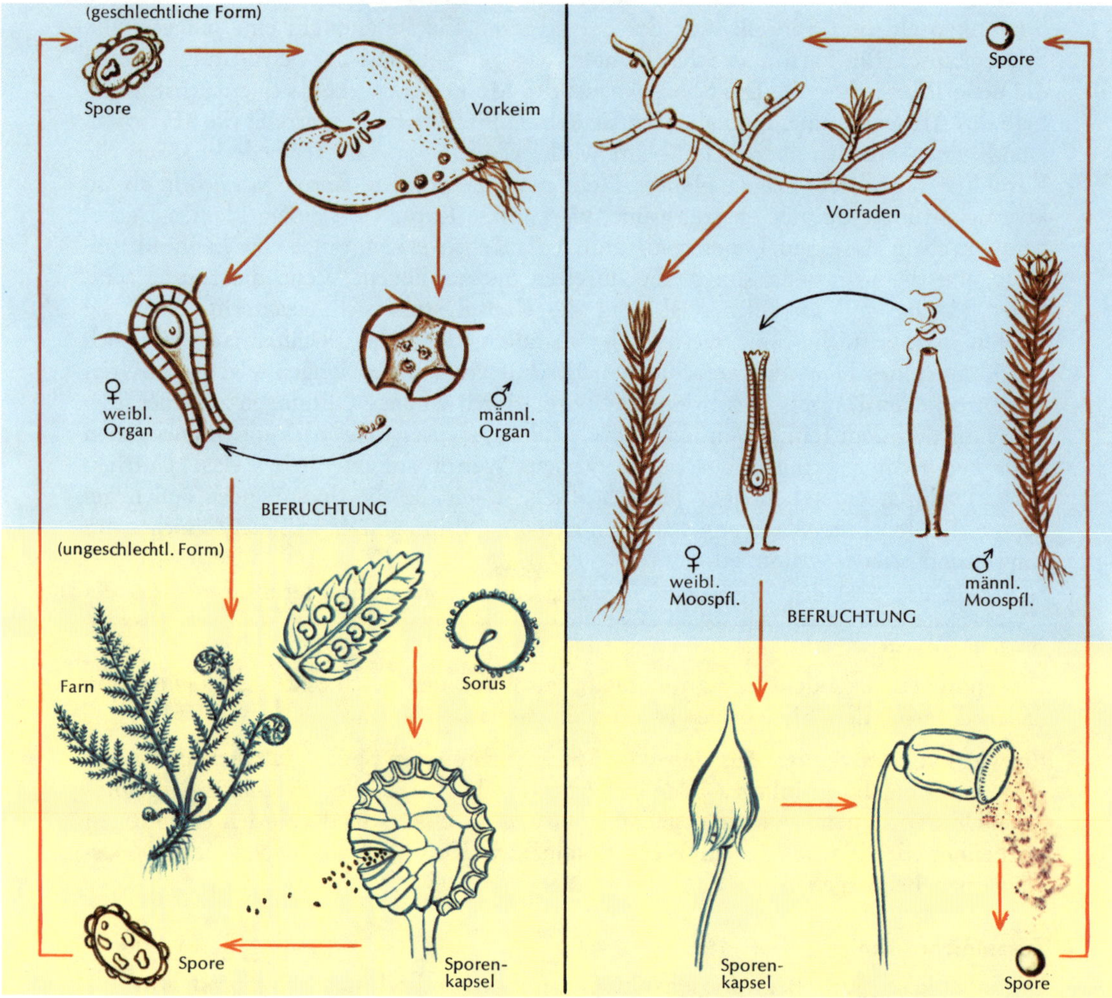

barten, kleinen, grünen Zellen verarbeiten die mit dem Wasser in das Gewebe eingetretenen Nährstoffe. Die Wasseraufnahme beträgt dabei bis zum Zwanzigfachen des Trockengewichtes. (Erkläre die blaßgrüne Farbe des Mooses.) Das Torfmoos trägt an peitschenförmigen Ästen dichtgedrängt schuppenartige Blättchen. Sie neigen sich am oberen Ende zu einem weißlichen Köpfchen zusammen (»Edelweißmoos«). Kräftig heben sich die rundlichen, rot gefärbten Sporenkapseln von ihm ab. Torfmoose bevorzugen saure Böden. Da sie selbst sauere Bodenreaktion hervorrufen, verschwinden die meisten vorhandenen Pflanzen und es entsteht eine besondere Lebensgemeinschaft (s. Lebensgemeinschaft des Moores S. 175). In trockenen Wäldern findet man die gewölbten Polster des *Weißmooses* (Leucobryum glaucum). Drücke ein feuchtes Polster aus und beobachte den Farbwechsel. — Zahlreiche Arten des zierlichen *Astmooses* (Hypnumarten) fügen sich an feuchteren Stellen zu einem weichen Moosteppich zusammen. — Die Vorkeime des zierlichen *Leuchtmooses* (Schistostega osmundacea) treffen wir nur an wenigen Stellen an, z. B. auf der »Luisenburg« im Fichtelgebirge (geschützt). Bis zum dämmrigen Standort der Pflanze in den Felsgrotten und Höhlen dringen nur wenige Lichtstrahlen. Manche Zellen des Vorkeims sind kugelförmig und glasartig durchsichtig. Sie wirken wie kleine Linsen, die das Licht auf den hinter ihnen liegenden Blattgrünkörnern sammeln. Die von diesen zurückgeworfenen Lichtstrahlen rufen einen smaragdgrünen Schein hervor.

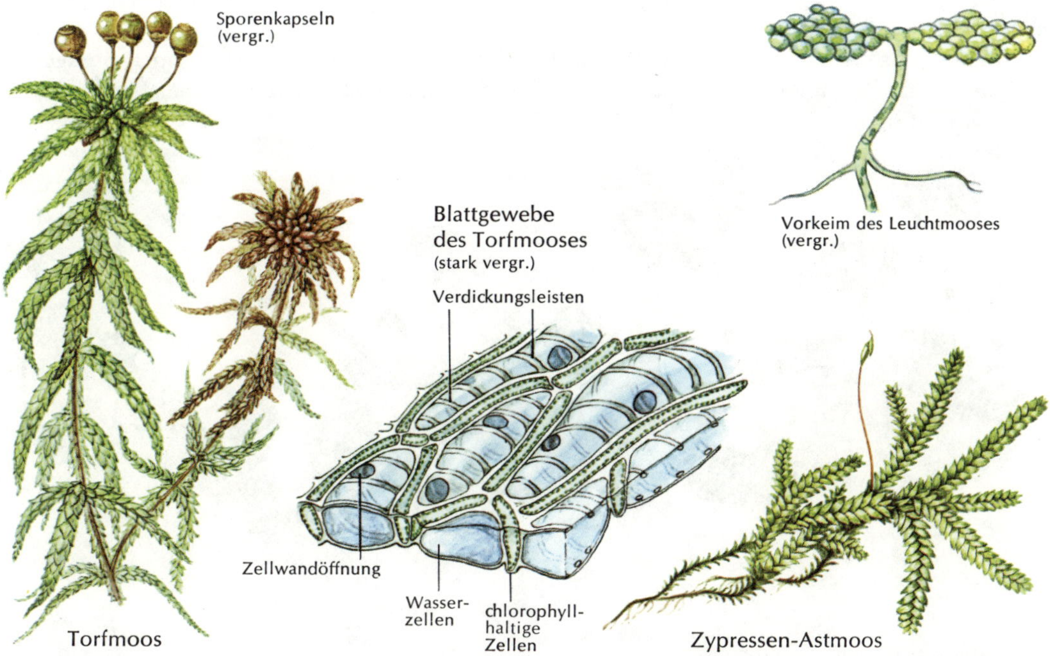

LEBERMOOSE (Klasse: Hepaticae)

Das Brunnenlebermoos (Marchantia polymorpha)

Feuchte Felsen, Mauern, Brunnenränder und Gräben sind manchmal dicht mit grünen, gelappten »Blättern« bedeckt. Mit feinen, wurzelähnlichen Fäden, Rhizoiden, halten sie sich an der Unterlage fest. Wegen dieser eigentümlichen Gestalt rechnet man sie zu den Lebermoosen. Ihr Körper ist weniger gegliedert als bei den übrigen Moosen. Er bildet ein *Lager* oder einen Thallus (s. S. 169).

Das Brunnenlebermoos wurde früher als Mittel gegen Leberleiden gebraucht (Name). Im Juni und Juli finden wir an dem blattartigen Mooskörper langgestielte Schirmchen. Ihr Rand ist bei manchen Pflanzen nur leicht gebuchtet, an diesen Schirmchen entdecken wir bei mikroskopischer Untersuchung männliche Organe. — Die Schirmchen anderer Pflanzen sind tief gespalten. Sie tragen die weiblichen Organe. Aus der befruchteten Eizelle entwickelt sich eine ganz kurz gestielte Sporenkapsel ohne Haube. Sie enthält einige hunderttausend Sporen. Diese treiben, auf feuchte Stellen verweht, einen kurzen Vorfaden, aus dem wieder die blattartige Moospflanze entsteht. Neben der »Sporengeneration« kommt noch eine zweite Form ungeschlechtlicher Vermehrung vor: am Moospflänzchen bilden sich kleine *»Brutbecher«.* In ihnen schnüren sich winzige Ableger ab, die vom Wasser herausgespült werden und zu einer neuen Pflanze heranwachsen können.

Andere Lebermoose, z. B. der *Kammkelch* (Lophocolea) tragen an dünnen Stämmchen streng zweizeilig angeordnete Blätter (nie sind sie spiralig angeordnet wie bei den Laubmoosen). Die langgestreckte Sporenkapsel springt mit vier Klappen auf.

Zusammenfassung

Lebermoose haben einen thallusähnlichen Körper oder einen niederliegenden Stengel mit zweizeilig angeordneten Blättchen. Die Sporenkapsel öffnet sich meist mit vier Klappen und weist keine Haube auf.

Brunnenlebermoos

Bedeutung der Moose: Obwohl die Moospflänzchen klein und unscheinbar sind, spielen sie in der Natur eine wichtige Rolle.

Die kleinen Arten sind sehr genügsam. Hat der Wind nur ein wenig Staub in einer Felsenritze zusammengetragen, so können sie sich dort ansiedeln. Da sie unten absterben, während sie oben weiterwachsen, wird die Erdkrume allmählich vermehrt und verbessert. Daher können sich auf dem von den Moosen bezogenen Vorposten auch bald andere Pflanzen, Gräser, kleine Blütenpflanzen usw., ansiedeln. In Sümpfen, wo die absterbenden Teile des Torfmooses von der Luft abgeschlossen sind und daher nicht verwesen können, entsteht im Laufe von Jahrtausenden brauner Torf. Getrocknet liefert er Brennstoff und Stallstreu. Außerdem dient er zur Verbesserung des Bodens. Der Torfbauer trägt die oberen Lagen ab und gewinnt dadurch Weiden und Wiesen, schließlich auch Ackerland, das sich besonders für den Anbau von Buchweizen eignet.

Die Moospolster unserer Wälder sammeln in Regenzeiten Wasser und geben es bei trockener Witterung langsam an ihre Umgebung ab. Wo große Waldungen im »Raubbau« geschlagen werden, sterben die schattenliebenden Moose. Zur Zeit der Schneeschmelze und bei Gewittergüssen reißen dann die Wassermassen, vor allem in Gebirgsgegenden, das Erdreich mit sich und stürzen ungehemmt zu Tal. Dort überschwemmen sie oft weite Strecken und verwüsten Felder und Wiesen. Im Sommer aber herrscht große Trockenheit, weil die wasserspendenden Moospolster fehlen (s. S. 156).

Wo die Moose für Stallstreu gesammelt werden, verarmt das pflanzliche Leben und vielen Tieren wird Schutz und Wohnstätte genommen. Führe Beispiele an.

Das Hochmoor

Moorlandschaft

Torfstich

Entstehung und Standortsbedingungen

Die meisten stehenden Gewässer verlanden in verhältnismäßig kurzer Zeit. Enthält das Wasser genügend Kalk und andere Nährsalze, so siedeln sich vor allem die Seggen oder »Sauergräser« an. In der Regel entsteht dann ein Flachmoor. Die Sauergräser werden im Gegensatz zu den »Süßgräsern« vom Vieh verschmäht. Die volkstümliche Bezeichnung »Sauerwiese« ist aber irreführend. Der Boden ist nämlich keinesfalls sauer, die Seggen wachsen häufig sogar auf sehr kalkreichem Boden.

Wo das Wasser arm an Kalksalzen und an anderen Nährsalzen ist, siedeln sich vor allem die kalkfliehenden *Torfmoose* (Sphagnumarten) an. Da sie Säure erzeugen, rufen sie bald eine stark saure Bodenreaktion hervor und verdrängen dadurch im Laufe der Zeit die meisten anderen Pflanzen. Die Torfmoose (s. S. 171) sterben unten ab und wachsen nach oben weiter. Sie breiten sich auch allmählich nach den trockeneren Randgebieten aus. Daher befinden sich die älteren Schichten in der Mitte des Moores und überragen die am Rande liegenden jüngeren Schichten. Im Querschnitt erscheint ein Sphagnummoor uhrglasförmig nach oben gewölbt. Wegen dieser Form bezeichnet man es als »Hochmoor«. (Die Bezeichnung bezieht sich nicht auf die Höhenlage.)

Begleitpflanzen der Torfmoose

Nur wenige Pflanzen können unter den besonderen Bedingungen des Standortes (zeitweilige Wasserarmut, saure Bodenreaktion) wachsen. Die Pflanzengesellschaft des Hochmoores unterscheidet sich daher auffällig von der des Flachmoores.

Verbreitet sind niedrige Zwergsträucher: *Preiselbeere* (Vaccinium vitis-idaea), *Rausch-* oder *Moorbeere* (Vacc. uliginosum), *Rosmarinheide* (Andromeda polifolia) und *Sumpfporst* (Ledum palustre). Die seltene *Krähenbeere* (Empetrum nigrum) besitzt fast nadelförmige Blätter mit eingerolltem Rand. Die Spaltöffnungen der Blattunterseite sind außerdem vielfach durch einen dichten Haarfilz geschützt. Unter den Gräsern fällt das *Wollgras* (Eriophorum vaginatum) durch seine langhaarigen Fruchtschöpfe und die zähfasrigen Blattscheiden auf. Vom Rand des Moores her wandern echte Sandpflanzen, wie *Heidekraut* (Calluna vulgaris), *Kiefer* und *Birke* ein. Die Bäume bilden freilich nur Kümmerformen und ersticken meist bald im raschwüchsigen Torfmoos, sie treten also nur vorübergehend auf.

Die meisten Pflanzen zeigen Anpassungen an trockene Standorte. Für diese merkwürdige Erscheinung werden verschiedene Erklärungen angegeben: Das zeitweilige Austrocknen der Mooskissen im Sommer und der winterliche Frost machen aus dem feuchten Standort — allerdings nur vorübergehend — einen ausgesprochen trockenen. Hinzu kommt, daß die Wurzeln der Pflanzen nicht bis zum Grundwasserspiegel vordringen können. Außerdem ist die Erwärmung der schattenlosen Hochmoore durch die Sonneneinstrahlung bedeutend und der frei hinstreichende Wind erhöht die Verdunstung der Moorpflanzen stark.

Ernährungsspezialisten

In Anpassung an die ungünstigen Standortsbedingungen sind manche Pflanzen zu besonderer Ernährungsweise übergegangen. So senkt das rosablühende *Sumpfläusekraut* (Pedicularis palustris) kleine Saugwurzeln in die Wurzeln von Gräsern und holt sich als Halbschmarotzer einen Teil seiner Nahrung aus der Wirtspflanze (s. S. 66). Die Sonnentauarten fangen kleine Insekten und verdauen sie (s. S. 61). Ihre kleinen weißen Blüten öffnen sich nur in der Sonne und zwar in den Vormittagsstunden. Die Bestäubung erfolgt oft schon in der Knospe: Kleistogamie (gr. kleistos = geschlossen). — Auf torfigen Uferwiesen findet man das *Fettkraut* (Pinguicula vulgaris), das ebenfalls kleine Insekten als stickstoffreiche Zusatznahrung verdaut. Seine hübschen violetten Blüten stehen inmitten der gelbgrünen Blattrosette. Nach rückwärts gerichtete Haare am Zugang zum Sporn erschweren den Bestäubern den Rückweg und sichern so die Bestäubung. Das verwandte *Alpenfettkraut* (P. alpina) blüht weiß.

Pollenanalyse

BEOBACHTUNGSAUFGABEN: Untersuche Torfstücke auf ihren Pflanzengehalt. Versuche festzustellen, von welchen Pflanzen die Reste stammen. Suche mit dem Mikroskop nach eingeschlossenen Blütenstaubkörnern, versuche festzustellen, von welchen Pflanzen sie stammen (s. unten). — Beobachte, wie sich der Pollen windblütiger Pflanzen aus der Nachbarschaft der Moore auf den »Blänken« und im feuchten Moos oft in großen Mengen ablagert (mikroskopische Untersuchung des gefundenen Blütenstaubes).

In Torfstücken findet man vor allem die Reste von Sphagnumarten, aber auch solche der »Begleitpflanzen«. Der Wind lagert zur Zeit der Baumblüte oft große Mengen von Blütenstaub aus den benachbarten Waldgebieten im Moor ab. Die Pollenkörner sind je nach der Pflanzenart, von der sie stammen, verschieden in ihrer Gestalt und meist äußerst widerstandsfähig. Findet man Blütenstaub einer bestimmten Baumart, z. B. Birke oder Kiefer, in größeren Mengen in einer ganz bestimmten Torfschicht, so ist anzunehmen, daß sich zur Zeit der Bildung eben dieser Schicht in der Nähe des Moores ausgedehnte Birken- bzw. Kiefernbestände befanden. Da man auch das Alter der betreffenden Schicht heute ziemlich genau bestimmen kann, ist durch die »Pollenanalyse« eine Rekonstruktion und Datierung der Pflanzenwelt längst vergangener Zeiten möglich. (Über die Bedeutung der Pollenanalyse s. S. 245).

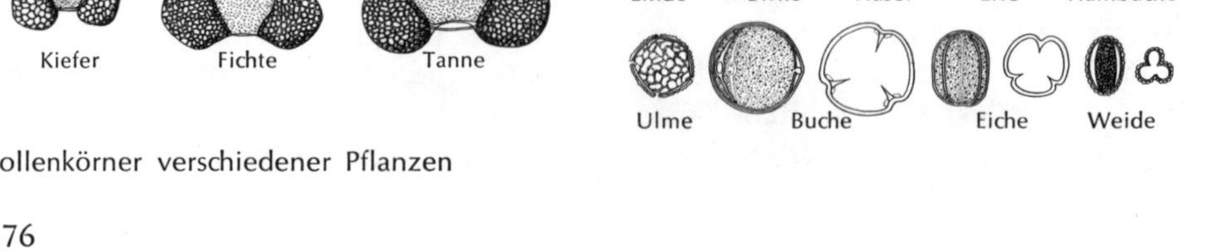

Pollenkörner verschiedener Pflanzen

Seerosenzone

Schwanennest

Die Umweltbedingungen

Die besonderen Eigenschaften des Wassers bestimmen weitgehend die Bedingungen dieses Lebensraumes. Wasser speichert viel Wärme und gibt sie nur langsam wieder ab. Daher ändern sich im Laufe des Jahres die Temperaturen im Wasser viel weniger als auf dem Lande. Die Gewässer erwärmen sich im Sommer nur selten auf über 25° C. Von besonderer Bedeutung sind die wechselnden Temperaturverhältnisse der Wasserschichten. In der kalten Jahreszeit kühlt sich das Oberflächenwasser stark ab, es verdichtet sich, wird dadurch wie alle Stoffe schwerer und sinkt nach unten. Das wärmere, leichte Wasser steigt nach oben und unterliegt dort seinerseits der Abkühlung, bis das gesamte Wasser nur noch eine Temperatur von 4° C hat. Dann tritt eine *Stagnation* (Stillstand) in der vertikalen Strömung ein. Merkwürdigerweise dehnt sich, im Gegensatz zu anderen Körpern, das Wasser bei weiterer Abkühlung wieder aus, bis es bei 0° C zu Eis erstarrt. Daher schwimmt die Eisdecke auf dem Wasser und verlangsamt die Abkühlung der tieferen Schichten. Außer flachen Tümpeln gefrieren daher auch bei großer Kälte die Gewässer nicht völlig zu. Tiere und Pflanzen überstehen in Kältestarre oder mit Hilfe von Dauerorganen deshalb auch in unseren Breiten den Winter. Wenn sich nach der Eisschmelze das Wasser wieder erwärmt, beginnt die vertikale *Zirkulation* aufs neue. Das aufsteigende warme Wasser hat aus dem Schlamm des Grundes Nährsalze und Kohlendioxid aufgenommen, fördert nun in den oberen Schichten Wachstum und Assimilation der erwachenden Pflanzenwelt und sichert damit die Ernährung der Tiere. Die vertikale Strömung ist also für die Umschichtung der im Wasser gelösten Nährstoffe und Gase von größter Bedeutung.

Am Boden der Gewässer werden ständig pflanzliche und tierische Leichen durch Bakterien abgebaut, die freiwerdenden Nährsalze im Wasser gelöst. Kohlendioxid reichert sich infolge seiner großen Wasserlöslichkeit stark an. Dagegen ist das Wasser in Bodennähe arm an dem schwerer löslichen Sauerstoff. Daher findet nur selten eine

vollständige Verwesung statt. Fäulnis und Vermoderung überwiegen. Die dabei entstehenden Humussäuren schränken schließlich die Tätigkeit der Bakterien ein. Es bildet sich am Grund vieler stehender Gewässer der schwarzgraue, übelriechende *Faulschlamm*. Die oberflächennahen Schichten der Gewässer enthalten genügend Sauerstoff zur Atmung der Lebewesen. In größeren Tiefen dagegen nimmt zunächst das tierische Leben wegen des Sauerstoffmangels rasch ab. Trotz des hohen Kohlendioxidgehaltes des Wassers ist aber der Assimilation und damit auch dem Leben der grünen Pflanze in größeren Tiefen eine Grenze gesetzt, da das einfallende Licht, besonders durch trübes Wasser, stark geschwächt wird. Von der Kleinstlebewelt des Wassers, dem sog. *Plankton* (s. S. 190), und den gelösten Humusstoffen hängt die Eigenfarbe des Wassers ab. Mit abnehmendem Gehalt an Humusstoffen wechselt die Farbe des Wassers von braun über gelblichgrün nach blau. Die blaue Farbe der alpinen Seen ist auf einen geringen Gehalt an diesen Stoffen zurückzuführen.
Durch die verschieden starke Erwärmung und Abkühlung von Land und Wasser entstehen an der Uferzone häufig Luftströmungen. Sie werden, wie auch die großräumigen Luftbewegungen über der Wasserfläche, kaum gebremst. Zu den besonderen Bedingungen dieses Lebensraumes gehört daher auch der Wind.
Riesige Mengen des pflanzlichen Planktons im freien Wasser stellen die »Urnahrung« für die Tierwelt des Teiches (s. S. 191) dar. Die größeren, vom Laien schlechthin als Wasserpflanzen bezeichneten Formen aber, ordnen sich vom Ufer her meist in drei gürtelförmigen Zonen an. Man unterscheidet die Schilfrandzone, die Seerosenzone und die Zone der Tauchpflanzen. Die beiden ersten Zonen sind nach kennzeichnenden Leitpflanzen benannt, die dritte beherbergt bis in etwa 6 m Tiefe untergetaucht lebende Pflanzen.

DIE PFLANZENZONEN DES WEIHERS

Die Schilfrandzone

Der Boden der seichten Ufergewässer ist größtenteils mit Faulschlamm bedeckt und daher sauerstoffarm. Watet man ins Wasser, so brodeln übelriechende Gase aus der Tiefe. Sie bestehen in der Hauptsache aus dem Sumpf- oder Methangas und dem nach faulen Eiern riechenden Schwefelwasserstoffgas.
Die Pflanzen, die im Faulschlamm wurzeln, zeigen besondere Anpassungen an Bodenbeschaffenheit, Windwirkung und wechselnden Wasserstand. Auch einige Vertreter der unter dem Wasser treibenden Tauchpflanzen treffen wir manchmal hier an.
Das Aussehen der Uferzone wird vor allem von den bis drei Meter hohen Halmen des Schilfes bestimmt. Als Leitpflanzen treten außerdem der Rohrkolben und die Seesimsen auf. Mit dem Schilf zusammen bilden sie das Röhricht.

Das Schilf (Phragmites communis) trägt an langen, elastischen Halmen scharf schneidende Blattfahnen, die Kieselsäure enthalten. Sie werden vom Wind nicht zerrissen, da sie sich mit ihren spiegelglatten Scheiden um den Halm drehen und so dem Druck ausweichen können. Die oberirdischen Teile der Pflanze gehen im Winter zugrunde. Nur das nährstoffreiche Rhizom überwintert. Aus ihm entwickeln sich Anfang Mai die jungen Sprosse. Zur gleichen Zeit schieben sich fingerdicke Ausläufer vorwärts und in die Tiefe. Dabei kommen ihnen die scharfen *Bohrspitzen* zustatten, die aus zusammengerollten Blättern hervorgehen. Durch das entstehende dichte Flechtwerk werden die Halme fest im Grunde verankert. Die Vermehrung der Pflanze erfolgt vorzugsweise durch die Bildung solcher Ausläufer. Die Blütezeit des Schilfes fällt in den August. Mit Hilfe feiner Flughaare werden die Grasfrüchte durch den Wind weit verbreitet.

Zwischen dem Schilf wächst auch das *rohrähnliche Glanzgras* (Phalaris arundinacea) und der *Rohrkolben* (Typhaarten), dessen länglichrunde Fruchtstände im Volksmund »Zylinderputzer« genannt werden. An der Wasserseite des Röhrichts bilden die bis vier Meter hohen, zylindrischen Halme der *Seesimse* (Scirpus lacustris) ausgedehnte Bestände. Der oft fingerdicke Halm ist mit lufthaltigem Mark gefüllt und wird von Baststrängen durchzogen, die ihn zugfest und elastisch machen. An den hängenden, reichblütigen Rispen überragen die langgestielten unteren Äste die knäuelartigen oberen. Diese Blütenstände, die sog. Spirren, werden von dem spitzen, aufrechten Hüllblatt beiseite gedrängt. Rotbraune Deckblätter umschließen die zwittrigen Blüten dieses Riedgrases. Sie bestehen aus sechs mit Widerhaken versehenen Borsten, den Perigonblättern, den drei Staubblättern und einem Stempel mit drei fedrigen Narben. Die Perigonborsten dienen später der Verbreitung der kleinen Nüsse durch Tiere oder durch das Wasser.

Im Faulschlamm der Uferzone treten Schwertlilie, Kalmus und Binsen oft in großen Beständen als Charakterpflanzen auf. Vom Ufer her dringen mit zunehmender Austrocknung (»Verlandung«) Seggen sowie andere »Uferblumen« in diese Zone ein.

Die Schwertlilie (Iris pseudacorus): Sie ist leicht an den zweizeilig angeordneten, bläulich bereiften, »reitenden« Blättern zu erkennen. Durch diese Blattstellung werden die zarten jungen Blätter von den älteren geschützt. Die ausgedehnten Bestände entstehen vorwiegend durch Verzweigung der kriechenden Rhizome. Oft lockern sie sich in dem weichen Schlamm, sind aber bald wieder festgewurzelt, weil die oberen, unverzweigten Teile ihrer Nebenwurzeln sich und daher die Pflanze tiefer in den Grund ziehen: *Zugwurzeln.*

An dem etwa einen Meter hohen Langtrieb der Schwertlilie entwickeln sich spitzkegelförmige Blütenknospen. Die drei äußeren Perigonblätter

Frucht des Rohrkolbens (stark vergr.)

Rohrkolben

Schilfrohr

sind unten zu einer Röhre verwachsen, ihre breiten Zipfel an der geöffneten Blüte herabgeschlagen. Die drei inneren, schmalen Perigonblätter stehen aufrecht. Auffallend sind die drei kronblattartigen, gelben zweizipfeligen Griffel mit dreieckigen Narbenlappen an ihrer Unterseite. Die Pollenkörner müssen auf die Oberseite der Narben

Schwertlilie

Kalmus

gelangen, um zu keimen. (Näheres s. S. 102.) Meist wird die Blüte von Hummeln bestäubt, manche aber werden von einer Schwebfliege (Rhingia ristrata) aufgesucht. Während an den »Hummelblüten« der Abstand zwischen Perigonblatt und Staubblatt groß ist, haben die »Schwebfliegenblüten« nur einen schmalen Engpaß, durch den sich die kleinen Fliegen gerade noch hindurchzwängen können. Die bestäubten Schwertlilienblüten welken rasch, und aus dem unterständigen Fruchtknoten entwickelt sich eine Kapsel. In ihren drei Fächern liegen die Samen wie »Geldrollen«. Oft sieht man die lufthaltigen Samen in großer Menge auf dem Wasser schwimmen.

Der Kalmus (Acorus calamus): Er trägt frischgrüne, rötlich überlaufene Blätter, die beim Zerreiben aromatisch duften. Auch sein Rhizom ist reich an einem würzig duftenden, flüchtigen Öl, das als Heilmittel und zur Likörbereitung verwendet wird. Das Blatt des Langtriebes drängt die grünliche Blütenähre beiseite, deren dicht gedrängt stehende Blütchen bei uns niemals Samen erzeugen. Die aus Ostasien stammende Pflanze vermehrt sich bei uns ausschließlich durch die reiche Verzweigung ihres Erdsprosses.

Die *Binsen* (Juncusarten) wachsen meist in dichten Beständen. Ihre runden, knotenlosen, markhaltigen Halme und die stielrunden Blätter lassen sich gut zu Flechtwerk verarbeiten. Ohne abzubrechen, biegen sie sich im Wind oder im Anprall der Wellen. — Zur Zeit der Schwertlilienblüte baumeln an den niedrigen *Wollgrashalmen* (Eriophorum angustifolium) schon die seidenhaarigen Fruchtschöpfe. — Das *Sumpfblutauge* (Comarum palustre) trägt an langen Stielen scharfgesägte, fast gefingerte Fiederblätter, deren dunkelgrüne, glänzende Oberseite in scharfem Gegensatz zu der silbrig behaarten Unterseite steht. Das Rhizom verzweigt sich stark und schiebt die Pflanze weit ins flache Uferwasser vor. Trotz der großen kronblattartigen Kelchblätter fällt die purpurbraune Blüte wenig auf. Grüngoldene Nektartropfen am Grunde der schmalen Kronblätter locken jedoch Bienen, Hummeln, Fliegen und Falter an. — Selten findet man den *Fieberklee* (Menyanthes trifoliata), der seine kräftigen großen »Kleeblätter« über den Wasserspiegel hebt. Nur manchmal beobachtet man zwischen ihnen kerzenförmige Rispen der rötlichweißen, fein zerfransten Enzianblüten (s. Abb. S. 245 — Verschiedengriffeligkeit, s. S. 97). — Wie die Schwertlilie hat auch der *Igel-*

Wasserpest

kolben (Sparganium erectum) schwertförmige Blätter. Die getrenntgeschlechtigen Blüten sind in kugeligen Blütenständen angeordnet. Am Fruchtstand werden die Griffel zu kleinen Stacheln der zahlreichen Steinfrüchte. – Steif reckt der *Schlammschachtelhalm* (Equisetum fluviatile) seine glatten, grünen Halme empor. Auch die Sporenähre steht bei ihm am grünen Stengel, der sich nur selten oben etwas verzweigt (s. S. 163).

In seichtem Uferwasser finden auch einige Tauchpflanzen günstige Bedingungen. Sie schweben dicht unter der Wasseroberfläche in einem Bereich, in dem viel Licht und Wärme zur Verfügung steht. Manchmal vermehren sie sich sehr stark auf vegetative Weise, z. B. die *Wasserpest* (Elodea canadensis). Weibliche Sprosse der zweihäusigen Pflanze wurden im 19. Jahrhundert aus Amerika eingeschleppt. Sie vermehrt sich bei uns durch »Erneuerungsknospen«. Die dünnen Stengel sind mit dreizähligen Blattquirlen besetzt und mit einfachen *Haftwurzeln* im Grunde verankert. Die Sprosse des *Wasserschlauches* (Utricularia vulgaris) schweben dagegen völlig wurzellos im Wasser. Seine mehrfach gefiederten Blätter sind in feine Zipfel zerteilt, an denen viele kleine, sackförmige Blasen sitzen. Diese dienen dem Fang winziger Wassertiere, die im Inneren der Blase als Zusatznahrung verdaut werden (s. S. 62). Der Wasserschlauch gehört also zu den fleischfressenden Pflanzen.

Teichrose Seerose Wasserfrosch

Die Seerosenzone

Dicht bei dicht liegen die großen herzförmigen Blätter der *weißen Seerose* (Nymphaea alba) im stillen Wasser der Buchten neben denen der *gelben Teichrose* (Nuphar lutea), die oft in Tiefen bis zu 5 m wurzeln. Dazwischen schwimmen die breitelliptischen Blätter eines *Laichkrautes* (Potamogeton natans), die lanzettlichen des *Wasserknöterichs* (Polygonum amphibium) und die kleinen, nierenförmigen des *Wasserhahnenfußes* (Ranunculus aquatilis). — In Ufernähe breitet das *Pfeilkraut* (Sagittaria sagittifolia) seine ovalen Schwimmblätter aus. Anfänglich offene Stellen des Wassers bedecken sich in kurzer Zeit vollständig mit den kleinen blattähnlichen Sprossen der *Wasserlinsen* (Lemnaarten). Ihr Würzelchen dient vor allem als Gleichgewichtsorgan. Auch der *Froschbiß* (Hydrocharis morsus-ranae) wurzelt nicht im Grunde. Die Zone wird also vorwiegend von Pflanzen mit Schwimmblättern besiedelt. Deshalb bezeichnet man sie auch als *Schwimmblattgürtel des Weihers.* Dazwischen leben die *Amphiphyten,* die verschiedene Blattformen entwickeln, mit denen sie sowohl im Wasser wie auf dem Lande leben können. Außerdem finden wir hier die Schwimmpflanzen, die die Verbindung mit dem Boden meist überhaupt aufgegeben haben und wurzellos im Wasser treiben.

Seerose und Teichrose

AUFGABEN: Durchschneide den Stiel eines Seerosenblattes und betrachte den Querschnitt der weiten Kanäle. Halte das Blatt unter Wasser und blase in den Stiel. Beobachtung? — Tropfe Wasser auf das Blatt. Beobachtung? — Fertige einen Blattquerschnitt an und untersuche ihn unter dem Mikroskop. Untersuche in ähnlicher Weise Stengel und Blätter von Laichkraut und Wasserknöterich. Welche Baueigentümlichkeiten sind allen Schwimmblättern gemeinsam?

Seerose und Teichrose besitzen besonders große, auffällige, auf der Wasseroberfläche schwimmende Blätter. Ihre ganzrandigen Spreiten sind ungeteilt. Die derbledrige Blattfläche wird von einer Wachsschicht überzogen. Sie besitzt einen festen Blattrand. So kann das Blatt auffallenden Regentropfen und starkem Wellengang widerstehen. Die Spaltöffnungen liegen bei Schwimmblättern nicht auf der Blattunterseite wie bei Landpflanzen, sondern auf der Blattoberseite. Durch die Wachsschicht wird eine Benetzung der Blattoberseite verhütet. Es dringt kein Wasser in die Spaltöffnungen. Der Gasaustausch geht ungehindert vor sich. Die assimilierende Schicht der Palisadenzellen ist gut entwickelt. Von den weitmaschigen Lufträumen der Blätter wird die Atemluft durch die Luftkanäle der Stengel rasch bis zu den im sauerstoffarmen Grund steckenden Rhizomen geleitet. Da die langen Stengel elastisch sind, schwimmt das Blatt auch bei wechselndem Wasserstand stets an der Oberfläche.

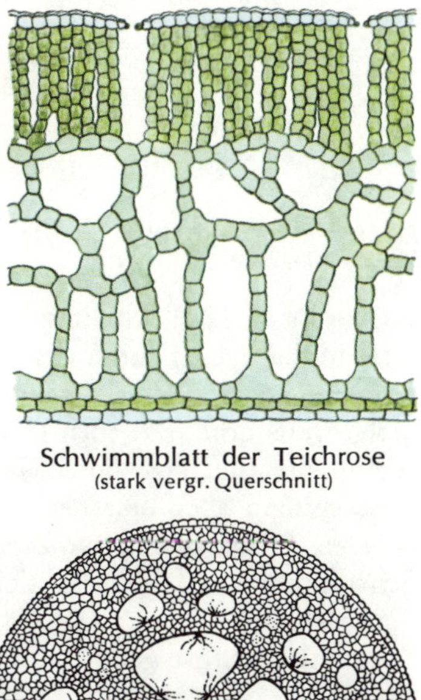

Schwimmblatt der Teichrose
(stark vergr. Querschnitt)

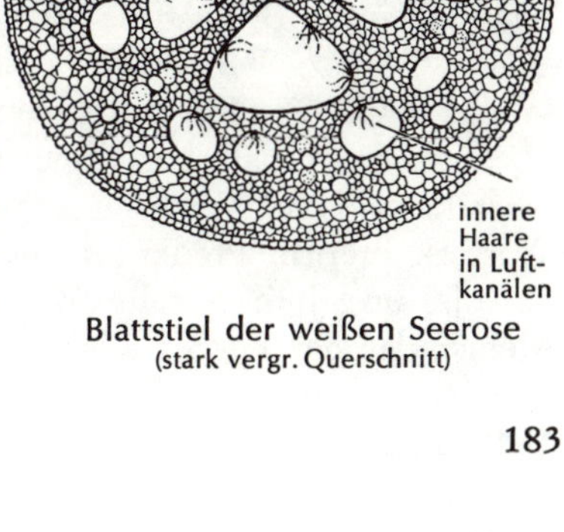

Blattstiel der weißen Seerose
(stark vergr. Querschnitt)

Seinen schönsten Schmuck legt der Weiher im Juni und Juli an, wenn die großen Blumen der weißen Seerosen sich leicht auf dem Wasser wiegen, die Teichrosen oder Mummeln ihre dottergelben Blüten öffnen. Diese locken durch die großen goldenen Kelchblätter und den ihnen entströmenden Aasgeruch Fliegen und Käfer an. Während die Tiere sich aus den in Nektarien umgewandelten, kleinen spatelförmigen Kronblättern Blütensaft holen, streifen sie an die nach außen gekrümmten, reifen Staubblätter und belegen dann die vielstrahlige Narbe mit Pollen derselben oder einer anderen Blüte. Die Teichrose bleibt, wenn sie einmal erblüht ist, immer geöffnet, die Seerosen schließen sich dagegen am Spätnachmittag oder bei Regenwetter. Dabei umhüllen die derben Kelchblätter die Blüte wieder so fest, daß eingeschlossene Insekten, Fliegen und Hummeln, bis zum nächsten Morgen ersticken. Die zahlreichen weißen Kronblätter und das Gold der vielen Staubblätter locken aber bald neue Besucher herbei, die an Stelle von Nektar reichlich Pollen finden. Oft werden Blütenstaubkörner benetzt. Sie treiben aber im Wasser nie einen Pollenschlauch, sondern nur, wenn sie mit dem Flüssigkeitstropfen in Berührung kommen, der von der Narbe ausgeschieden wird.

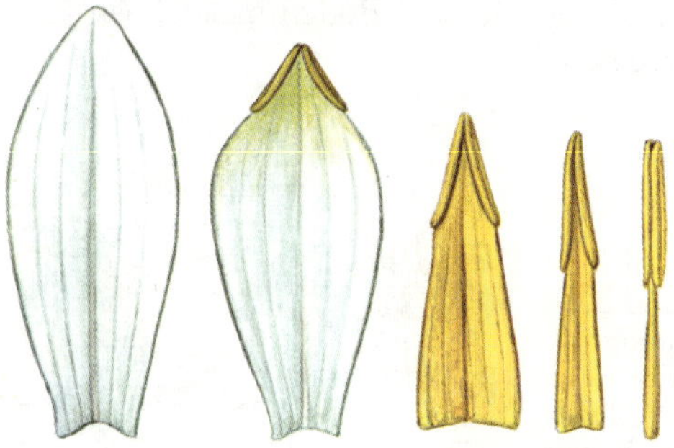
Übergang vom Kronblatt zum Staubblatt bei der Seerose

Deutlich erkennt man bei der Seerose die Übergangsformen zwischen Kronblatt und Staubblatt. Die äußersten Blumenblätter zeigen durch den grünen Mittelstreifen ihrer Außenseite Übergänge zu den Kelchblättern. Diese wiederum sind innen kronblattartig gefärbt.
Die beerenartigen Früchte der weißen und gelben Seerose reifen unter dem Wasserspiegel. Die Samen der weißen Seerose werden durch Verquellen des Fruchtfleisches frei. Mit Hilfe ihres lufthaltigen Arillus (s. S. 120) schwimmen sie längere Zeit auf der Wasseroberfläche. Die ebenfalls lufthaltigen Beeren der gelben Teichrose lösen sich als Ganzes vom Fruchtstiel, schwimmen eine Zeitlang auf dem Wasser und zerfallen schließlich in scheibchenartige Teilstücke, die noch lange von Wind und Wellen umhergetrieben werden. Entweicht die Luft aus diesen Teilstücken, so sinken sie zu Boden. Die Samen werden frei, keimen aber erst nach ein bis zwei Jahren. Die ersten Blätter bleiben unter Wasser. Sie sind äußerst zart, da ihnen das Kutin und die vielen Bastbündel der Schwimmblätter fehlen. In tiefem Wasser besitzen die Seerosen manchmal nur solche *Tauchblätter*.
See- und Teichrose gehören zu den geschützten Pflanzen.

Amphiphyten

Diese Pflanzen bringen je nach der herrschenden Wassertiefe verschieden gestaltete Blätter hervor: *Wasserblätter* und *Luftblätter*. So können sie auch bei stark wechselndem Wasserstand ausharren, ja vorübergehendes Austrocknen des Gewässers überstehen. Deshalb bezeichnet man sie als Amphiphyten (gr. amphos = beidseitig). Charakteristische Vertreter dieser merkwürdigen Pflanzen sind Wasserhahnenfuß, Wasserknöterich, Pfeilkraut und Froschlöffel.
Im Mai und Juni entfaltet der *Wasserhahnenfuß* seine weißen Blüten oft in solcher Menge, daß der Weiher wie verschneit aussieht. Das gelbe Saftmal seiner Kronblätter

weist den Blütenbesuchern den Weg zum Nektar. Bei ungünstiger Witterung hat auch Selbstbestäubung Erfolg. Die Früchte werden häufig durch Wasservögel in andere Gewässer übertragen (s. S. 120). Neben nierenförmigen drei- bis fünflappigen Schwimmblättern entdeckt man an der Pflanze fein zerschlitzte Tauchblätter. Die haarfeinen Zipfel geben jeder Wasserströmung nach, ohne zu zerreißen. Die Epidermis enthält kein Kutin. Auch fehlen ihr Spaltöffnungen. Der Gasaustausch erfolgt unmittelbar durch die zarten Zellwände. Er wird durch die große Oberfläche der feinzerteilten Blätter begünstigt. Aus dem Wasser genommene Blättchen fallen wie Algenfäden zusammen, da sie kein Stützgewebe besitzen. Mitunter kann man Übergangsformen von den Schwimm- zu den Tauchblättern finden. Diese tragen dann feine Zipfel an den Lappen der nierenförmigen Spreite. Trocknet das seichte Gewässer aus, so bekommt der Wasserhahnenfuß an Stelle der Tauch- und Schwimmblätter kurzgestielte, fein zerteilte Luftblätter mit derbkutinisierter Epidermis und Spaltöffnungen auf der Unterseite. — Im Juni tauchen die kerzenförmigen rosa Blütenähren des *Wasserknöterichs* über dem Wasserspiegel auf. Der flutende, unbehaarte Stengel ist von zahlreichen Luftkanälen durchzogen. An den tütenförmigen Scheiden (verwachsenen Nebenblättern) entspringen langgestielte, lederigderbe, lanzettliche Schwimmblätter. Auch der Wasserknöterich kann an festen aufrechten Stengeln (untersuche sie auf Interzellularen) derbe Luftblätter mit Spaltöffnungen an der Unterseite entwickeln. Stengel und Blätter dieser Landform (P. amphibium, var. terrestre) sind sogar drüsig behaart. — An steifen Stengeln ragen, in quirlständigen Stockwerken angeordnet, die kleinen rosa Zwitterblüten des *Froschlöffels* (Alisma plantago-aquatica) und die größeren, weißen, getrenntgeschlechtigen Blüten des *Pfeilkrautes* über den Wasserspiegel des seichten Ufergewässers. Die bandförmigen Tauchblätter und die langgestielten Schwimmblätter, die beide Pflanzen im Frühjahr treiben, machen später langgestielten, ovalen bzw. pfeilförmigen Luftblättern Platz. Mit ihnen können sie auch auf austrocknendem Grund durchhalten.

Wasserhahnenfuß

Schwimmpflanzen

Im Hochsommer öffnet der *Froschbiß* (Hydrocharis morsus-ranae) seine dreizähligen Blüten. Die zweihäusige Pflanze wird nur selten durch Insekten bestäubt. Sie vermehrt sich ungeschlechtlich durch Ausläufer und durch Brutknospen (s. Scharbockskraut), die sich in den Achseln von Niederblättern bilden. — Auch die *Wasserlinsen* vermehren sich meist ungeschlechtlich durch Sprossung. Im Herbst speichern sie so

viel Stärke, daß sie zu Boden sinken und am frostfreien Grund überwintern. — In Norddeutschland bilden in stehenden oder langsam fließenden Gewässern die Blattrosetten der *Krebsschere* oder *Wasseraloe* (Stratiotes aloides) »schwimmende Wiesen«. Im Frühsommer strecken sich die oberen Hälften der etwa 40 cm langen und 4 cm breiten Blätter über den Wasserspiegel. Bestäubt werden die Blüten der getrenntgeschlechtigen Pflanzen nur selten. Trotzdem entwickeln sich häufig an weiblichen Pflanzen Früchte. Ihre Samen sind aber nicht keimfähig. Da die Krebsschere zahlreiche Ausläufer treibt, und wie der Froschbiß *Winterknospen* oder Hibernakeln (lat. hibernaculum = Winterlager) bildet, breitet sie sich dennoch stark aus.

Die Zone der Tauchpflanzen

Je tiefer das Wasser wird, um so mehr treten die Schwimmblattpflanzen zurück. Die dort noch im Grunde verwurzelten Tauchpflanzen bleiben völlig unter der Wasseroberfläche. Nur die Blüten heben die meisten über den Wasserspiegel.

Tausendblatt verschiedene Laichkräuter gemeines Hornblatt

Die Blütchen der unscheinbaren, grünen Blütenähren der *Laichkräuter* werden durch den Wind bestäubt. Einige Arten blühen sogar unter dem Wasserspiegel. Ihr Pollen wird durch das Wasser oder durch Wasserschnecken auf die Narbe gebracht. — Das *quirlständige Tausendblatt* (Myriophyllum verticillatum) verdankt seinen Namen den in haarfeine Fiederchen aufgelösten Blättern. Bei gehäuftem Auftreten bilden die Pflanzen »unterseeische Wiesen«. Völlig wurzellos schweben die meterlangen Sprosse des *Hornblattes* (Ceratophyllum demersum) im Wasser. Die zerbrechlichen, borstenähnlichen Blätter stehen in dichten Quirlen am Stengel. Da das kleinste Stückchen des Sprosses zu einer neuen Pflanze heranwachsen kann, gereicht ihr die »Zerbrechlichkeit« nur zum Vorteil, zumal eine Bestäubung unter Wasser nur ganz selten erfolgt.

Verlandung

Die Pflanzen des Röhrichts halten den Schlamm und abgestorbene Pflanzenteile fest. Diese vermodern nur langsam, wobei sich Faulschlamm bildet. So erhöht sich ganz

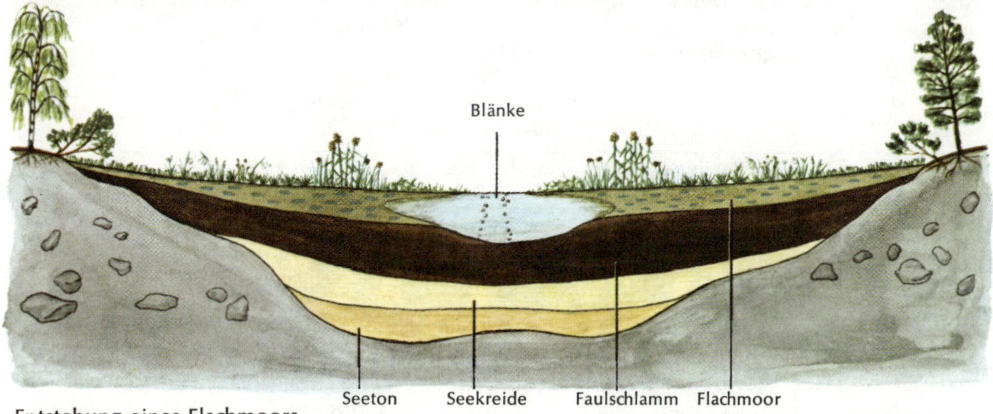

Entstehung eines Flachmoors

Die Pflanzenzonen des Weihers

Zone	Schilfrandzone	Seerosenzone »Schwimmpflanzen«	Tauchpflanzen
Bedingungen	wechselnder Wasserstand. Verlandung	Wassertiefe bis 5 m	Wassertiefe bis 6 m
		Abnahme der Lichtintensität, Zurücktreten der grünen assimilierenden Pflanzen mit steigender Wassertiefe	
	Am Boden bildet sich infolge unvollständiger Zersetzung bei Sauerstoffmangel Faulschlamm. Bildung von Sumpfgas und Schwefelwasserstoffgas		
Charakteristische Vertreter	Schilf, Rohrkolben und Simse bilden das »Röhricht«. Im Faulschlamm: Schwertlilie, Kalmus, Wollgras, Sumpfblutauge, Fieberklee, Sumpfschachtelhalm, Binsen u. a. im Wasser: Wasserpest, Wasserschlauch	Seerose, Teichrose; Amphiphyten: Wasserhahnenfuß, Wasserknöterich, Pfeilkraut, Froschlöffel. Schwimmpflanzen: Froschbiß, Wasserlinsen, Krebsschere	Tausendblatt, Laichkräuter, gemeines Hornblatt
Besondere Anpassungen	an wechselnden Wasserstand und Windwirkung: lange elastische Halme, sehr tiefgreifendes Wurzelwerk	Schwimmblätter mit langen, elastischen Stielen; »amphibische Lebensweise«, Durchlüftungsgewebe, wurzellos im Wasser schwebende Pflanzen, oft vegetative Vermehrung	Pflanzen wurzeln im Boden, erheben die Blüten meist über das Wasser, Bestäubung selten, daher oft vegetative Vermehrung
	Durch Verlandungsvorgänge erfolgt eine ständige Verschiebung dieser Gürtel mit ihren besonderen Bedingungen zur Mitte der Gewässer.		

allmählich der schlammige Grund und vom Ufer her vordringende Pflanzen können bald zwischen denen des Röhrichts wachsen. Schilf und Seesimsen schieben sich weiter in das seichter werdende Gewässer vor, da mit sinkendem Wasserstand in der Uferzone sich ihre Lebensbedingungen verschlechtern. Sie drängen die Schwimmblattpflanzen der Seerosenzone vor sich her. Ihnen wiederum weichen die Tauchpflanzen nach der Mitte des Gewässers aus. So findet eine allmähliche Verlandung statt.

Mit der Zeit wächst die Wasseroberfläche bis auf wenige offene Stellen, die »Blänken«, zu. Es entsteht der *Schwingrasen* oder das *Schwingmoor*. Aus den unten absterbenden Pflanzenteilen bildet sich Torf. Schließlich trocknet der Untergrund so stark aus, daß sich an Stelle von Schilf und Seesimsen *echte Binsen* und *Sauergräser* ansiedeln. Die Blumenwelt der Rohrzone entfaltet sich üppiger als im hohen Schilf. Es ist ein *Flachmoor* entstanden. Bei weiterem Austrocknen können auch *Faulbaum, Erle* und *Schneeball* Wurzel fassen. Aus dem Flachmoor wird so ein *Erlenbruch*.
Die Verlandung kann aber auch zur Entstehung eines *Hochmoores* führen, wenn das Wasser arm an Kalksalzen ist und sich daher die kalkfliehenden *Torfmoose* (Sphagnumarten) ansiedeln und ausbreiten können (s. S. 175).

Zusammenfassende Themen über die Lebensgemeinschaft des Weihers

1. Die Unterschiede zwischen Luft-, Schwimm- und Tauchblättern. — 2. Verschiedene Arten der Pollenübertragung bei den Pflanzen dieser Lebensgemeinschaft. — 3. Arten ungeschlechtlicher Vermehrung. — 4. Frucht- und Samenverbreitung durch Wind, Wasser und Tiere.

Die Tierwelt des Weihers

Die seichte Uferzone: Die ufernahen Bereiche beherbergen eine Fülle tierischen Lebens. Das Röhricht bietet vielen Vögeln Nistgelegenheit, Unterschlupf und Nahrung. Besonders häufig brüten hier *Wasservögel* (Beispiele?). Auch *Insekten* sind in großer Zahl vertreten. Im seichten Uferwasser finden kleine Tiere bei starkem Wind Schutz vor den Wellen. Auch können sie in den dicht mit Pflanzen bewachsenen Zonen ihren Feinden leichter entkommen. Da sich im Sommer das seichte Wasser rasch erwärmt, entstehen in größeren Gewässern »Wärmeinseln«, die für die wechselwarmen Tiere besonders günstige Lebensbedingungen schaffen. Zahlreiche Insektenlarven, z. B. *Mücken-, Köcherfliegen-* und *Libellenlarven,* machen hier ihre Verwandlung durch. *Frösche* und andere *Amphibien* (Beispiele), sowie *Insekten* setzen in dieser Zone ihre Eier ab. Für viele *Fische* sind diese Laichplätze unentbehrlich. Denn im seichten, gut durchlüfteten, warmen Wasser entwickeln sich die Eier am besten und das Pflanzengewirr verhindert, daß der Laich weggeschwemmt wird. — Zahlreiche *Jungtiere* finden in diesem Bezirk ihre erste Nahrung. Vermodernde Pflanzenteile stehen reichlich zur Verfügung, und auf den Wasserpflanzen bilden sich dichte Überzüge von zahllosen Algen und tierischen Einzellern. Dieser *Aufwuchs* stellt für viele Kleintiere des Wassers eine ergiebige Nahrungsquelle dar. Die räuberisch lebenden Insekten und Insektenlarven machen hier Jagd auf ihre Beute. Besonders häufig beobachten wir den auffälligen *Wasserläufer*. Er bewegt sich mit seinen langen Beinen ruckartig auf der Wasseroberfläche und fängt Kleintiere, die vom Ufer und vom Röhricht ins Wasser geraten. *Libellenlarven, Gelbrandkäfer, Wasserwanzen* und *Wasserskorpione* fallen manchmal Beutetiere an, die größer sind als sie selbst. Wo Gelbrandkäfer und Libellenlarven häufig auftreten, werden sie zu ausgesprochenen Schädlingen für die Fischbrut. Aber auch Fische, wie *Plötzen* und *Karpfen,* suchen im ufernahen Bereich ihre Nahrung, die teils aus Pflanzen, teils aus Tieren besteht.

Anpassungen der Tierwelt: Mit sehr eigenartigen Körpereinrichtungen sind die meisten Tiere des Wassers diesem Element gut angepaßt. Die Wasservögel, wie *Enten, Schwäne* und *Steißfüße,* besitzen einen kahnförmigen Körper. Die Ruderfüße und das wasserdichte Gefieder machen sie zu gewandten Schwimmern und Tauchern.

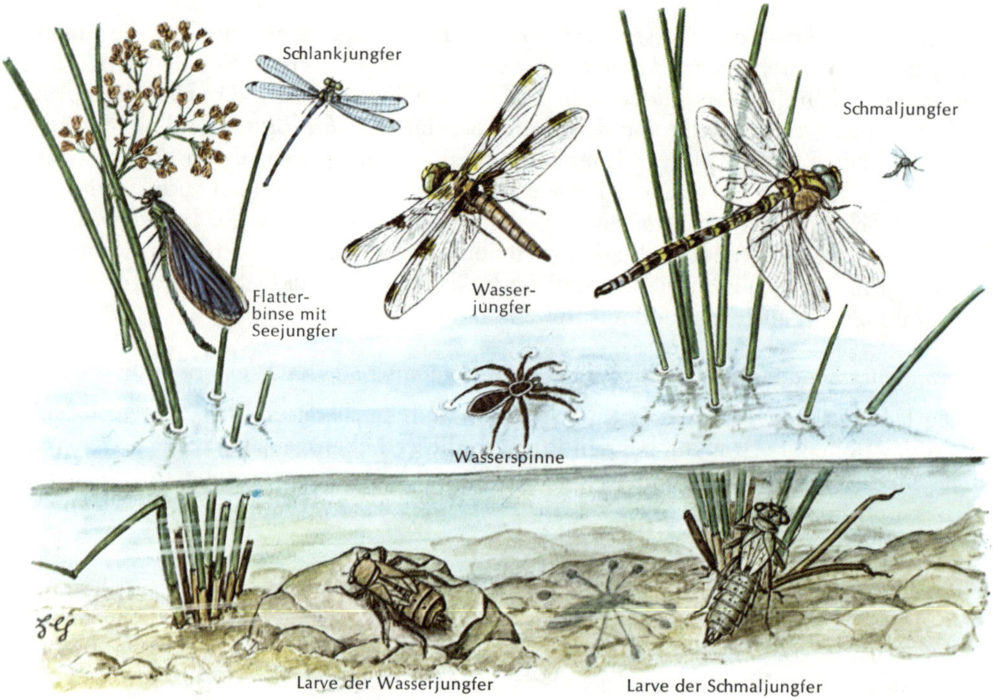

Sie können zwar fliegen, bewegen sich aber auf dem Land nur schwerfällig fort. Viele Tiere sind ganz für das Leben im Wasser eingerichtet. Sie können den im Wasser gelösten Sauerstoff durch Kiemen oder durch die Haut aufnehmen (Beispiele). *Wasserkäfer, Wasserskorpione* und die *Mückenlarven* besitzen besondere Einrichtungen, um den Sauerstoff der Luft aufzunehmen (vgl. Dircksen, Tierkunde Bd. II, S. 52 und 89). Andere Tiere sind nur als Larven an das Leben im Wasser gebunden, z. B. manche Amphibien und die Libellen. Sie atmen als Larven durch Kiemen bzw. Tracheenkiemen, als ausgewachsene Tiere durch Lungen oder Tracheen. Die meisten dieser Tiere halten sich auch im erwachsenen Zustand in der Nähe des Wassers auf. (Warum? Suche Beispiele.)
Die langgestreckte, spindelförmige Gestalt der *Fische* und die breitflächigen Flossen ermöglichen eine rasche, kraftsparende Fortbewegung durch das Wasser. Die *Libellenlarven* können sich mit Hilfe des Rückstoßprinzips bewegen (vgl. Dircksen, Tierkunde Bd. II, S. 107).

Der Stoffkreislauf im Weiher

Auch im Wasser sind die assimilierenden Pflanzen die *Erzeuger* (Produzenten) der organischen Stoffe und die Tiere die *Verzehrer* (Konsumenten). Die Ausscheidungen der Tiere und die Tier- und Pflanzenleichen werden von Bakterien abgebaut und in Nährstoffe für Tiere und Pflanzen zurückverwandelt. Doch gibt es kaum Tiere, die sich von größeren Wasserpflanzen unmittelbar ernähren. Einen großen Teil der Nahrung erzeugen winzige, frei im Wasser schwebende Algen (s. S. 213). Mit vielen tierischen Kleinstlebewesen bilden sie das *Plankton* (gr. planktos = Herumtreiber). Die Planktonten leben in riesiger Zahl (bis zu 500 000 pro cm^3), besonders in gut durchlüfteten, oberflächennahen Schichten und stellen zusammen mit den vermodernden Pflanzen für zahlreiche Tiere die wichtigste Nahrungsquelle dar. Von dieser »Urnahrung« aus führt ein ununterbrochener, oft viel verschlungener Weg über tierische Einzeller, Wasserflöhe und andere Krebschen, Würmer, Insektenlarven u. dgl. bis zu den Fischen. Diese beziehen als »Endverbraucher« ihre Nahrungsstoffe letzten Endes von der Pflanzenwelt im Wasser: *Nahrungskette.* Wie in anderen Lebensbereichen, so ist auch im Weiher die Versorgung der Tierwelt mit organischer Nahrung nur dann gesichert, wenn die pflanzlichen Produzenten die tierischen Konsumenten überwiegen. Daher beherbergt der Weiher viel mehr pflanzliches als tierisches Leben.

Der Stoffkreislauf des Weihers ist in der Regel ausgeglichen. Der Weiher stellt einen nahezu *unabhängigen Lebensraum* dar. Freilich ergeben sich im Kreislauf der Stoffe auch Lücken. Denn manche Insektenlarven verlassen nach ihrer Verwandlung das Wasser. Viele uferbewohnende Vögel holen sich ihre Nahrung aus der Tier- und Pflanzenwelt des Wassers, ohne daß die entzogenen Stoffe in den Kreislauf zurückkehren. Schließlich beteiligt sich der Mensch durch Fischfang u. ä. an diesem Stoffentzug. Bewirtschafteten Weihern müssen deshalb die entzogenen Stoffe in anderer Form wieder zugeführt werden, z. B. durch Fütterung der Fische, künstliche Düngung usw.

Biologisches Gleichgewicht

Unter natürlichen Bedingungen stellt sich zwischen den Lebewesen des Weihers ein biologisches Gleichgewicht ein — ähnlich wie in den bisher behandelten Lebensgemeinschaften (s. S. 32). Die in der Nahrungskette stehenden Lebewesen bieten einander Nahrung, ohne daß deswegen eine Art ausgerottet würde. Die Anzahl der Individuen jeder Art bleibt über längere Zeit ungefähr gleich. — Störungen im Gleichgewicht werden meist durch *biologische Selbstregulierung* aufgefangen (s. S. 33). Werden aber die wichtigsten Lebensgrundlagen der Gemeinschaft durch schwerwiegende Veränderungen beseitigt, so wird die Lebensgemeinschaft zerstört. An ihrer Stelle entwickelt sich eine andere, die den neuen Bedingungen besser angepaßt ist. Solche Veränderungen treten ein, wenn sich der Wasserspiegel senkt, oder wenn sich bestimmte Wasserpflanzen allzu stark vermehren (Wasserpest, Wasserlinsen), aber auch wenn Industrieabwässer in den Weiher abgeleitet werden, ohne daß sie vorher in Kläranlagen gereinigt wurden. Mancher Weiher verwandelt sich unter solchen Umständen in ein faulendes, sauerstoffarmes Gewässer, in dem nur noch wenige Tiere leben können.

Zusammenfassung: Lebensgemeinschaft Weiher

1. Pflanzen und Tiere des Weihers und seiner Uferzone sind besonderen Umweltbedingungen unterworfen. Die Temperaturschwankungen sind gering. Die Lichtmenge vermindert sich von der Oberfläche bis zum Grund des Gewässers stufenweise. Faulschlammbildung führt zu Sauerstoffmangel.
2. Vom Rande des Weihers aus ordnet sich die Pflanzenwelt meist in drei Zonen: Die Schilfrand-Faulschlammzone, die Seerosen- und die Tauchpflanzenzone. Die Pflanzen dieser Zonen sind jeweils den dort herrschenden Bedingungen angepaßt (vgl. Tabelle S. 188).
3. Die Glieder der Schilfrand-Faulschlammzone halten oft mit biegsamen, langen Halmen und schmalen Blattflächen dem Wind stand. Im weichen Faulschlamm

sind sie durch reichverzweigte Wurzeln oder Rhizome fest verankert. Besondere Durchlüftungsgewebe sorgen für ausreichende Sauerstoffversorgung.

4. Die Pflanzen der Seerosenzone besitzen häufig Schwimmblätter. Diese sind durch lange, elastische Stiele mit der Wurzel verbunden. Dadurch schwimmen die Blattspreiten auch bei schwankendem Wasserspiegel stets auf der Oberfläche. Die Spaltöffnungen liegen auf der derben, ganzrandigen, ungeteilten Blattoberseite. Eine Wachsschicht schützt die Blattfläche vor Benetzung.
   Andere Pflanzen dieser Zone, die Amphiphyten, passen sich Veränderungen im Wasserstand durch Ausbildung verschiedener Blattformen an. An Stelle der Schwimmblätter oder zarter, fein zerschlitzter Tauchblätter bilden sich bei Austrocknung des Gewässers Luftblätter mit derber Epidermis und Spaltöffnungen auf der Unterseite aus. Schwimmpflanzen wurzeln nicht im Grunde des Gewässers. Sie vermehren sich meist vegetativ, da sie nur selten bestäubt werden.
5. Die Tauchpflanzen wurzeln im Grunde. Sie erheben nur ihre Blüten über den Wasserspiegel. Auch sie vermehren sich meist vegetativ.
6. Die absterbenden Pflanzen des Röhrichts führen in der Schilfrandzone zur Verlandung. Die drei Pflanzengürtel verschieben sich dabei allmählich zur Mitte des Gewässers. Vom Rand her dringen Seggen und Blumen der angrenzenden Riedwiesen in die Schilfrandzone vor.
   In kalkreichem Wasser gedeihen keine Torfmoose. Die Verlandung führt hier allmählich zur Bildung eines Flachmoores. Ist dagegen wenig Kalk vorhanden, so siedeln sich bald Torfmoose an und wachsen zu dichten Polstern zusammen; sie verdrängen die meisten übrigen Pflanzen. Bei der Verlandung entsteht dann ein Hochmoor.
7. Im seichten Uferbezirk und im Röhricht leben zahlreiche Tiere, besonders Vögel, Amphibien und Gliedertiere. Sie finden hier Brut- und Zufluchtstätten, Laichplätze und Nahrung.
8. Die Tiere dieser Lebensgemeinschaft sind häufig mit besonderen Körpereinrichtungen an das Wasserleben angepaßt. Manche Tiere leben nur als Larven, andere auch im erwachsenen Zustand im Wasser.
9. Auch im Wasser sind die assimilierenden Pflanzen die Erzeuger der organischen Stoffe. Die »Urnahrung« der Tiere wird durch die Assimilation pflanzlichen Planktons und durch die Vermoderung von Pflanzenstoffen gebildet.
10. Der Stoffkreislauf ist im großen und ganzen geschlossen und ausgeglichen. Der Weiher stellt also eine unabhängige Lebensgemeinschaft dar.
11. Zwischen den Lebewesen stellt sich ein biologisches Gleichgewicht ein, das sich bis zu einem gewissen Grade selbst regulieren kann. Größere Veränderungen führen zur Zerstörung der Lebensgemeinschaft.

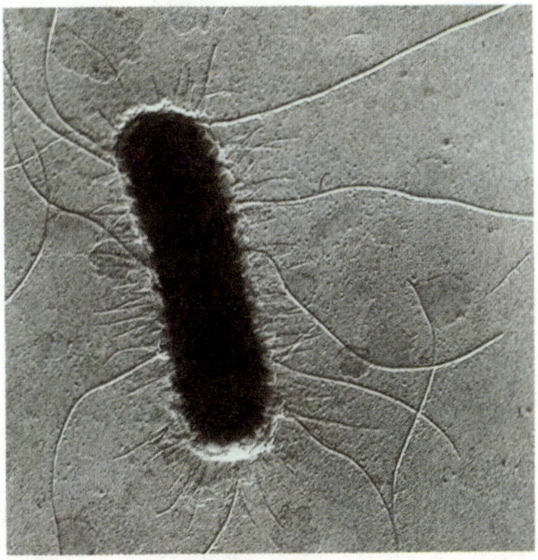
Bakterienzelle mit Geißeln
(elektronenoptische Aufnahme)

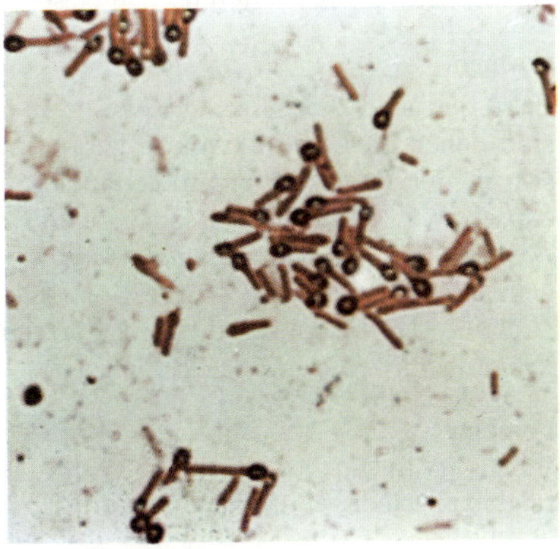
Tetanusbazillen mit Sporen

BAKTERIEN (Klasse: Bacteria)

Beobachtungsaufgabe: Untersuche etwas »Zahnbelag« unter dem Mikroskop bei stärkster Vergrößerung und kleiner Blende.

Vor etwa 300 Jahren entdeckte der Holländer Antony van Leeuwenhoek mit einem einfachen Mikroskop im Zahnbelag Bakterien. Seine Zeichnung aus dem Jahre 1683 zeigt bereits die wichtigsten Bakterienformen, doch blieb die Bedeutung der kleinsten Lebewesen lange Zeit unbekannt. Erst im Jahre 1857 stellte Louis Pasteur fest, daß Bakterien Gärungen hervorrufen und 1876 führte Robert Koch den Nachweis, daß sie auch ansteckende Krankheiten verursachen. Robert Koch erarbeitete die wichtigsten Methoden, mit denen Mikroorganismen erforscht werden können. Inzwischen wurden mehrere Tausend Bakterienarten entdeckt. Eine eigene Wissenschaft, die Bakteriologie, untersucht alle Lebensäußerungen der Bakterien.

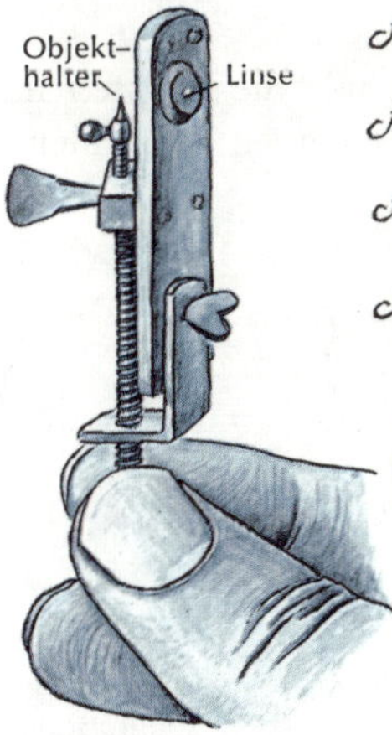

Leeuwenhoeks Mikroskop

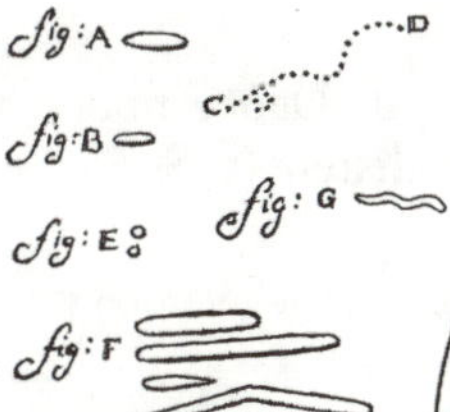

Leeuwenhoeks Zeichnung der Bakterien des Zahnbelags

Bakterien im Zahnbelag
(600× vergr.)

Bakterienformen:

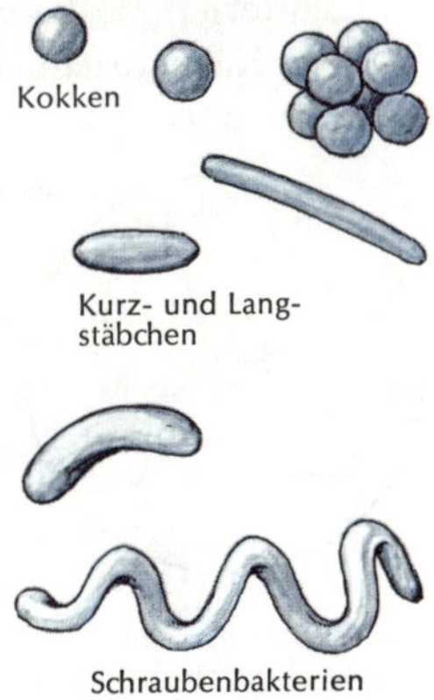

Vorkommen

Bakterien gibt es fast überall. Mit jedem Atemzug nehmen wir Tausende in unseren Körper auf, meist harmlose Arten. Ein Gramm guter Ackererde beherbergt bis zu 25 Milliarden Bakterien. Selbst tief in der Erde, in der Steinkohle und in Kochsalzlagern, hat man Bakterien nachgewiesen.

Formen

Bakterien sind einzellige Lebewesen mit einer durchschnittlichen Länge von 1 μ. Sie sind daher im Lichtmikroskop gerade noch sichtbar. Die wichtigsten Formen finden sich in der Regel schon im Zahnbelag. Man unterscheidet: 1. *Kugelbakterien* oder *Kokken,* 2. *Kurzstäbchen* oder *Bakterien* im engeren Sinne, 3. *Langstäbchen* oder *Bazillen* und 4. *Schraubenbakterien.* — Die letzteren teilt man wieder in die begeißelten Spirillen und in die Spirochäten ein, die keine Geißeln besitzen. Bei der Vielzahl der bisher entdeckten Formen spielt allerdings die Gestalt für ihre Erkennung nur eine geringe Rolle.

Feinbau

VERSUCH: Einen »Ausstrich« von Zahnbelag oder Sauermilch läßt man auf einem Objektträger vollständig eintrocknen und zieht darauf das Glas mehrmals durch eine Bunsen- oder Spiritusflamme. Anschließend läßt man eine 2%ige Methylenblaulösung (oder eine alkoholische Fuchsinlösung) einige Minuten lang einwirken, spült mit reinem Wasser nach und untersucht das getrocknete Präparat mit dem Mikroskop bei stärkster Vergrößerung und geöffneter Blende.

Die meisten Bakterien sind farblos. Fast alle lassen sich aber mit geeigneten Farbstoffen färben. An gefärbten Bakterienpräparaten kann man Einzelheiten ihres Baues besser erkennen. Das Protoplasma der Bakterienzelle erscheint sehr dicht, es enthält Einschlüsse von Reservestoffen und Vakuolen. Bakterien besitzen eine Membran, die jedoch nur in Ausnahmefällen aus Zellulose besteht. Ein echter Zellkern fehlt, es sind jedoch Gebilde nachgewiesen worden, die den Kern in seiner Wirkung vertreten, sog. *Kernäquivalente.* — Viele Bakterien besitzen zarte Geißeln, mit denen sie sich verhältnismäßig rasch fortbewegen können; vielfach sind sie so zart, daß sie erst im Elektronenmikroskop sichtbar werden, mit dem die Objekte mehr als 100 000fach vergrößert werden können.

Wachstum und Stoffwechsel

Bakterien besitzen in der Regel kein Chlorophyll. Daher finden wir die meisten in der Nähe organischer Stoffe. Nur wenige Spezialisten (s. S. 65) kommen ausschließ-

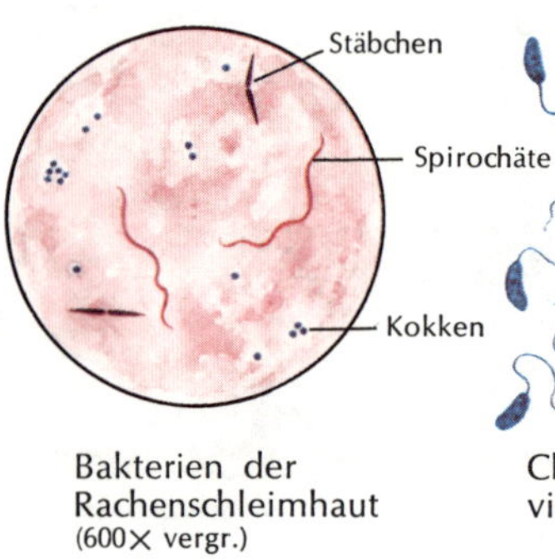

Bakterien der Rachenschleimhaut (600× vergr.)

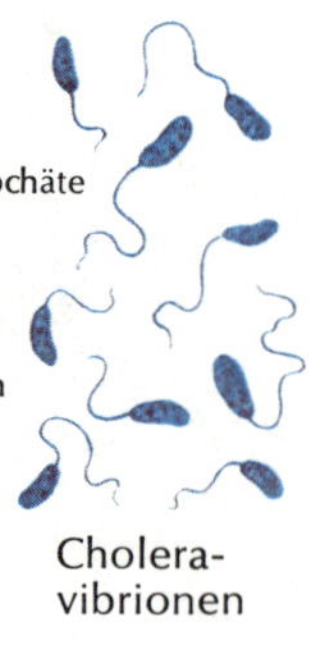
Cholera-vibrionen

Formen der Begeißelung

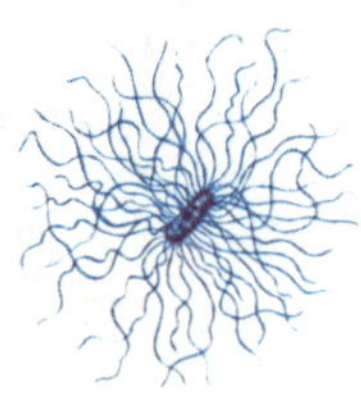
Typhus-erreger

begeißelte Spirille

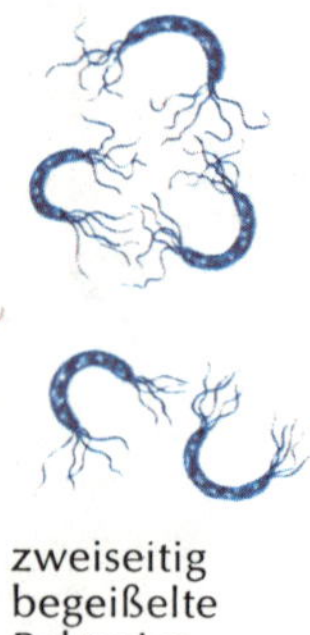
zweiseitig begeißelte Bakterien

lich mit anorganischen Stoffen aus. Die »Nahrung« wird durch die Oberfläche der Zelle unmittelbar aufgenommen und im Innern verarbeitet. Im Verhältnis zu ihrer geringen Größe können die Bakterien riesige Stoffmengen umsetzen. Sie zählen in dieser Hinsicht zu den leistungsfähigsten Lebewesen. Durch die Stoffaufnahme gewinnen sie das Material für ihr Wachstum, durch den Abbau die Energie für die Lebensvorgänge in der Zelle. Da sich unter den Bakterien einerseits gefährliche Krankheitserreger finden, andererseits aber auch Formen, die für den Menschen ausgesprochen nützlich sind, ist die Erforschung ihres Stoffwechsels von größter Bedeutung.

Vermehrung

Da die Zellen keinen echten Kern besitzen, bezeichnet man die einfache Zellteilung als *Spaltung* (Spaltpilze). Bei manchen Arten teilt sich die Zelle unter günstigen Bedingungen in der Stunde mehrmals. Wachstum und Zellteilung sind stark von der Temperatur abhängig. Am günstigsten erweisen sich Temperaturen zwischen 28 und 36 Grad C. Bei tiefen Temperaturen wird die Vermehrung unterbrochen, höhere Temperaturen (über 100 Grad) töten die lebende Zelle.

Aufgaben und Überlegungen: 1. Berechne die Zahl der Bakterien, die aus einer Zelle entstehen könnte, wenn sich innerhalb eines Tages die Teilung nach jeweils 30 Minuten wiederholen würde. Wieviel Raum würden die Nachkommen dieser Zelle einnehmen, wenn jede Zelle ein Volumen von 1 μ^3 erfüllt? — 2. In eine Petrischale, die durch Erhitzen keimfrei gemacht wurde, bringen wir mit einer vorher ausgeglühten Nadel mehrere Proben von Zahnbelag, Sauermilch und ähnlichem auf keimfreien Nähragar. Das gut verschlossene Gefäß stellen wir etwa 24 Stunden in einen Wärmeschrank (etwa 35 Grad). Beobachtung? — 3. Warum werden die Möglichkeiten der Vermehrung in der Natur nicht verwirklicht? Wie verhält sich eine Bakterienzelle, die sich unter günstigsten Bedingungen entwickeln kann?

Gelangen Bakterien auf günstigen Nährboden, so entwickeln sich innerhalb von kurzer Zeit aus jeder Bakterienzelle zahlreiche Nachkommen. Sie bilden Massen, die sogar mit bloßem Auge sichtbar sind, sog. *Bakterienkolonien.* Häufig zeigen diese eine charakteristische Gestalt, gelegentlich rufen sie auf vorbehandelten Böden kennzeichnende Verfärbungen hervor.

Versuch: Untersuche je eine Probe der verschiedenen Kolonien mit dem Mikroskop wie in den beiden vorausgegangenen Versuchen mit dem Zahnbelag bzw. der Sauermilch.

Proben aus verschiedenen Kolonien sind unter dem Mikroskop oft nicht zu unterscheiden; doch werden verschieden aussehende Kolonien stets von verschiedenen Bakterienarten gebildet. Daher wird oft die Form der Kolonien auf Nährböden bestimmter Zusammensetzung mit zur Bestimmung der Bakterien herangezogen. — Auch mit bestimmten Färbemethoden ist eine Unterscheidung möglich.

Lehrerversuche (auch für Arbeitsgemeinschaften geeignet):

Beobachte die Entwicklung von Bakterienkolonien auf keimfreien Agarnährböden, die bei den folgenden Versuchen mit Keimen belegt wurden. Vergleiche.

1. Öffne eine Schale kurz in einem Raum, in dem sich viele Menschen aufhalten (z. B. Klaßzimmer, Wartesaal, Omnibus usw.). — 2. Berühre keimfreien Nährboden jeweils mit ungewaschenen Händen und mit frisch gewaschenen Händen (mehrere Versuchspersonen). — 3. Setze dem Waschwasser ein Desinfektionsmittel wie Lysol oder dgl. zu und wiederhole den Versuch 2. — 4. Drücke kurz eine blankgeputzte Silbermünze auf Nähragar und daneben einen abgegriffenen Geldschein. Verfahre ähnlich mit vielbenutzten Büchern. — 5. Tupfe Trinkwasserproben verschiedener Herkunft, Proben aus Teichen mit einer vorher ausgeglühten Platinöse auf Nähragar. — 6. Untersuche in ähnlicher Weise Milch verschiedener Herkunft und nach verschieden langer Aufbewahrung.

Die mit Fettstift gekennzeichneten Schalen werden etwa 24 Stunden im Brutschrank bei 35 Grad gehalten (»bebrütet«). Anschließend bestimmt man die Zahl der Kolonien. — Welche Schlüsse kann man aus dem unterschiedlichen Wachstum der Bakterien ziehen?

Die Kulturen sind sofort nach der Auswertung der Versuche zu vernichten und die verwendeten Geräte durch Erhitzen zu sterilisieren. In den meisten Fällen haben sich zwar harmlose Bakterien angesiedelt, gelegentlich aber entwickeln sich auch gefährliche Krankheitserreger. Daher sind bei allen Arbeiten mit Bakterien die hygienischen Maßnahmen zu beachten. — Die Kultur und Untersuchung von Krankheitserregern muß unbedingt dem erfahrenen Bakteriologen überlassen werden.

In günstigen Fällen entwickelt sich aus je einem Keim eine ganze Kolonie. Daher kann man durch Auszählen der auf einem bestimmten Nährboden entstehenden Kolonien häufig Rückschlüsse auf die absolute Zahl der in der Probe vorhandenen Keime ziehen. Man verwendet ähnliche Verfahren zur Bestimmung der sog. »Keimzahl«. Leitungs- und Quellwasser sollten praktisch keimfrei sein. Teich- und Flußwasser dagegen enthalten meist Tausende von Keimen in einem cm^3. Wasser mit mehr als 100 Keimen im cm^3 ist als Trinkwasser ungeeignet.

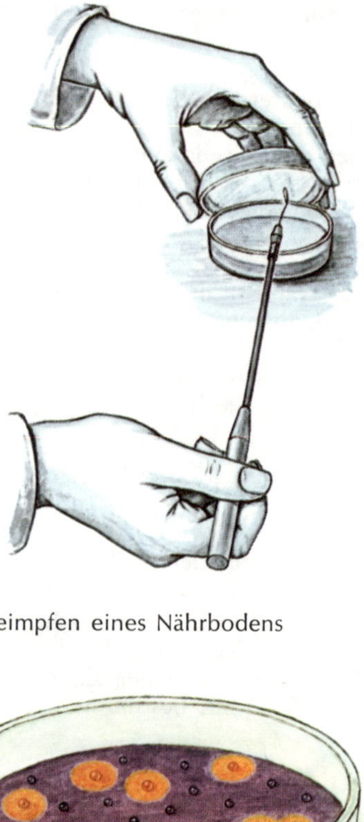

Beimpfen eines Nährbodens

Reinkulturen

Bei solchen Untersuchungen entwickeln sich fast immer die verschiedensten Bakterienarten nebeneinander. Ihre Trennung erfolgt durch Züchtung. Dazu werden den verschiedenen Kolonien Proben entnommen und getrennt weitergezüchtet. Man beimpft keimfreie feste Nährböden (z. B. Fleischbrühgelatine oder Nähragar) mit dem Untersuchungsmaterial, »bebrütet« die Proben etwa 24 Stunden und überträgt von den sich entwickelnden Kolonien wieder Proben auf frische keimfreie Nährböden. Durch mehrfache Anwendung dieses Verfahrens erhält man schließlich Kolonien einer einzigen Bakterienart, sog. Reinkulturen.

Die Herstellung von Bakterienreinkulturen gelang zuerst Robert Koch. Eine zufällig gemachte Beobachtung zeigte ihm den richtigen Weg. Er entdeckte auf einer durchschnittenen Kartoffel Bakterienkolonien, die sich offenbar aus den in der Luft enthaltenen Keimen entwikkelt hatten.

Vergleiche die Abbildung der auf gleichen Nährböden gezüchteten Colibakterien mit der von den gefährlichen Typhusbakterien. Die Colibakterien bilden Säure und verfärben daher den mit Lackmus versetzten Agar rot, während die Typhuserreger den Farbstoff nicht verändern.

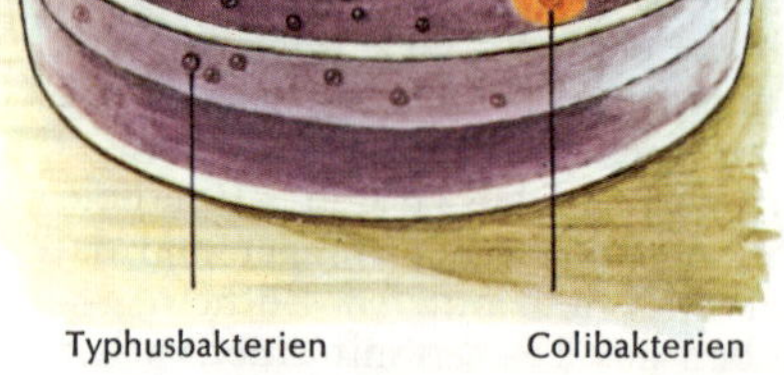

Bakterienkolonien auf Nähragar

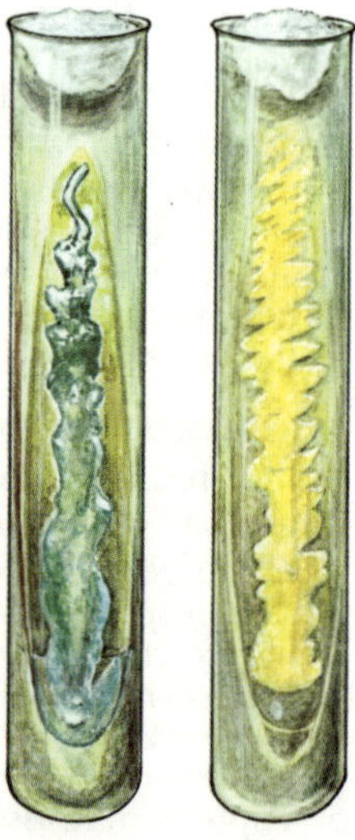

Bakterienkulturen unter Luftabschluß

Sporenbildung

Gegenüber äußeren Einflüssen verhalten sich die Bakterien-

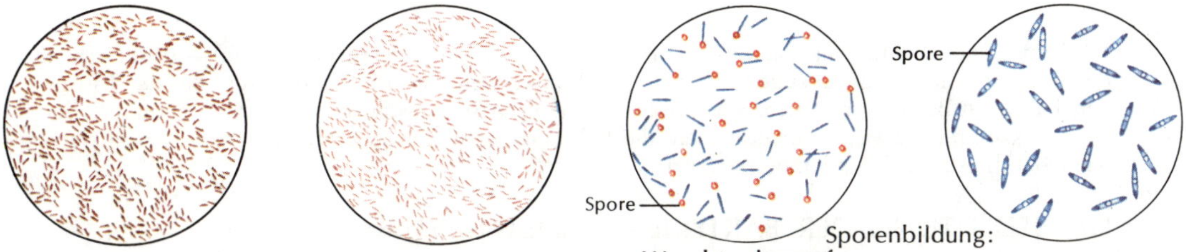

Colibakterien Typhusbakterien
(gefärbte Reinkulturen 600× vergr.)

Sporenbildung:
Wundstarrkrampf-bazillen (Tetanusbaz.) Heubazillen
(gefärbte Reinkulturen)

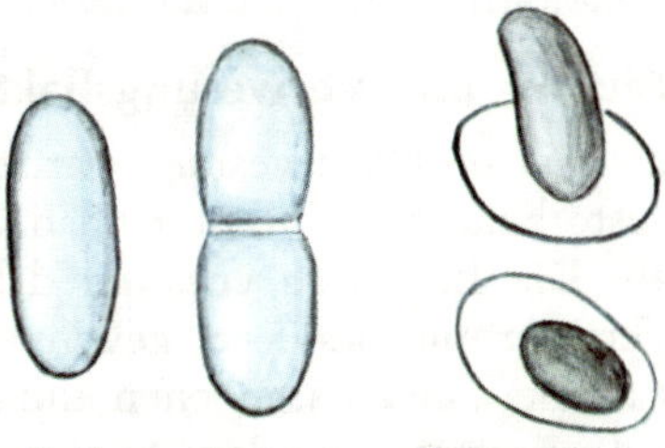

Teilung einer Bakterienzelle

Keimung einer Spore

arten sehr verschieden. So sind z. B. die Erreger der Cholera und der Tuberkulose (Lungenschwindsucht) sehr empfindlich. Sie werden schon durch Erhitzen auf 60 Grad und durch Austrocknen vernichtet. Dafür vermehren sie sich besonders rasch. Der Typhuserreger aber verträgt mehrstündiges Erhitzen auf 100 Grad und über lange Zeit auch völliges Austrocknen.

Läßt man einen von Bazillen (s. S. 194) bevölkerten Flüssigkeitstropfen unter dem Mikroskop eintrocknen, so kann man beobachten, daß Bewegungen und Zellteilungen bald eingestellt werden. Bestimmte Plasmateile im Innern der Zelle umgeben sich mit einer derben Haut, während das außen liegende Plasma abstirbt. Auf diese Weise entsteht eine Spore, die ungünstige Lebensbedingungen wie Trockenheit, niedrige und höhere Temperaturen, Nahrungsmangel, sogar Gifteinwirkung lange Zeit ohne Schaden überdauern kann. Einige überstehen sogar Erhitzen auf 100 Grad. Erst feuchtes Erhitzen auf 120 bis 140 Grad vermag die Sporen zu töten. Längeres Erhitzen auf diese Temperaturen macht Gegenstände mit Sicherheit *keimfrei* oder *steril*. Unter günstigen Bedingungen (z. B. bei Kulturversuchen) keimt die Spore und entwickelt sich in kurzer Zeit zur aktiv lebenden Bakterienzelle. — Die Sporen können leicht durch den Wind verbreitet werden. Sporenbildung und rasche Vermehrung erklären die Allgegenwart der Bakterien. — Allerdings bilden die Kurzstäbchen, also die Bakterien im engeren Sinne, niemals Sporen.

Die Lebensbedingungen der Bakterien

Fast alle Bakterien gedeihen am besten bei Temperaturen von 25—38 Grad, bei längerem Erhitzen auf 100 Grad gehen die meisten zugrunde, ausgenommen die Dauersporen (z. B. die des Heubazillus). Kälte hemmt die Lebenstätigkeit und die Vermehrung, aber selbst Temperaturen von —273 Grad bringen die Bakterien nicht zum Absterben. Viele Bakterien bilden bei niedriger Temperatur Sporen. Feuchtes Erhitzen auf etwa 150 Grad tötet nach kurzer Zeit auch die widerstandsfähigsten Sporen. Man benutzt diese Erkenntnis beim Sterilisieren.

Bakterien brauchen Feuchtigkeit. Beim Austrocknen verhalten sie sich ähnlich wie bei starker Abkühlung.

Ihr Verhalten gegenüber Sauerstoff ist verschieden. Manche Arten brauchen Sauerstoff, andere werden durch ihn zerstört, eine dritte Gruppe kann sich mit oder ohne Sauerstoff entwickeln.

Aktives Leben ohne geeignete Nahrung ist nicht möglich. Die meisten Bakterien sind auf organische Nahrung angewiesen, sie leben saprophytisch oder parasitisch. Doch können die meisten parasitisch lebenden Arten auch auf künstlichen Nährböden gezüchtet werden.

Wachstum und Vermehrung der Bakterien werden — wie bei anderen Lebewesen — häufig schon durch einen einzigen ungünstigen Umstand beschränkt, den sog. Minimumfaktor. Bei der Kultur von Bakterien bemüht man sich, alle Lebensbedingungen so günstig wie möglich zu gestalten. Bei ihrer Bekämpfung dagegen versucht man, die Bakterien entweder abzutöten oder sie doch so stark wie möglich in ihrer Tätigkeit zu hemmen.

DIE BEDEUTUNG DER BAKTERIEN IN DER NATUR

Nach ihrem Stoffwechsel und ihrer Wirkung unterscheidet man Fäulnis- und Verwesungsbakterien, bodenverbessernde Bakterien, Gärungsbakterien, Spezialisten, symbiontisch lebende Bakterien und die Krankheitserreger.

Fäulnis- und Verwesungsbakterien

Fäulnis und Verwesung werden durch Bakterien hervorgerufen. Sie zersetzen abgestorbene tierische und pflanzliche Organismen und bauen sie zu einfachen Stoffen ab. Die Bakterien erhalten dabei die notwendigen Nährstoffe für Wachstum und Vermehrung und sie gewinnen durch den Abbau die zum Leben notwendige Energie. Die entstandenen einfachen Stoffe können von den höheren Pflanzen wieder aufgenommen werden. So spielen die Bakterien im Kreislauf der Stoffe eine sehr wichtige Rolle. Ohne ihre Tätigkeit wäre auf unserer Erde kein Leben möglich (s. S. 191). Die Fäulniserreger brauchen für ihre Abbautätigkeit keinen Sauerstoff, die Verwesung geht nur bei Sauerstoffzutritt vor sich.

Es gibt in der Natur kaum einen organischen Stoff, der von Bakterien nicht zersetzt werden könnte. Auch zahlreiche, in der Natur nicht vorkommende Substanzen, z. B. Waschmittelbestandteile, können von gewissen Bakterien abgebaut werden. Eine besondere Vorschrift (Detergentiengesetz) erlaubt heute nur die Anwendung von Bestandteilen, die bakteriell zersetzt werden. Bei der Abwässeraufbereitung spielen diese Bakterien eine wichtige Rolle. Als Nahrungsmittelverderber werden sie zu ausgesprochenen Schädlingen.

Aufgaben und Beobachtungen:

1. Etwas Milch in vier Gefäße verteilen! Die Milch im ersten Gefäß abkochen, das zweite im Eisschrank aufbewahren, das dritte und vierte an einen warmen Ort stellen und in eines von ihnen ein winziges Stückchen Sauerkraut geben! Die eisgekühlte Milch am nächsten Tag auch an den warmen Ort bringen. Beobachtungen und Folgerungen? — 2. Einen Heuaufguß herstellen. Einen Tropfen des Aufgusses im Mikroskop auf Bakterien und andere Kleinlebewesen untersuchen. Den Aufguß *kurz* aufkochen und den Kochkolben nach Entnahme eines Tropfens für erneute mikroskopische Untersuchung (was stellt man dabei fest?) mit einem Wattebausch verschließen. — Einen Tropfen der anscheinend keimfrei gewordenen Flüssigkeit im Kochkolben nach einigen Tagen unter dem Mikroskop prüfen. Vielfach kann man nun doch wieder Kleinstlebewesen in ihm entdecken. (Erklärung?) *Mehrmaliges* Aufkochen macht die Flüssigkeit schließlich keimfrei (steril). — 3. Die Hälfte einiger frischer Pilze oder Zwetschgen unter eine Glasglocke legen, die andere Hälfte rasch an der Sonne oder am Herd trocknen. Wie lange kann man die getrockneten Früchte aufbewahren, *wie* muß man das machen? — 4. Auf welche verschiedene Weise kann man Milch, Fleisch, Obst, Gemüse haltbar machen? Weshalb ist beim »Einwecken« mancher Lebensmittel, z. B. von Bohnen, ein Nachsterilisieren notwendig?

Nahrungsmittel können vor unerwünschter Bakterientätigkeit auf verschiedene Weise geschützt werden:

Man vernichtet die Bakterien durch Erhitzen auf 60 Grad *(Pasteurisieren)* oder durch Erhitzen auf 100 Grad und darüber *(Sterilisieren)*. Durch Luftabschluß wird der weitere Zutritt von Bakterien verhindert. Beim erstmaligen Erhitzen werden zunächst nur die aktiven Bakterienzellen getötet, während die Sporen am Leben bleiben. Erhitzt man nach 6—12 Stunden nochmals, so werden die inzwischen ausgekeimten Sporen beseitigt: *fraktioniertes Sterilisieren.* Erst dann sind die »Konserven« haltbar. — Werden diese Maßnahmen nicht sorgfältig genug durchgeführt, so

bleiben einige Bakterien am Leben, die bald das Zerstörungswerk fortsetzen. Konserven, aus denen beim Öffnen Gase entweichen, sind unbrauchbar, ja gefährlich geworden. Denn beim Abbau bilden manche Bakterien sehr giftige Stoffe, die sog. *Toxine.* Der Erreger der Wurstvergiftung erzeugt ein Gift, das wirksamer ist als das stärkste Schlangengift. Mit 500 Gramm bestimmter Bakterientoxine könnte man die ganze Menschheit vergiften.
Man tötet die Bakterien durch Salz (Einpökeln mit Salz oder Salpeter), durch Rauch, Zucker, Alkohol oder andere Konservierungsmittel. Diese Stoffe verhindern meist die Entwicklung neu eindringender Bakterien. Manche sind allerdings gesundheitsschädlich. Ihre Anwendung birgt also gewisse Gefahren. Daher muß nach einer gesetzlichen Vorschrift der Zusatz von Konservierungsmitteln angegeben werden.
Man entzieht den Bakterien wichtige Lebensbedingungen, z. B. die Feuchtigkeit durch Dörren oder die günstige Temperatur durch Kühlen der Nahrungsmittel. Getrocknete Lebensmittel sind längere Zeit haltbar (nenne Beispiele). Im Kühlschrank und in der Gefriertruhe lassen sich Nahrungsmittel längere Zeit aufbewahren, ohne zu verderben.
Man verhindert den Zutritt von Bakterien durch größte Reinlichkeit, durch Übergießen von Fleisch mit Fett, durch Einlegen der Eier in gelöschten Kalk usw.

Bodenverbessernde Bakterien

Die *Salpeterbakterien* bereiten aus den bei Verwesung und Fäulnis entstandenen Stickstoffverbindungen wasserlöslichen Salpeter, der von den Wurzeln der Pflanzen aufgenommen werden kann. Sie vermitteln damit den Pflanzen den lebensnotwendigen Stickstoff. Einige Arten können sogar Luftstickstoff binden, z. B. die sog. *Knöllchenbakterien* in den Wurzeln vieler Schmetterlingsblütler. Ihre Tätigkeit macht Böden, die mit Schmetterlingsblütlern bebaut werden, auch ohne Düngung immer stickstoffreicher (s. S. 64).

Gärungsbakterien

Viele Bakterien verändern durch die Ausscheidung bestimmter Stoffe (z. B. *Enzyme*) ihren Nährboden in charakteristischer Weise. Man bezeichnet solche Vorgänge als Gärungen. Manche sind für den Menschen nützlich, so daß er sie zu fördern und zu kontrollieren versucht.
Durch *Essigsäurebakterien* wird der Alkohol im Wein, Bier usw. teilweise in Essig verwandelt. Aus dem in der Milch enthaltenen Milchzucker wird durch bestimmte Bakterien Milchsäure gebildet, die das Milcheiweiß zum Gerinnen bringt. Aus dem ausgeflockten Eiweiß stellt man, wieder unter der Mitwirkung bestimmter Bakterien, viele Käsesorten her. Für den guten Geschmack des Emmentaler Käses sind z. B. die *Propionsäurebakterien* verantwortlich. — *Milchsäurebakterien* verändern den Geschmack von eingesalzenem Kraut und verwandeln es in Sauerkraut. In der Natur sind Milchsäurebakterien auf den grünen Blättern der Pflanze weit verbreitet. Die Silierung des Grünfutters ist eine Milchsäuregärung. Auch bei der Herstellung von Essiggurken und bei der Bereitung des Sauerteiges bedient sich der Mensch der Tätigkeit bestimmter Bakterien. Sogar in der Technik verwendet man Bakterien, um bestimmte Stoffe in großen Mengen herzustellen. So gewinnt man Azeton und technisch verwendete Alkohole (Butylalkohol) aus Stärke durch *Buttersäurebakterien.* Das ist nur ein Beispiel von vielen. Mit der Tätigkeit bestimmter Bakterien und der Erforschung nutzbarer Stoffwechselleistungen befaßt sich die industrielle Bakteriologie.

Spezialisten

Spezielle Anwendung findet der Stoffwechsel mancher Bakterien beim *Fermentieren* von Genußmitteln, z. B. von Tabak und Tee (s. S. 132). Erst durch die Tätigkeit der Bakterien bilden sich die Aromastoffe. Andere Bakterien bringen bei der Flachs- und Hanfröste die Rindenteile zum Zerfall (s. S. 125). Bei den Stoffumsetzungen erhöht sich die Temperatur der Umgebung oft beträchtlich. Der *Heubazillus* erzeugt durch seine Atmungstätigkeit in Heu, Mist (Champignonzucht, s. S. 218), Baumwollballen u. a. Temperaturen bis zu 60 Grad. Sind diese Stoffe feucht gelagert, so kann es sogar zu Selbstentzündungen kommen. Die bei Atmung der Bakterien entstehende Wärme wird in den Frühbeeten ausgenutzt. *Leuchtbakterien* geben die Energie in Form von Licht ab. Sie leben im Meerwasser und rufen gelegentlich das »Leuchten von Seefischen« hervor. Sie sind auch an der Erscheinung des Meerleuchtens beteiligt. Mit manchen Seefischen und Tiefseetieren leben sie in Symbiose und rufen in besonders gebauten Organen dieser Tiere ein Leuchten hervor, das Artgenossen und Beutetiere anlockt. Weitere bekannte Beispiele für Bakteriensymbiosen sind die im Darm von Pflanzenfressern lebenden zellulosespaltenden Formen und die vitaminerzeugenden Bakterien im Darm von Säugetieren und Menschen.

Krankheitserreger

Zahlreiche Bakterien verursachen ansteckende Krankheiten bei Menschen, Tieren und Pflanzen. Gefährliche Infektionskrankheiten beim Menschen sind Typhus, Cholera, Pest, Ruhr, Diphtherie, Wundstarrkrampf, Tuberkulose, Lungenentzündung. Viele dieser Krankheiten breiteten sich in vergangenen Zeiten seuchenartig aus und forderten zahllose Menschenleben. Wahrscheinlich sind durch Seuchen mehr Menschen ums Leben gekommen als durch Kriege. Seit der Erforschung der krankheitserregenden Bakterien sind in zivilisierten Ländern Seuchen selten aufgetreten.

Verlauf einer Infektionskrankheit: Die Krankheitserreger gelangen aus dem Körper der Kranken entweder in die Luft (Aushusten, Nießen: *Tröpfcheninfektion*) oder sie werden durch Ausscheidungen weiterverbreitet. Manche bewahren als Sporen jahrelang ihre Keimkraft. Meist werden die Bakterien durch Nase oder Mund aufgenommen *(Infektion)*. Die unverletzte Haut ist in der Regel bakteriendicht. Überlegung: Wie kann man also die Gefahr einer Infektion verringern?
Oft kommt es zu keiner Erkrankung, denn die weißen Blutkörperchen und die Magensäure töten viele Erreger. In anderen Fällen aber, besonders wenn der Körper

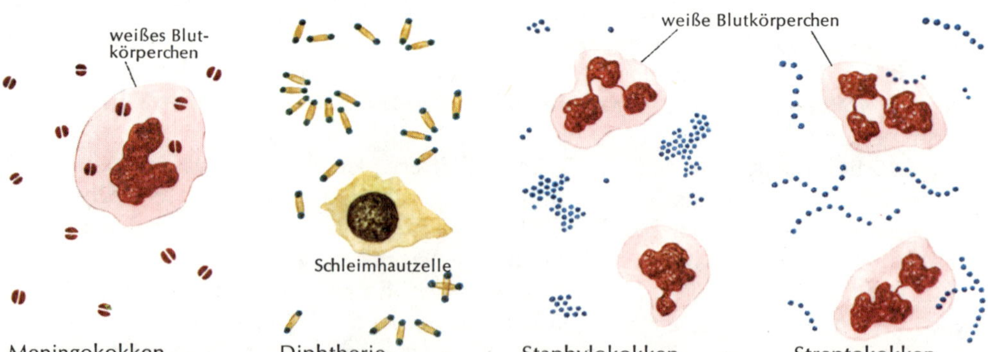

Meningokokken (Gehirnhautentzündung) — Diphtheriebakterien — Staphylokokken (Eitererreger) — Streptokokken
(etwa 1000× vergr.)

geschwächt ist, vermehren sich die Bakterien. Die ausgeschiedenen Gifte oder *Toxine* (gr. toxicon = Gift) rufen die Krankheitserscheinungen hervor. Der Körper wehrt sich durch Bildung von *Antitoxinen.* Sein Kampf gegen die eingedrungenen Bakterien kann durch Heilmittel wirksam unterstützt werden, so daß in den meisten Fällen die Genesung schneller erfolgt. Menschen, die eine bestimmte Krankheit überwunden haben, sind häufig längere Zeit gegen die Krankheitserreger widerstandsfähig oder *immun,* da ihr Blut noch Antitoxine enthält.

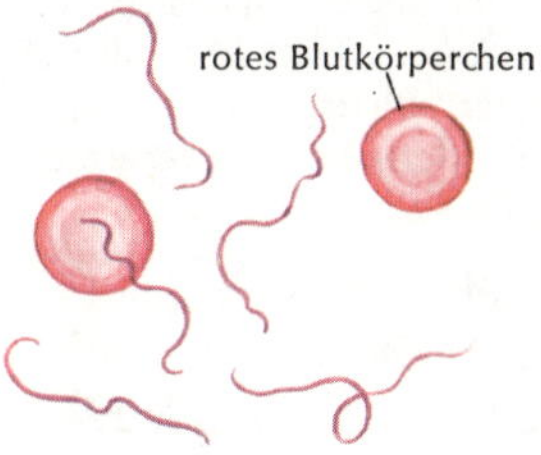

Erreger des Rückfallfiebers
(etwa 1000× vergr.)

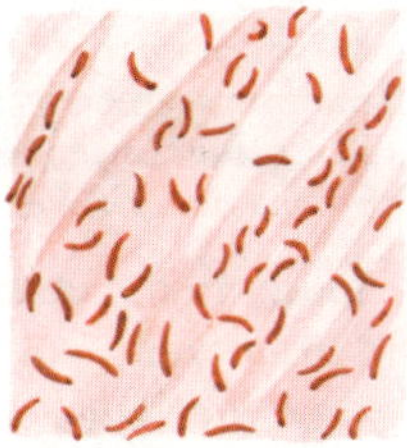
Choleravibrionen
(etwa 600× vergr.)

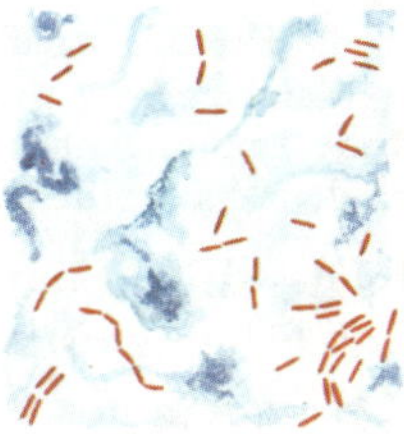
Tuberkelbakterien
(etwa 600× vergr.)

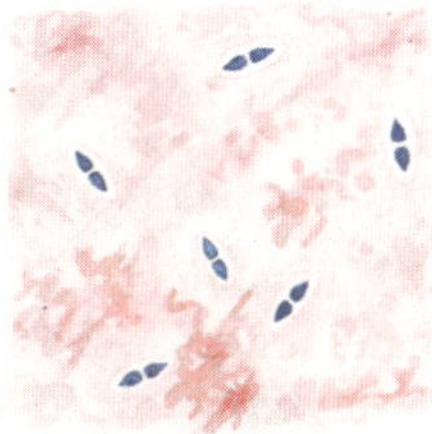
Pneumokokken
(etwa 800× vergr.)
(Lungenentzündung)

Tuberkulose und Lungenentzündung, zwei häufige Infektionskrankheiten: Die Erreger der Tuberkulose rufen Entzündungsherde in der Lunge und anderen Organen hervor. Der Krankheitsherd wird vom Körper meist abgekapselt und auf diese Weise unschädlich gemacht. Die Tuberkulose war früher eine sehr gefährliche Seuche, der zahlreiche Menschenleben zum Opfer fielen. Eingehende Untersuchungen haben gezeigt, daß sich die meisten Menschen in unserem Klima mit den Tuberkuloseerregern infiziert haben. Ihr Körper war aber kräftig genug, mit den Eindringlingen fertig zu werden. Der Körper unterernährter, schwächlicher Menschen leistet dagegen zu wenig Widerstand, so daß sich die Bakterien ausbreiten können. Auch eine gewisse erbliche Veranlagung ist für den Ausbruch der Krankheit von Bedeutung. In Notzeiten greift die Lungenschwindsucht noch heute erschreckend um sich. Früher war sie eine häufige Todesursache.
Auch manche Krankheiten, die im landläufigen Sinne nicht ansteckend sind, werden durch Bakterien hervorgerufen, z. B. die Lungenentzündung. Der Erreger kann sich lange Zeit in den Atmungswegen aufhalten, ohne daß es zur Entzündung kommt. Erkältungen und starke körperliche Überanstrengungen schaffen eines Tages die für seine Entwicklung günstigen Bedingungen. Es kommt zur Erkrankung, ohne daß man feststellen kann, wann und wie die Infektion erfolgte.

Bekämpfung der Krankheitserreger: Die beiden letzten Beispiele zeigen, daß eine Aufnahme von Krankheitserregern nicht gänzlich zu vermeiden ist. Man kann aber vieles tun, um die Zahl der aufgenommenen Krankheitserreger möglichst klein zu halten. Kranke mit ansteckenden, gefährlichen Krankheiten, die sich seuchenartig ausbreiten können, werden *isoliert.* Alle Gegenstände, mit denen sie in Berührung gekommen sind, müssen *desinfiziert* werden. Wunden, durch welche Bakterien eindringen, können keimfrei gemacht werden, z. B. durch chemische Mittel: *antiseptische Behandlung* (lat. septicus = giftig, ansteckend). Bei operativen Eingriffen verhütet man von vornherein den Zutritt von Bakterien *(aseptische Wundbehandlung)* durch ultraviolettes Licht, keimfrei gemachte Instrumente usw. — Das Trinkwasser wird laufend untersucht, Personen, die im Lebensmittelgewerbe tätig sind, werden vom Gesundheitsamt überwacht. Zu den wirksamsten Mitteln, eine Infektionskrankheit zu verhüten, zählt die vorbeugende *Impfung* oder Schutzimpfung, die vor allem gegen Viruserkrankungen angewendet wird (s. S. 204).

Seit der Durchführung der gesetzlich vorgeschriebenen *Pockenschutzimpfung* tritt die gefürchtete Viruserkrankung bei uns nur mehr selten auf. Man erzeugt im Blut des Menschen einen Vorrat an Antitoxinen, indem man Kindern im 1. Lebensjahr abgeschwächte Kuhpockenerreger einimpft und diese Maßnahme im 12. Lebensjahr wiederholt. Die vom Körper gebildeten Antitoxine wirken auch gegen die gefährlichen Menschenpocken. An den sog. »schwarzen Blattern« erkranken in Deutschland heute nur noch wenige Personen, die die Krankheit verhältnismäßig leicht überstehen. Daß aber durch solche Impfungen kein absoluter Schutz möglich ist, zeigen die alljährlich auftretenden Fälle, bei denen die Krankheit meist durch den modernen Flugverkehr trotz besonderem Impfschutz und anderen Maßnahmen aus den Infektionsgebieten immer wieder eingeschleppt wird. — Durch vorbeugende Impfung sind auch die Erkrankungen an Kinderlähmung, Scharlach, Masern und Keuchhusten seltener geworden oder sie verlaufen weniger gefährlich.

Maßnahmen nach erfolgter Infektion: Mit modernen Heilmitteln läßt sich der Genesungsprozeß in vielen Fällen entscheidend abkürzen. Besondere Bedeutung haben die *Sulfonamide,* die *Antibiotika* und die *Heilseren* erlangt. Die Behandlung mit *Heilseren* führt dem Körper sofort die nötigen Antitoxine zu. Dadurch wird der Wirkung des Bakteriengiftes auf andere Organe, z. B. auf Herz oder Nieren, vorgebeugt (Diphtherie). Die stark hemmende Wirkung der *Sulfonamide* auf das Wachstum von Bakterien wurde 1935 von dem deutschen Forscher Domagk entdeckt. Ihre Wirkungsweise ist heute im wesentlichen geklärt. Man erkannte, daß viele Bakterien einen bestimmten *Wuchsstoff* benötigen, den sie wie die anderen Stoffe der Umgebung entnehmen. Die Wuchsstoffe sind aber wirkungslos, wenn sie, wie in den Sulfonamiden, chemisch geringfügig verändert sind. Bietet man den Bakterien im Überschuß Sulfonamide an, so werden diese wie Wuchsstoffe aufgenommen. Da nun die echten Wuchsstoffe in geringer Menge in die Zelle gelangen, wird die Entwicklung der Bakterien gehemmt. So kann der Körper leichter mit den eingedrungenen Krankheitserregern fertig werden. Dieses Beispiel zeigt besonders deutlich, wie wichtig es ist, den Stoffwechsel der Bakterien in allen Einzelheiten zu erforschen. 1928 entdeckte der Engländer Fleming, daß Bakterienkolonien in der Nähe von bestimmten Pilzen nicht gedeihen. Die langwierige Nachprüfung dieser Beobachtung führte zur Auffindung des *Penicillins.* Es wird von einem Schimmelpilz erzeugt (s. S. 229) und wirkt auf viele Krankheitserreger. Neben dem Penicillin hat man noch weitere sog. Antibiotika gefunden, z. B. das von Strahlen-

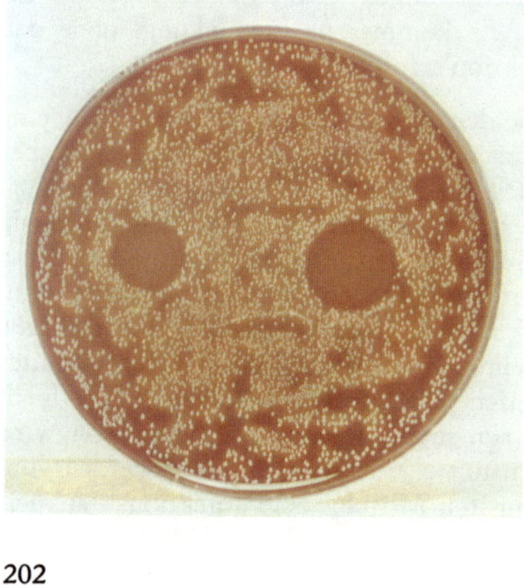

Versuch zum Nachweis der Penicillinwirkung:

Eine gefärbte, keimfreie Nähragarplatte wurde mit einer Reinkultur von Staphylococcus aureus, einem häufigen Eitererreger, beimpft. Anschließend tropfte man an zwei Stellen Penicillinlösung auf und stellte die Platte einige Zeit in den Brutschrank. Auf dem roten Nährboden entwickelten sich zahlreiche goldgelbe Kolonien des Eitererregers, nur die mit Penicillin betropften Stellen blieben frei.

Beachte: Versuche mit Krankheitserregern dürfen nur von erfahrenen Bakteriologen ausgeführt werden!

pilzen erzeugte *Streptomycin* und das *Aureomycin.* (Andere Strahlenpilze sind äußerst gefährliche Krankheitserreger). Nach anfänglichen Erfolgen wird aber die Wirkung der Antibiotika nach einiger Zeit geringer. Es überleben die Bakterienrassen, die gegen diese Mittel widerstandsfähig oder *resistent* (lat. resistere = sich widersetzen) sind. Daher sollte man Antibiotika nicht bei allen Krankheitsfällen anwenden. Die Resistenz der Krankheitserreger veranlaßt die pharmazeutische Industrie, nach neuen wirksamen Mitteln zu suchen.

Die Überwindung der Seuchen und die Beherrschung der Infektionskrankheiten durch hygienische Maßnahmen und Heilverfahren hat entscheidend dazu beigetragen, die durchschnittliche Lebenserwartung in den zivilisierten Ländern zu erhöhen. Andererseits entstehen durch diese Entwicklung soziologische Probleme für die rasch wachsende Menschheit.

Auf die zahlreichen bei Tieren festgestellten bakteriellen Infektionskrankheiten kann hier nur hingewiesen werden. Auch bei Pflanzen wurden bis jetzt etwa 200 Bakterienkrankheiten nachgewiesen. Krankheitserreger könnten als »biologische Kampfmittel« verwendet werden. Diese Waffen sind sehr gefährlich, weil ihre Herstellung kaum wirksam kontrolliert werden kann und sie — wegen des geringen Aufwandes — auch kleineren Staaten zugänglich sind.

SPALTALGEN ODER BLAUALGEN (Klasse: Cyanophyceae)

Die blaugrünen, schleimigen Massen, die wir oft in schlammigen Gewässern, an Wasserbehältern usw. beobachten können, bestehen aus Einzellern, die keine echten Zellkerne besitzen, sondern *Kernäquivalente* wie die Bakterien. Da sie sich ebenfalls durch einfache Zellspaltung vermehren (»Spaltalgen«), faßt man sie mit den Bakterien zur Abteilung der Spaltpflanzen (Schizophyta) zusammen. Ihre Färbung rührt von einem blauen Farbstoff her, der neben dem Blattgrün im Zellkörper erzeugt wird. Sie assimilieren, können aber auch organische Nahrung aufnehmen. Die bei der Teilung entstehenden Zellen bleiben vielfach beisammen und sind dann meist von einer gemeinsamen Gallerthülle umgeben. Manchmal entstehen Zellfäden, deren einzelne Zellen jedoch für sich bestehen können. Daher rechnet man auch sie noch zu den Einzellern. Charakteristische Arten sind die *Schwingalgen,* die *Rosenkranzalgen* und die *Wasserblütenalgen.*

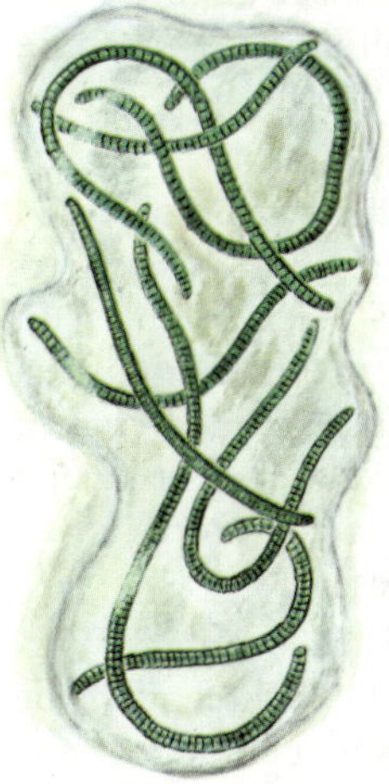

Wasserblütenalgen

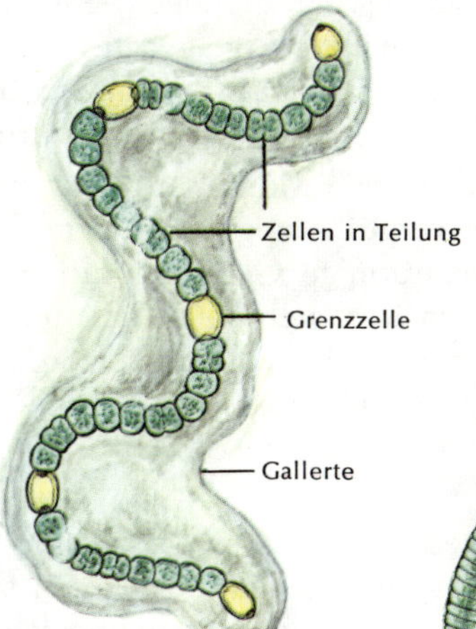

Rosenkranzalge

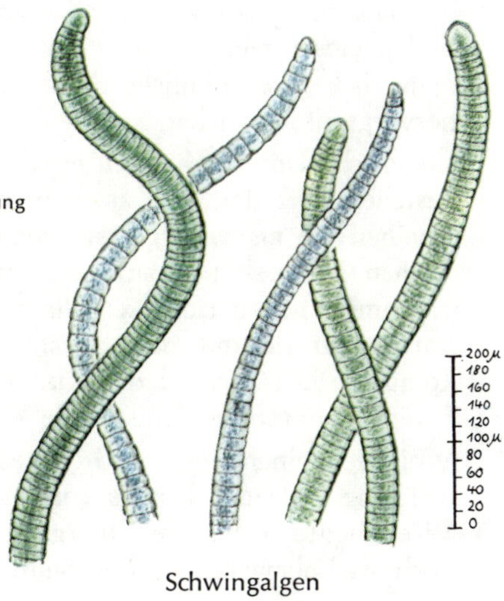

Schwingalgen

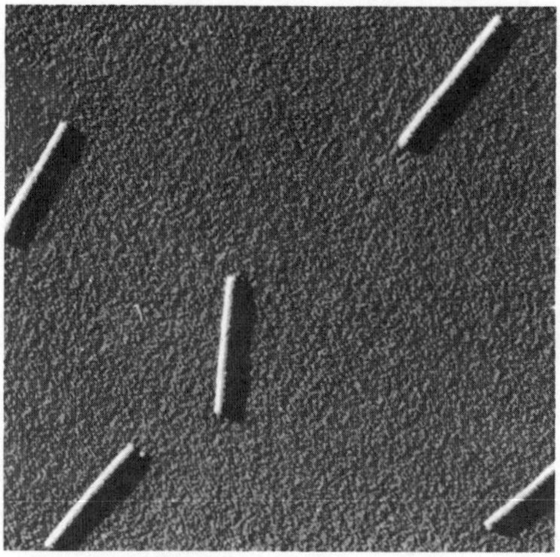

Tabakmosaikvirus
(52 000× vergr.)

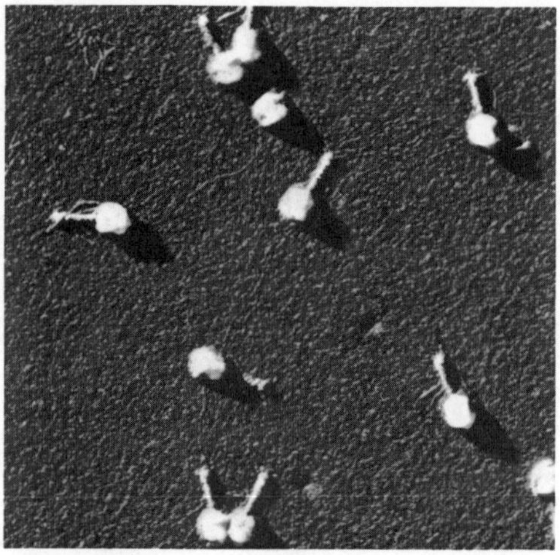

Bakteriophagen
(47 000× vergr.)

An den Blättern der Tabakpflanze treten manchmal mosaikartige Verfärbungen des Blattgrüns auf, durch die die Pflanze erheblich geschädigt wird. Die *»Tabakmosaikkrankheit«* kann durch den Saft der befallenen Blätter übertragen werden. Die Verbreitung der Krankheit geschieht in der Regel durch saugende Insekten. Preßt man den aus erkrankten Blättern gewonnenen Saft durch ein bakteriendichtes Filter und impft mit ihm eine gesunde Pflanze, so erkrankt auch diese. Die »Erreger« müssen also kleiner als Bakterien sein. In den dreißiger Jahren unseres Jahrhunderts konnte man aus dem Saft erkrankter Tabakpflanzen einen Stoff in kristalliner Form abtrennen, der in winzigen Mengen die Krankheit hervorruft. Die Kristalle zeigten bei längerer Aufbewahrung keinerlei Veränderungen, ein Stoffwechsel konnte nicht nachgewiesen werden, aber die infizierende Eigenschaft blieb erhalten. Bald erkannte man, daß durch ähnliche Stoffe noch andere Krankheiten bei Pflanzen und Tieren hervorgerufen werden. Man bezeichnete sie als Viren (lat. virus = Gift).

Chemische Untersuchungen ergaben, daß Mosaikviren aus riesigen Eiweißmolekülen bestehen. Bei der sehr starken Vergrößerung unter dem Elektronenmikroskop erscheinen sie als winzige, stäbchenförmige Gebilde. Auch andere Viren konnten in solchen Mikroskopen sichtbar gemacht werden. Wachstum, Stoffwechsel und Vermehrung sind an isolierten Viren niemals beobachtet worden. Viren vermehren sich nur, wenn sie mit dem Plasmaeiweiß einer geeigneten Wirtszelle in Berührung kommen. Dieses wird dann in das arteigene des Virus umgewandelt. Durch diese Fähigkeit unterscheiden sich die Viren von allen bekannten Lebewesen.

Weil sie keinen eigenen Stoffwechsel erkennen lassen und weil sie bei ihrer Vermehrung stets auf bereits vorhandenes Leben angewiesen sind, betrachtet man die Viren heute weder als Übergangsformen zwischen unbelebter und belebter Natur noch als Lebewesen im herkömmlichen Sinne. Ihre Wirkung im Plasma einer leben-

den Zelle ist mit der von Chromosomen vergleichbar. Gelegentlich bezeichnet man sie als »entartete Gene« (s. S. 138).
Eine Reihe von gefährlichen Infektionskrankheiten des Menschen sind Viruserkrankungen, z. B. Pocken, Masern, Grippe, Tollwut und spinale Kinderlähmung.

Bakteriophagen

Auch Bakterien können sich »infizieren« und an der Infektion zugrunde gehen. Die Erreger solcher Bakterienkrankheiten nennt man Bakteriophagen; man bezeichnet sie gelegentlich als »Bakterien der Bakterien«. — Bakteriophagen sind besonders große Viren (Länge $^1/_{50}$ bis $^1/_{10}$ mμ). Sie bestehen in der Regel aus einem Köpfchen und einem Schwanzstück. Beim Eindringen in die Bakterienzelle ergießt sich nur der Inhalt des Köpfchens in das Plasma. Wie bei der Vermehrung anderer Viren bildet sich das Zellplasma zum Eiweiß der Bakteriophagen um. Die Bakterienzelle geht bei diesem Vorgang zugrunde. — Außerhalb der Zelle verhalten sich die Phagen völlig inaktiv. Eine Bekämpfung von Bakterien mit Bakteriophagen ist zur Zeit noch nicht möglich.

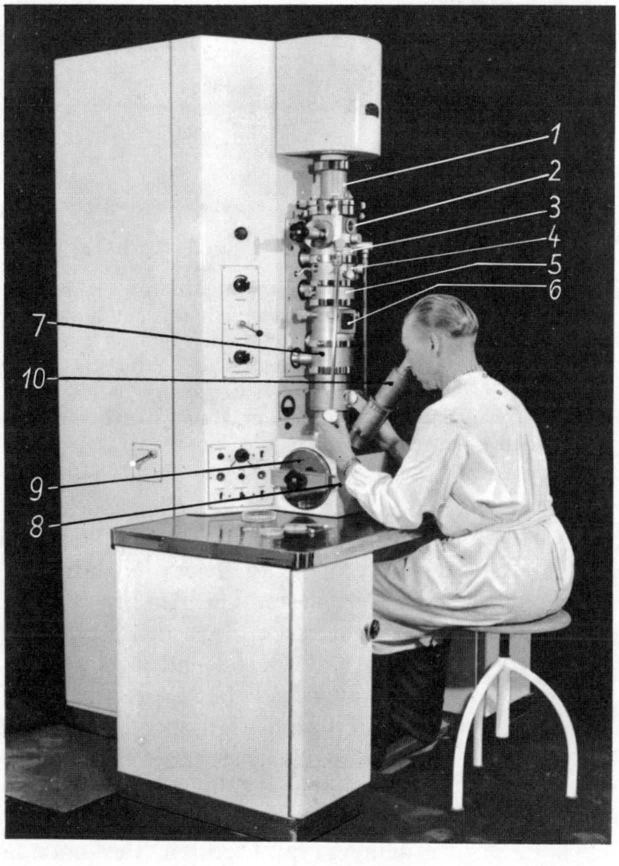

Elektronenmikroskop
1 Elektronenquelle
2 Objektschleuse
3 Objektlinse
4 Stigmator
5 Beugungslinse
6 Zwischenbildfenster
7 Projektionslinsen
8 Leuchtschirm (nicht sichtbar)
9 Fotogehäuse
10 Einblickfernrohr

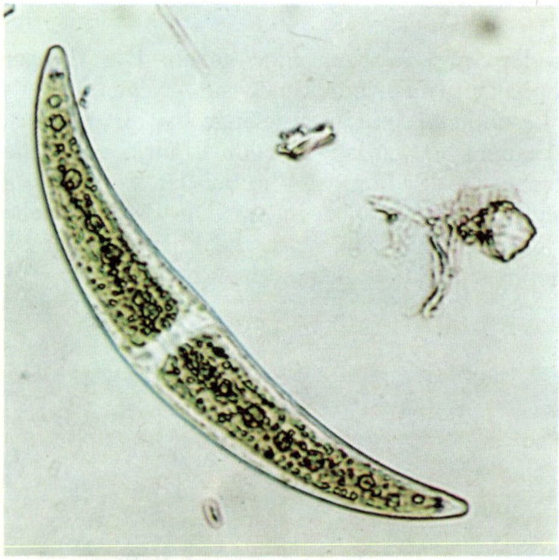

Mondzieralge (500× vergr.)

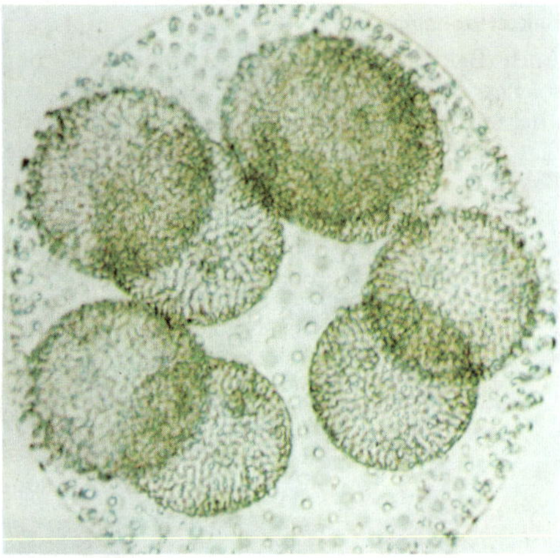

Kugelalge (50× vergr.)

Das grüne Augentierchen (Euglena viridis)

Beobachtungen: Achte im Frühjahr auf die Grünfärbung mancher Weiher, Tümpel und Regenpfützen. In nährstoffreichen Dorfteichen bildet sich oft ein auffälliger grüner Überzug, die sog. Wasserblüte. Bringe einen Wassertropfen von solchen Fundstellen unter das Mikroskop und beobachte zunächst bei schwacher Vergrößerung. Untersuche die grüngefärbten, rasch sich bewegenden Organismen bei stärkerer Vergrößerung. Welche Merkmale sprechen dafür, daß die Lebewesen Tierchen sind, welche weisen auf die Zugehörigkeit zu den Pflanzen hin?

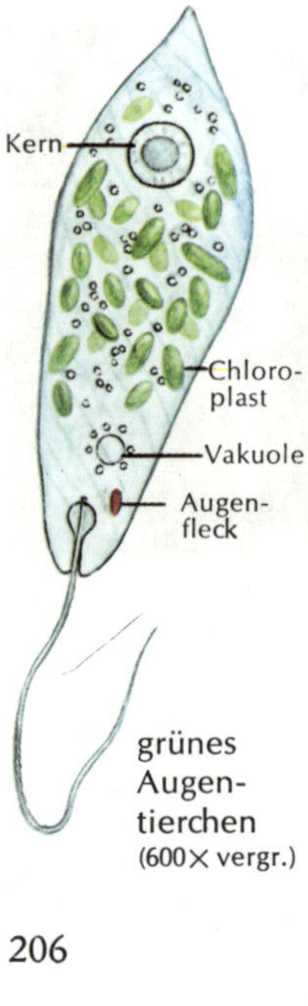

grünes Augentierchen (600× vergr.)

In der *Wasserblüte* finden wir sehr bewegliche, spindelförmige, begeißelte grüne Einzeller von etwa 0,05 mm Länge. Die Zellen sind nur von einer verfestigten Plasmahaut umgeben, daher ist eine Veränderung ihrer Form möglich. Die Färbung rührt von zahlreichen Chloroplasten her. Am begeißelten Ende entdecken wir einen gelbrot gefärbten Fleck, den *Augenfleck* (Name), ein lichtempfindliches *Organell*. Geißel und pulsierendes Bläschen sprechen für eine Zuordnung des Lebewesens zum Tierreich, Stärkekörnchen in der Nähe der Chloroplasten aber beweisen, daß die Zelle assimilieren kann. Das Augentierchen lebt also autotroph wie eine grüne Pflanze. Hier sind in einer Zelle tierische und pflanzliche Merkmale vereinigt. — Unter günstigen Bedingungen vermehrt sich die Zelle durch Längsteilung (vgl. Dircksen, Tierkunde Bd. II, S. 211).

Die rasch hin und her schwingende Geißel verdrängt das Wasser nach hinten und zieht die Zelle wie ein Propeller das Flugzeug: *Zuggeißel.* Dabei dreht sich der spindelförmige Körper um seine Achse. Für eine Strecke von 5 cm (Zündholzlänge) braucht das Tierchen 1$^1/_2$ Stunden, doch legt es dabei in der Sekunde das 2—3fache der eigenen Körperlänge zurück.

GRÜNALGEN (Klasse: Chlorophyceae)

Die Schraubenalge (Spirogyra)

In stehenden Gewässern schweben oft dicht unter der Wasseroberfläche grüne, watteähnliche Massen, die vor allem bei Sonnenschein an die Oberfläche emporsteigen. Sie bestehen aus sehr dünnen, langen Fäden, die leicht abreißen.

BEOBACHTUNGSAUFGABEN: Untersuche die Fäden unter dem Mikroskop in einem Tropfen Wasser. Achte dabei vor allem auf den Verlauf der Zellwände. Betrachte eine einzelne Zelle bei starker Vergrößerung. Zeichne den Farbstoffträger der Zelle (Drehrichtung), suche nach Zellkern und Vakuole. — Lege einige Fäden in mäßig konzentrierte Zuckerlösung. Beobachte bei stärkerer Vergrößerung die Veränderungen an den Zellen. Bringe anschließend die Fäden in reines Wasser zurück. Beobachtung?

Die grünen Fäden sind aus winzigen, zylinderförmigen Zellen zusammengesetzt, die alle gleich aussehen.

Bau der Einzelzelle: Dicht unter der Zellwand zieht sich ein spiralig aufgewickeltes, grüngefärbtes Band hin, das der Alge den Namen gegeben hat. Bei stärkster Vergrößerung entdecken wir winzige Stärkekörnchen (Assimilationsprodukte). Der Zellkern ist in der Mitte der Zelle an Plasmasträngen aufgehängt. Ein großer Teil der Zelle, die *Vakuole* oder der Zellsaftraum, ist mit einer Flüssigkeit erfüllt.

Zellsaftdruck oder Turgor: Bringen wir die Alge in Zuckerlösung, so wird die Vakuole kleiner und das Plasma löst sich von der Wand *(Plasmolyse)*. Legen wir sie in reines Wasser, so füllt sich die Vakuole wieder und der Zellsaft preßt das Plasma an die Zellwand *(Deplasmolyse)*. Der Zellsaftdruck oder Turgor (s. S. 139) bewirkt eine gewisse Festigkeit der Zelle. Nehmen wir die Fäden aus dem Wasser, so sinken sie nach kurzer Zeit zusammen, da der Turgor durch die Verdunstung von Wasser abnimmt.

Geschlechtliche Vermehrung: Im Spätsommer und Herbst sehen die Fäden merkwürdig kraus aus. Im Mikroskop erkennt man, daß sich je zwei Fäden zusammenlegen und die einander gegenüberliegenden Zellen sich etwas vorwölben. Sobald sich die Wände der zapfenartigen Fortsätze berühren, lösen sie sich an dieser Stelle

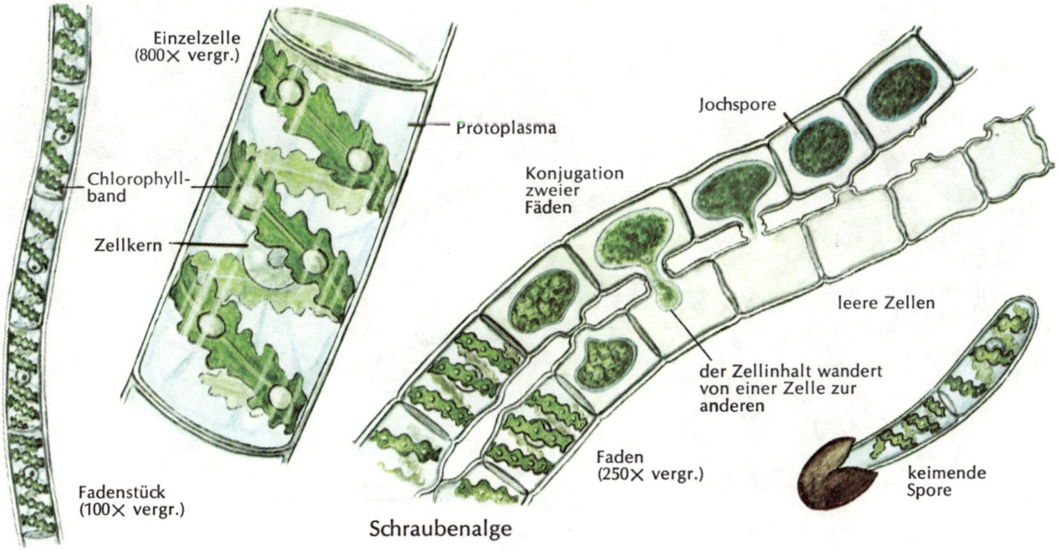

Schraubenalge

auf und bilden eine Brücke (»Joch«), einen kleinen Tunnel, von Zelle zu Zelle. Der Inhalt der beiden Zellen zieht sich nun zusammen, das gesamte Protoplasma der einen Zelle gleitet durch den Tunnel in die Nachbarzelle hinüber und vereinigt sich dort mit deren Inhalt. Die Verschmelzung der Zellinhalte bezeichnet man als *Konjugation.* Es entstehen dadurch Zygoten, um die eine feste Haut abgeschieden wird. Die Zellwände lösen sich schließlich auf und die freiwerdenden Zygoten sinken zu Boden und überwintern dort. Im Frühjahr treiben sie wieder neue Fäden.

Neben dieser geschlechtlichen Fortpflanzung kann sich die Alge auch ungeschlechtlich vermehren. Lange Fäden reißen häufig ab, die Teilstücke wachsen unter günstigen Bedingungen wieder zu neuen Fäden heran.

Auf ähnliche Weise pflanzen sich zahlreiche Algen des Süßwassers fort. Einzellige Vertreter dieser Klasse zeichnen sich oft durch mannigfaltig gestaltete Zell- und Chloroplastenformen aus. Deswegen nennt man sie Schmuck- oder Zieralgen.

Einzeller, Zellkolonien und Vielzeller

Wie viele andere Wasserpflanzen vermehren sich zahlreiche einzellige Grünalgen in der Regel ungeschlechtlich durch Zellteilung. Daneben beobachtet man geschlechtliche Fortpflanzung durch Verschmelzung von *Keimzellen* oder *Gameten.* In einigen Fällen sehen die Geschlechtszellen gleich aus (*Isogameten,* gr. isos = gleich), in anderen Fällen sind sie verschieden gestaltet (*Anisogameten,* gr. anisos = ungleich).

Neben den einzelligen Arten finden sich im Süßwasser Formen, bei denen eine ganz bestimmte Zahl von gleichaussehenden, begeißelten Körperzellen zu einem Verband vereinigt ist. Bei *Gonium* zählt man je nach Art 4—16, bei *Pandorina* 16 und bei *Eudorina* 32 Zellen. In diesen Verbänden behält jede Zelle eine gewisse Selbständigkeit. Bei den meisten Gattungen kann sich eine abgelöste Zelle sogar vermehren.

Zusammenschlüsse von gleichwertigen Zellen, die gleiche Aufgaben erfüllen, bezeichnen wir als *Zellkolonien.*

Ebenfalls im Süßwasser lebt die *Wimperkugelalge* (Volvox globator), die wir mit dem bloßen Auge gerade noch sehen können. Sie besteht aus mehreren Tausend

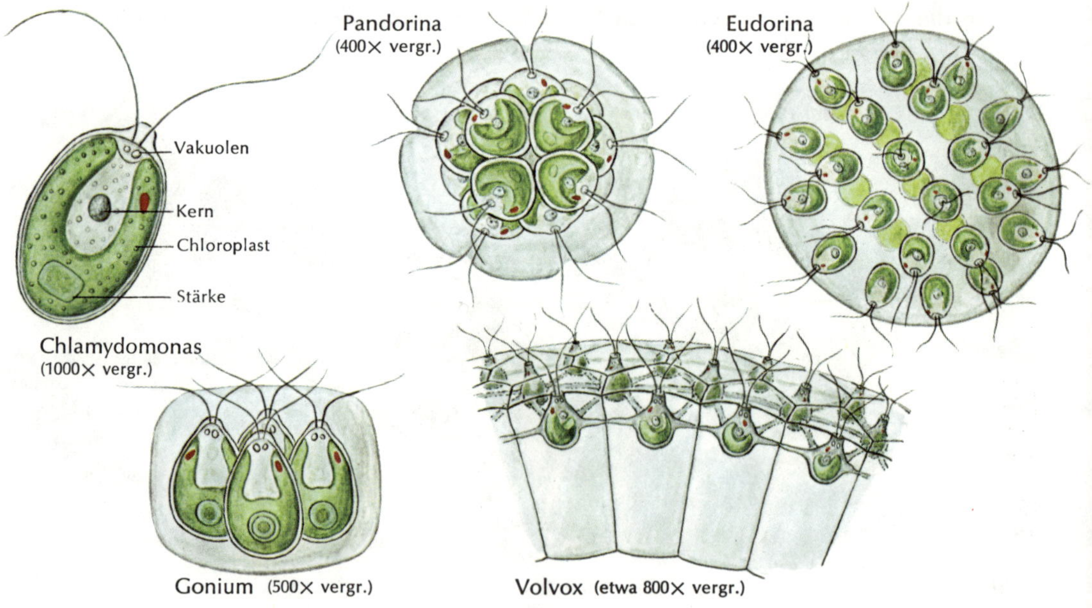

Zellen (bis 20 000), die an der Oberfläche einer mit Schleim gefüllten Kugel angeordnet sind. Außer Plasma und Kern besitzt jede Zelle einen Chloroplasten, einen Augenfleck und zwei Geißeln. Alle Zellen stehen durch Plasmafortsätze miteinander in Verbindung, so daß die Bewegungen der zahlreichen Geißeln aufeinander abgestimmt werden können. In diesem Verband besitzt die Einzelzelle nicht mehr alle Fähigkeiten. Eine herausgelöste Zelle geht zugrunde. Gegen den »Pol« der Kugel werden die Augenflecke der Zellen immer größer. Es treten verschieden gestaltete Geschlechtszellen auf, aus denen sich im Innern der Kugel kleine Tochterkugeln entwickeln. Beim Platzen der Mutterkugel werden sie frei, während die Mutterkugel zugrunde geht. — Unter den vielen Zellen ist also eine *Arbeitsteilung* eingetreten. Daher betrachtet man die Wimperkugelalge nicht mehr als Zellkolonie, sondern als ein einfach gebautes *vielzelliges Einzelwesen.* Mit der Arbeitsteilung ist sie, wie alle Vielzeller, dem natürlichen Tod verfallen.

Die Kraushaaralge (Ulothrix zonata)

Die einfachen Fäden leben festsitzend im fließenden Süßwasser. Sie bestehen aus kurzen, zylinderförmigen Zellen, die je einen Kern enthalten. Das Blattgrün liegt in Form einer breiten Spange dicht unter der Zellwand. Mit einer einzigen, langgestreckten »Wurzelzelle« *(Rhizoid)* ist jeder Faden auf der Unterlage befestigt.

Ungeschlechtliche Vermehrung: Durch Teilungen entwickeln sich in manchen Zellen viele winzige, einkernige Zellen, die mit je 4 Geißeln, Blattgrün und einem roten Augenfleck ausgestattet sind. Nach dem Aufreißen der Wand schwimmen sie mit den

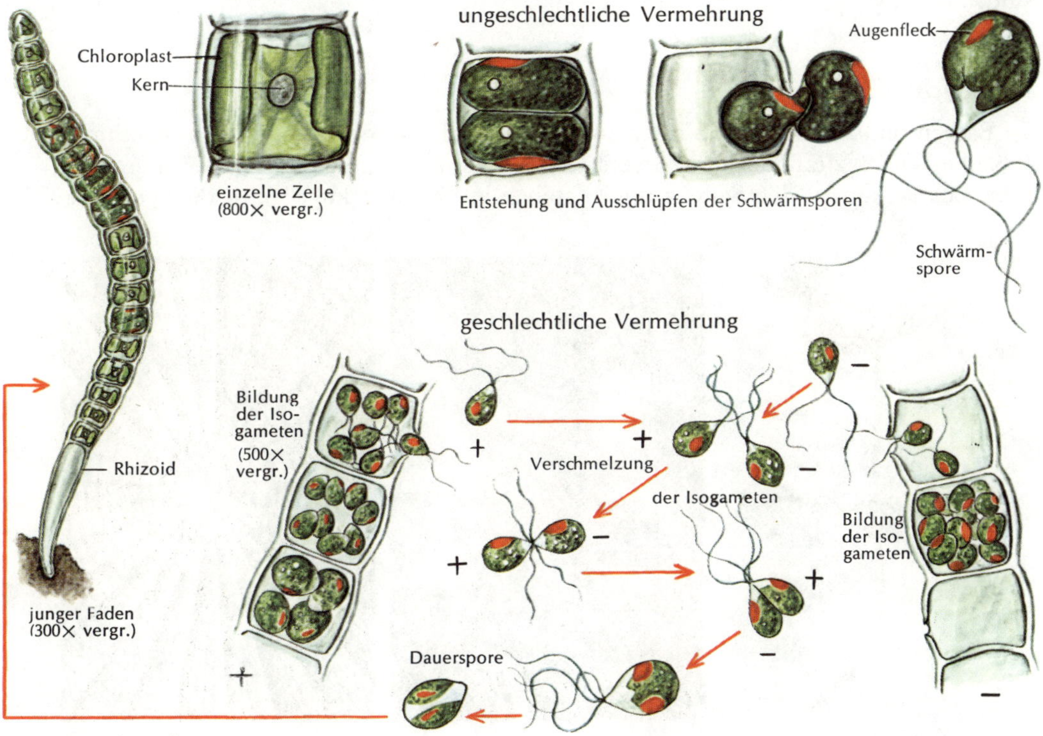

Kraushaaralge

lebhaft schwingenden Geißeln ins umgebende Wasser. Unter günstigen Bedingungen kann aus jeder Zelle eine neue Kraushaarpflanze hervorgehen. Die begeißelten Zellen dienen also der Vermehrung und Verbreitung der Pflanze. Da sie ungeschlechtlich durch Teilung entstanden sind, bezeichnet man sie als Sporen. Weil sie aber — im Gegensatz zu den Moos- oder Farnsporen — beweglich sind, nennt man sie Schwärmsporen oder *Zoosporen* (gr. zoon = lebendes Wesen, Tier).

Geschlechtliche Vermehrung: In den Zellen der aus Zoosporen entstandenen Fäden findet bald wieder eine Teilung des Inhaltes statt. Es entstehen meist Schwärmer mit nur zwei Geißeln. Auch sie werden ins Wasser entlassen. Im Gegensatz zu den viergeißeligen Schwärmern entwickeln sie sich nur dann weiter, wenn sie mit zweigeißeligen Schwärmern einer anderen Kraushaaralge verschmelzen. Die durch die Vereinigung von zwei Schwärmern gebildete Zelle besitzt kurze Zeit vier Geißeln und zwei Augenflecke. Bald werden alle Geißeln eingezogen und eine derbe Hülle wird gebildet. So entsteht eine *Dauerspore.* In diesem Zustand kann die Alge Austrocknen und Einfrieren des Gewässers aushalten. Unter günstigen Bedingungen entwickelt sich eine neue Kraushaarpflanze, aus der wieder viergeißelige Zoosporen entstehen.

Die zweigeißeligen, gleichaussehenden, aber verschiedenwertigen Schwärmer stellen also Isogameten dar. Durch ihre Vereinigung entsteht eine Zygote. Aus den ungeschlechtlich entstandenen Zoosporen gehen meist Algenfäden hervor, die sich durch Gameten fortpflanzen. Die Zygote entwickelt sich in der Regel zu Pflanzen, die Zoosporen erzeugen, sich also ungeschlechtlich vermehren. Daneben können sich Fäden bilden, die sich auf dieselbe Art vermehren wie die Generation, aus der sie entstanden sind.

Armleuchteralgen

In Bächen und Flüssen sowie in kalkreichen Grundwasserseen findet man manchmal fußhohe Wiesen zierlicher, quirlig verästelter »Bäumchen«, die sog. Armleuchteralgen oder Characeen. An den Seitenzweigen stehen im Sommer kugelige, rötlich gefärbte

Armleuchteralge

Kieselalgen des Meeres

Schalenstruktur einer Kieselalge

männliche Organe und weniger auffällige weibliche Organe. Diese sind wie die ganze Pflanze grün gefärbt und werden von fünf Hüllschläuchen umgeben, deren Enden ein Krönchen bilden. Zwischen ihnen dringen die männlichen Geschlechtszellen zur Eizelle vor. Zoosporen treten bei den Armleuchteralgen niemals auf.

Zusammenfassung

Die bisher betrachteten Algen sind einzellige oder vielzellige Lebewesen. Sie besitzen Farbstoffe, vor allem Chlorophyll, mit deren Hilfe sie assimilieren. Im Gegensatz zu den bisher betrachteten Pflanzen entwickeln sie weder Sproß noch Wurzeln, auch echte Gefäße und Stützorgane fehlen. Ihr Körper ist sehr einfach gebaut und wenig gegliedert, wir bezeichnen ihn als *Thallus* oder Lager. Die Algen sind Lagerpflanzen oder *Thallophyten.* Sie leben meist im Wasser oder an feuchten Orten.

ALGEN VERSCHIEDENER KLASSEN

Die Schlauchalge (Vaucheria)

In stehendem Wasser, aber auch in feuchter Erde (Blumentöpfe) können wir mit dem Mikroskop Algenfäden entdecken, die aus einem einzigen, verzweigten, vielkernigen Zellschlauch bestehen. Mit lappig verästelten, blattgrünfreien Teilen ist er an der Unterlage verankert.

Ungeschlechtliche Vermehrung: Mitunter entdeckt man an den Astenden keulenförmige Verdickungen, die vielkerniges Protoplasma enthalten und durch eine Querwand vom Zellschlauch abgesetzt sind. Wenn die Wand aufreißt, wird ein kugeliger,

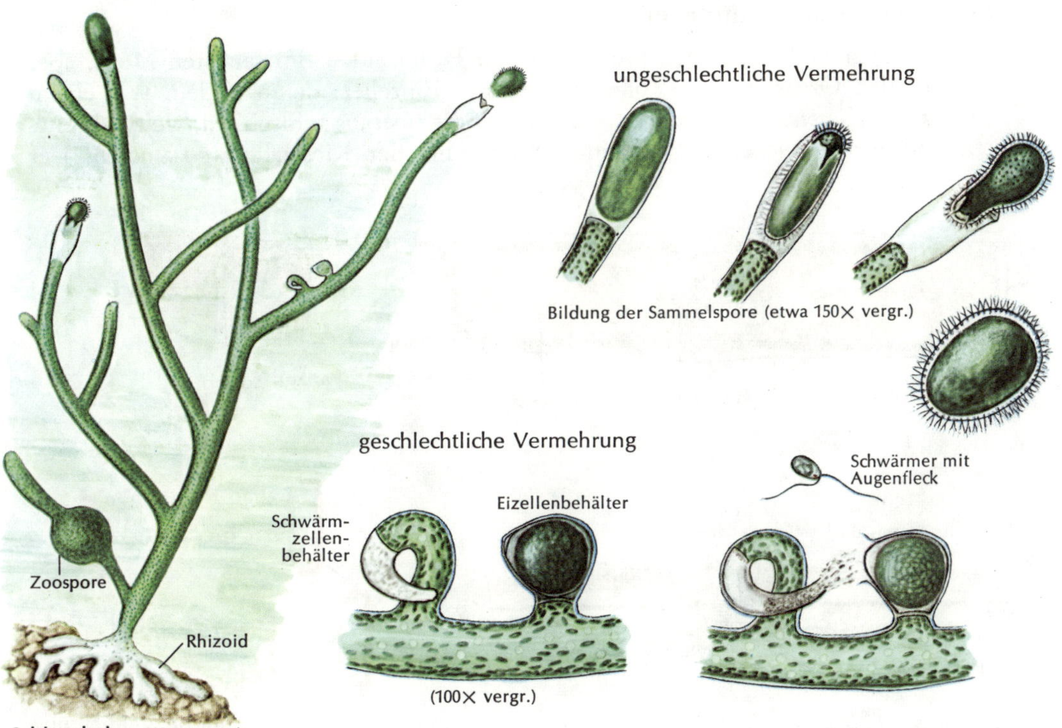

Schlauchalge (40× vergr.)

schon mit bloßem Auge sichtbarer Protoplasmakörper frei, der sich mit zahlreichen Geißeln durch das Wasser fortbewegt. Zahlreiche zweigeißelige Zoosporen bleiben hier in einer großen *»Sammelspore«* vereinigt. Sie verliert bald ihre Geißeln, sinkt zu Boden und treibt einen neuen Algenschlauch.

Geschlechtliche Vermehrung: Stellt man Schlauchalgen ans helle Fenster und setzt dem Wasser etwas Zucker zu, so bilden sich seitlich am Zellschlauch dicht nebeneinander merkwürdige Auswüchse von verschiedener Form: kugeligen, mit einer schnauzenartigen Vorwölbung versehenen Auswüchsen stehen längliche, hornartig gebogene Auswüchse gegenüber. Auch diese sind durch Zellwände vom übrigen Zellschlauch abgegrenzt. Die zahlreichen Kerne der kugeligen Auswüchse gehen bis auf einen zugrunde. So entsteht eine einzige große, nährstoffreiche Zelle, die *Eizelle.* Ihre Hülle wird zum *Eizellenbehälter* oder *Oogonium.* In den hornartig gebogenen Behältern aber bilden sich zahlreiche kleine, bewegliche Zellen, die männlichen Geschlechtszellen, Schwärmzellen oder *Spermatozoiden.* Bei der Reife reißt der Schwärmzellenbehälter auf und die zweigeißeligen Schwärmer schwimmen zum Eizellenbehälter. Dieser öffnet sich an der Vorstülpung und die unbewegliche Eizelle wird von einem der Schwärmer befruchtet. Es bildet sich eine Zygote, die nach der Winterruhe zu einer neuen Schlauchalge heranwächst.

Im Gegensatz zur Kraushaaralge ist bei der Schlauchalge geschlechtliche und ungeschlechtliche Vermehrung an ein und derselben Pflanze möglich. Es findet also kein Generationswechsel statt. Da die Eizelle von einer Hülle umschlossen, groß und unbeweglich ist, liegt *Oogamie* (gr. oon=Ei, gamein=heiraten, befruchten) vor.

Kieselalgen oder **Diatomeen**

In stehenden und fließenden Gewässern, an Baumrinden, im feuchten Moos, aber auch in den Ozeanen aller Zonen finden sich Einzeller, deren Zelleib von einem *Panzer aus Kieselsäure* umgeben ist. Man faßt die überaus zahlreichen, weitverbreiteten und formenreichen Lebewesen zur Ordnung der Kieselalgen zusammen. Der

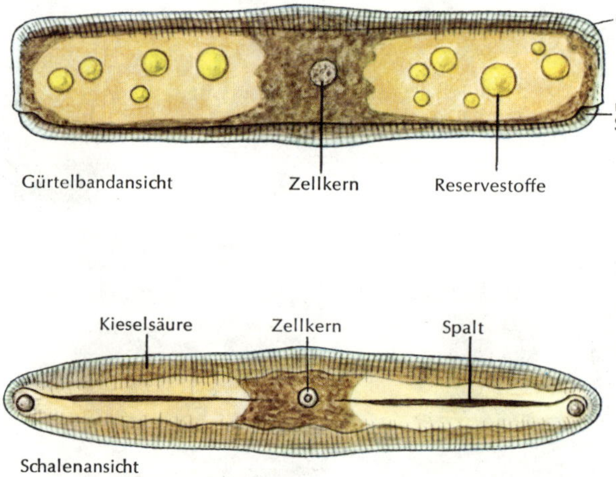

Pinnularia (400× vergr.)

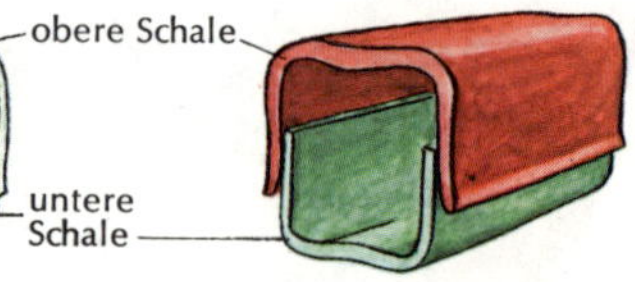

Panzer (Schema)

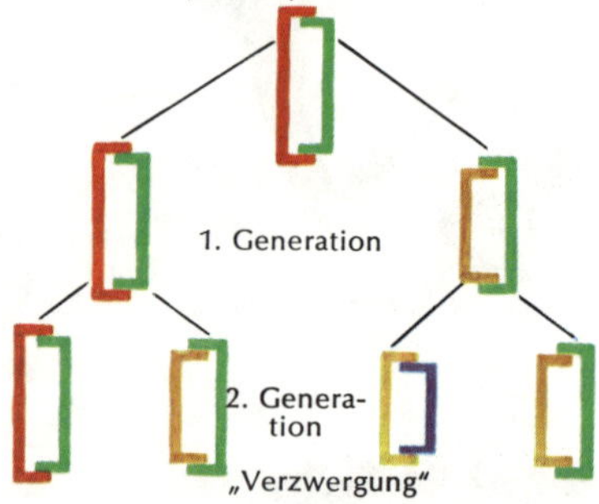

ungeschlechtliche Vermehrung (Schema)

Panzer besteht immer aus zwei Teilen, die wie Deckel und Boden einer Schachtel übereinandergreifen. Sein Feinbau mit zierlichen Leisten, Knoten und Dornen wird erst bei sehr starker Vergrößerung sichtbar. (Der Panzer mancher Kieselalgen wird als Testobjekt für die Güte eines Mikroskopes verwendet.)
Außer Plasma und Kern finden sich in der Zelle Reservestoffe und braune Farbstoffträger, die auch Blattgrün enthalten. Bei *Pinnularia,* einer im Schlamm des Süßwassers lebenden Kieselalge, besitzt der Panzer einen Spalt, durch den eine schleimige Masse ausgeschieden wird. Damit ist auf festem Untergrund eine langsam kriechende Fortbewegung möglich. Die meisten Kieselalgen gehören allerdings dem *Plankton* an. Man versteht darunter die im Wasser frei schwebende Lebewelt kleiner Pflanzen und Tiere (s. S. 190).
Die Vermehrung erfolgt in der Regel ungeschlechtlich durch Zellteilungen. Dabei rücken die Schalenhälften auseinander. Das Protoplasma der Tochterzellen ergänzt hierauf stets den kleineren Teil des Panzers, den »Boden«. Auf diese Weise wird bei jeder Teilung eine Zelle kleiner. Der »Verzwergung« wird beim Erreichen einer Mindestgröße dadurch begegnet, daß der Panzer als Ganzes abgeworfen wird, und der Zelleib dann auf ein Vielfaches seiner ursprünglichen Größe heranwächst. Erst danach wird wieder eine zweiteilige Schale abgeschieden. — Neben der Zellteilung findet durch Verschmelzung von Isogameten auch eine geschlechtliche Fortpflanzung statt.
Kieselalgen kommen oft in riesigen Mengen an der Oberfläche des offenen Ozeans vor, so daß das Meereswasser dadurch gelb gefärbt erscheint. Das Plankton bildet die Hauptnahrung mancher kleiner Meerestiere (Fische und Krebschen), die wiederum die Beute der großen werden. Welche Bedeutung haben also die Kieselalgen für das Leben des Menschen? —
Aus den Skeletten abgestorbener Kieselalgen entstanden im Laufe von Jahrmillionen auf dem Grund von Meeren und Seen mächtige Schichten von *Kieselgur* oder Diatomeenerde, die durch Hebungen des Meeresbodens oder durch Verlandung zu Festland wurden. Ergiebige Lager werden heute bei Berlin, in der Lüneburger Heide und in Böhmen abgebaut. Kieselgur verwendet man als Polier- und Isoliermittel, als saugfähiges Verpackungsmaterial für Chemikalien und zur Herstellung des Dynamits.

BRAUNALGEN (Klasse: Phaeophyceae)

Die meisten Braunalgen kommen vorwiegend in der Brandungszone des Meeres vor. Sie zeichnen sich vielfach durch große, reichverzweigte, lederartig derbe, sproßähnliche Thalli aus, die dem Wogengang kräftigen Widerstand leisten können. Obwohl sie mit Rhizoiden und Haftscheiben am felsigen Untergrund befestigt sind, werden sie bei stärkeren Stürmen in großen Mengen losgerissen und an die Küsten gespült. Man bezeichnet sie auch als *Tange.*
Die braune Farbe in den Farbstoffträgern der Zellen überdeckt das ebenfalls vorhandene Chlorophyll. Manche Arten (verschiedene Laminariaceae und Fucaceae) haben die Fähigkeit, das im Meerwasser in sehr geringer Konzentration enthaltene Jod in ihren Zellen anzureichern. Zur Gewinnung dieses wertvollen Stoffes werden diese Algen gesammelt und verascht. Andere benützt man zum Düngen der Felder. Zahlreiche Braunalgen pflanzen sich nur geschlechtlich fort, einige erzeugen auch Zoosporen. Die Entwicklung vieler Formen ist sehr kompliziert (Generationswechsel).

An den Küsten der Nord- und Ostsee spült das Meer oft in großen Mengen losgerissene Teile des gabelig verzweigten *Blasentanges* (Fucus vesiculosus) an. Die bandförmigen »Blätter« sind an manchen Stellen blasig aufgetrieben. Ähnliche, aber gestielte Schwimmblasen trägt der *Beerentang* (Sargassum bacciferum) der mexikanischen Küstengewässer. Er wird dort in ungeheuren Mengen von der Brandung losgerissen und in den offenen Ozean getragen. In den ruhigen Wassern der Sargassosee ist die Meeresoberfläche weithin von der sich rein vegetativ vermehrenden Hochseeform bedeckt. — Der *Birnentang* (Macrocystis pyrifera) ist ein Riese unter den Wasserpflanzen, erreicht sein waagrecht flutender Stamm doch über 100 m Länge. Die einseitswendigen, bandförmigen »Blätter« sitzen an birnenförmig aufgetriebenen »Stielen«. Mit Hilfe dieser Schwimmblasen treiben die schmalen Blätter dicht unter der Wasseroberfläche und erhalten so genügend Licht. — Der schmale, am Rand gewellte Thallus des *Zuckertanges* (Laminaria saccharina) wird bis 4 m lang. In Ostasien wird diese Alge als Nahrungsmittel und zum Süßen von Suppen und Reis verwendet.

ROTALGEN (Klasse: Rhodophyceae)

Auch fast alle Rotalgen sind Meeresbewohner. Mit Haftfäden und Haftscheiben sitzen sie in größeren Tiefen der Küstenzone. Gewöhnlich findet man sie in Wassertiefen von 30—50 m, stellenweise dringen sie bis 200 m Tiefe vor. Ihr Thallus ist sehr zart. Solche Formen können nur dort gedeihen, wo der Wellengang des Meeres nicht mehr zur Wirkung kommt. Mit ihren roten Farbstoffen sind sie in der Lage, das schwache, bis in die Tiefen vordringende Licht für die Assimilation zu nutzen. Man bezeichnet sie geradezu als *»Schwachlichtalgen«*. Einen derb entwickelte Thallus besitzen die Rotalgen küstennaher Gewässer.

Unter den Rotalgen findet man oft bezaubernd schöne Formen. Neben fein gefiederten Pflanzen kommen solche mit großen, feingeäderten »Blättern« vor. Eine Art hat z. B. das Aussehen von rosa gefärbten Eichenblättern. Die Farbe dieser Algen ist sehr verschieden und wechselt vom zartesten Rosa bis zu dunkelpurpurnen und violetten Tönen.

Einige Arten werden in Ostasien zur Gewinnung von Nahrungsmitteln in Kultur genommen. Aus verschiedenen Rotalgen des Pazifiks gewinnt man Agar-Agar, der zur Herstellung von festen Bakteriennährböden benötigt wird (s. S. 195).

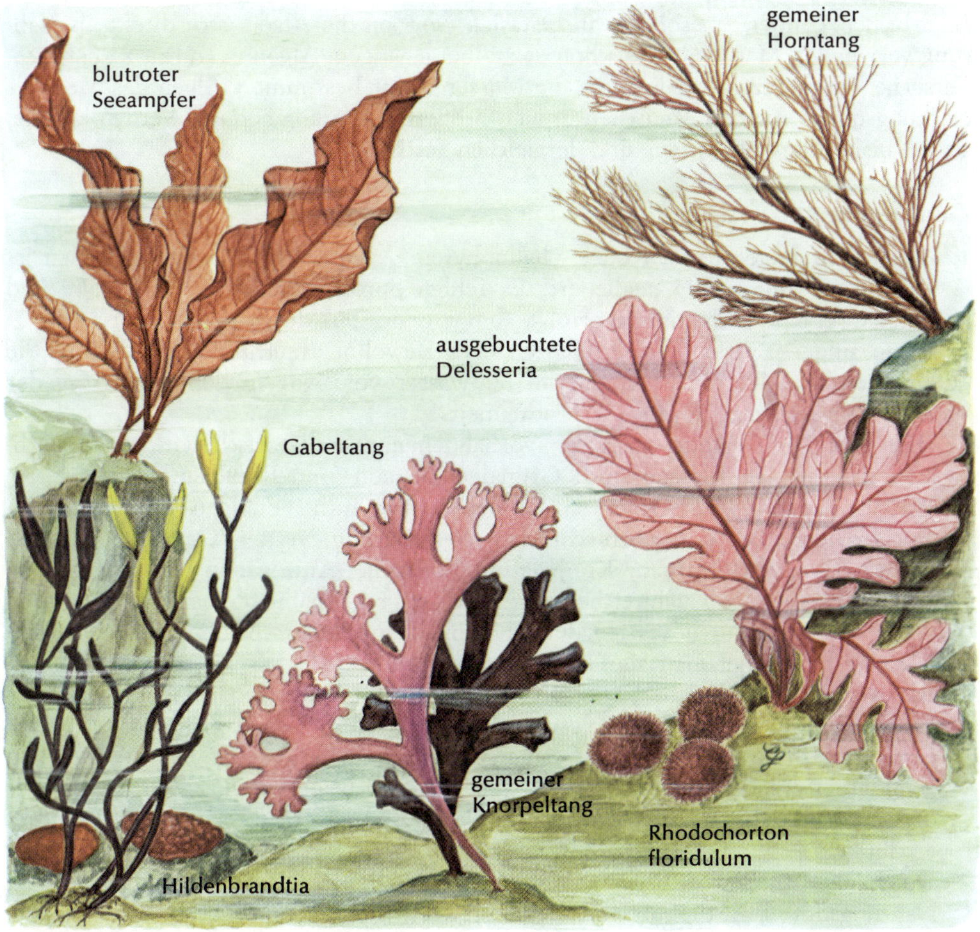

Die Bedeutung der Algen für das Leben im Wasser

Die im Wasser lebenden Tiere atmen wie die Landtiere Sauerstoff ein und Kohlendioxid aus. Bei der Assimilation der grünen Wasserpflanzen wird Kohlendioxid aufgenommen und gleichzeitig Sauerstoff abgegeben. Wie auf dem Lande stellt sich auch im Wasser weitgehend ein Gleichgewicht im Austausch der Gase ein. Doch findet, besonders in fließenden Gewässern, auch mit der atmosphärischen Luft ein Austausch statt. Durch die Assimilation der chlorophyllhaltigen Algen werden aus anorganischen Stoffen organische erzeugt. Zahlreiche Tiere ernähren sich von Algen, besonders die einzelligen Algen spielen als Planktonnahrung für viele Wassertiere eine bedeutende Rolle (s. S. 190). Andere ernähren sich indirekt von den organischen Stoffen der Algen, indem sie die »Algenfresser« als Beute verzehren. Schließlich beschafft sich auch der Mensch durch den Fang von Fischen und anderen Tieren Nahrung aus dem Meer.

Wir erkennen: Wie in den bisher besprochenen Lebensräumen sind auch im Wasser die grünen Pflanzen die Produzenten, die Tiere die Konsumenten der organischen Stoffe (s. S. 191). Sauerstoff und Kohlendioxid werden in einem Kreislauf umgesetzt, an dem Pflanzen und Tiere beteiligt sind. Ohne die Tätigkeit der grünen Pflanze wäre tierisches Leben im Wasser unmöglich.

In manchen Ländern, besonders in Ostasien, werden die Algen auch direkt als Nahrung verwendet. Man ist heute schon dazu übergegangen, Algen in Kultur zu nehmen. Versuche haben gezeigt, daß durch die Massenkultur bestimmter Algen das Meer als Nahrungsquelle für den Menschen in weit größerem Umfang genutzt werden könnte, als das bisher durch Fischfang und dergleichen geschieht.

Zusammenfassung: Algen

1. Algen sind Lagerpflanzen oder Thallophyten. Auch bei den größten Formen ist der Körper nur wenig gegliedert. Es fehlen Sproß, Wurzel, echte Gefäße und Stützgewebe. Die Festigung erfolgt zum großen Teil durch den Turgor.
2. Algen sind entweder Wasserpflanzen oder Bewohner feuchter Lebensräume. Sie kommen im Meereswasser und im Süßwasser vor. Nur in der Dauerform der Zygoten vertragen sie längere Trockenheit.
3. Ihre Einteilung erfolgt nach den vorhandenen assimilatorisch wirksamen Farbstoffen. Wichtige Klassen sind: Grünalgen, Braun- und Rotalgen.
4. Wie viele andere Wasserpflanzen vermehren sich auch die Algen vorwiegend ungeschlechtlich. Bei der geschlechtlichen Vermehrung werden Gameten gebildet. Danach unterscheidet man: Konjugation, Isogamie, Anisogamie und Oogamie.
5. In der Entwicklung zahlreicher Algen folgen regelmäßig Generationen aufeinander, die sich durch verschiedene Fortpflanzung unterscheiden. Einen solchen Wechsel bezeichnet man als Generationswechsel.
6. Als wichtige Glieder im Kreislauf der Stoffe sind die Algen für das Leben der Wassertiere unentbehrlich. Zusammen mit anderen Wasserpflanzen liefern sie den zur Atmung notwendigen Sauerstoff und entfernen das bei der Atmung gebildete Kohlendioxid. Außerdem stellen sie wichtige Produzenten organischer Stoffe dar, von denen sich als Konsumenten viele Tiere direkt, andere indirekt ernähren.
7. Durch die Massenkultur bestimmter Algen könnte man in großem Umfang Nahrungsmittel für die rasch anwachsende Menschheit erzeugen.

Pilze (Mycophyta)

Fliegenpilze

Auffällige Pilzsorten, die »Wald- und Wiesenpilze«, sind in Deutschland mit etwa 2500 Arten vertreten. Manche werden als Speise- und Würzpilze gesammelt, einige sind als sehr gefährliche Giftpilze gefürchtet. Die übrigen sind nicht nur ein Schmuck unserer Wälder, sondern haben als Saprophyten und Mykorrhizapilze große Bedeutung.

Unter den 35 000 Pilzarten herrschen die Kleinformen vor, von denen viele als Parasiten sehr schädlich sind. Sie rufen im menschlichen Körper, aber auch an vielen Kulturpflanzen gefährliche Krankheiten hervor. Viele Kleinpilze sind Nahrungsmittelverderber. Andere — wie die Hefepilze — werden vom Menschen genutzt. Eine ganz bedeutende Rolle spielt die große Zahl von Kleinpilzen bei der Bodenbildung (vgl. die entsprechenden Abschnitte in den Kapiteln über die verschiedenen Lebensgemeinschaften).

BEOBACHTUNGSAUFGABEN: 1. Hebe einen »Hutpilz« vorsichtig aus dem Erdreich. Versuche festzustellen, wie er im Boden verankert ist. Verfolge den Verlauf der weißen Fäden im Boden. — 2. Lege abgeschnittene Kappen voll entwickelter Pilze auf weißes, bzw. dunkles Papier. Hebe sie nach einigen Stunden ab. Beobachtung? Verwende womöglich ein Mikroskop. — 3. Beobachte eine Pilzgruppe über mehrere Tage am natürlichen Standort. Versuche, sie im nächsten Jahr an gleicher Stelle wiederzufinden. — 4. Bei welcher Witterung findet man besonders viele Pilze? — 5. Stelle den Durchmesser eines sog. »Hexenrings« fest, wenn möglich mehrere Jahre hintereinander. — 6. Welchen Tieren dienen Pilze als Nahrung? Wie sind manche Pilze vor Tierfraß geschützt? Werden die für den Menschen giftigen Arten auch von allen Tieren verschmäht? — 7. Untersuche Pilzfäden sowie dünne Schnitte durch Hut und Stiel verschiedener Pilze unter dem Mikroskop. — 8. Achte besonders auf die »Unterseite« des Hutes. Vergleiche!

Hexenring

Der Feldchampignon (Psalliota campestris), ein Ständerpilz

Vorkommen: Den ausgezeichneten Speisepilz finden wir vom Mai bis Oktober meist gesellig auf Viehweiden, gedüngten Wiesen, Feldern und an Wegrändern. Mitunter sind zahlreiche Pilze in einem Kreis, einem sog. Hexenring, angeordnet. Der schmackhafte Pilz gehört zu den wenigen kultivierten Arten. Er wird in unterirdischen Kellergewölben und in Höhlen in großen Mengen gezüchtet.

Der oberirdische Pilz: Auf dem festen, unten etwas knollig verdickten Stiel breitet sich der fleischige Hut, die Kappe aus. Ihr Durchmesser beträgt 6—15 cm. Die weißlichgelbe bis bräunliche Oberhaut läßt sich leicht abziehen. An der Unterseite des Hutes stehen strahlig angeordnete Leisten, die *Blättchen* oder *Lamellen.* Sie sind anfangs weißlich, später rosa und zuletzt schokoladebraun gefärbt. Am Rande des Hutes finden sich oft hautartige Fetzen, am Stiel bilden sie einen *Ring* (Manschette). — Der frische Pilz duftet angenehm würzig. Sein Fleisch besteht, wie bei allen Pilzen, aus dicht aneinanderliegenden oder miteinander verflochtenen Zellfäden, den *Hyphen* (gr. hyphe = Faden, Aufgabe 7). Merkwürdigerweise enthalten die Zellwände *Chitin,* einen Baustoff, der sonst nur im Tierreich vorkommt.

Feldchampignon

Das unterirdische Pilzlager: Hebt man einen Pilz vorsichtig aus dem Boden, so erkennt man, daß auch das anhaftende Erdreich von vielen weißen Hyphen durchsetzt wird. Sie verzweigen sich weithin im Boden (Aufgabe 1) und bilden das *Pilzlager* oder *Mycel.* Es besteht bei allen Pilzen aus einfachen Zellreihen (Aufg. 7). Das Mycel stellt die eigentliche, ausdauernde Pilzpflanze dar. Die Pilze gehören wie die Algen zu den Lagerpflanzen.

Entwicklung des Pilzkörpers

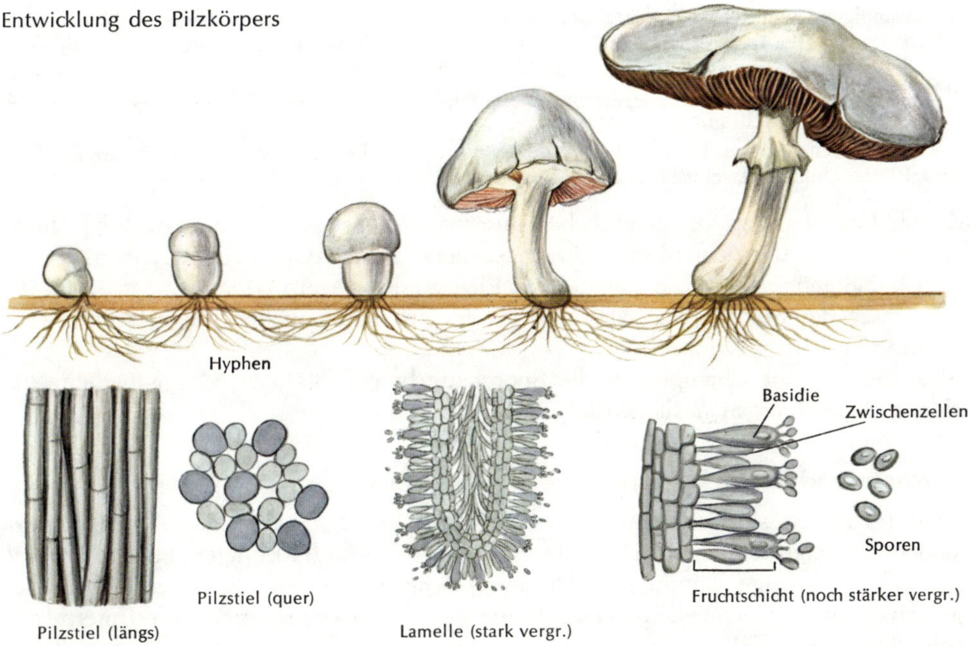

Ernährung und Lebensbedingungen: Da die Hyphen kein Blattgrün enthalten, können die Pilze nicht assimilieren. Sie müssen also organische Stoffe aufnehmen. Wie die meisten anderen Pilzarten benötigt der Champignon daher zum Gedeihen wenig oder überhaupt kein Licht, sondern lebt saprophytisch von faulenden Stoffen. Dagegen braucht er Wärme und Feuchtigkeit. Ohne diese müßten ja auch die fäulniserregenden Bakterien ihre Tätigkeit einstellen.

Die Entwicklung des Pilzkörpers: Bei warmer Witterung und hoher Luft- und Bodenfeuchtigkeit bilden sich an den unterirdischen Zellfäden kugelige Anschwellungen, die rasch größer werden und sich mit großer Kraft aus der Erde schieben. Man sagt bekanntlich: »Die Pilze schießen aus dem Boden.« Der Stiel ist zunächst nicht deutlich vom Hut zu unterscheiden, denn eine feine Haut, der *Schleier,* spannt sich vom Rand seines halbkugeligen Hutes zum Stiel. Da sich die Kappe allmählich schirmförmig ausbreitet, zerreißt der Schleier und hinterläßt am Hutrand und am Stiel Fetzen (Manschette). Nun sind an der Hutunterseite die hellen Lamellen sichtbar, die rasch dunkel werden.

Vermehrung und Verbreitung durch Sporen: Legt man eine abgeschnittene Kappe auf helles Fließpapier (Aufgabe 2), so bedeckt es sich sehr bald mit unzähligen dunkelbraunen Sporen. Sie sind strahlig angeordnet — wie die Lamellen. Die längliche Einzelspore mißt nur 7 bis 8 μ. Ein Lamellenquerschnitt zeigt, daß auch die Blätter aus verflochtenen Zellfäden bestehen. An keulenförmigen Endzellen dieser Hyphen, den *Ständerzellen* oder *Basidien* (gr. basis = Säulenbasis), sprossen je vier Sporen hervor. Bei der Reife lösen sie sich vom Ständer und fallen zu Boden. Zwischen die fruchtbaren Hyphen schieben sich unfruchtbare, so daß sich die Sporen frei entwickeln und ungehindert ausfallen können.

Ein Champignon von 10 cm Durchmesser kann etwa 16 Milliarden Sporen erzeugen. Nur wenige der winzigen Sporen finden geeignete Keimungsbedingungen. Kann sich das Mycel gleichmäßig nach allen Seiten ausbreiten, so entwickeln sich die Pilzkörper an der Peripherie eines Kreises und bilden einen »Hexenring«. Sein Durchmesser nimmt von Jahr zu Jahr zu. Er beträgt 1—8 m, in seltenen Fällen bis zu 30 m.

Geschlechtszellen hat man bei den Ständerpilzen nicht feststellen können, wohl aber verschmelzen vor der Sporenbildung zwei verschiedenwertige Kerne.

Merke: Das Mycel ist die eigentliche, unterirdisch lebende, ausdauernde Pilzpflanze. Es besteht, wie der oberirdische »Fruchtkörper«, aus Pilzfäden oder Hyphen.
Der Champignon gehört wie alle anderen Pilze zu den Lagerpflanzen.
Die Klasse der Ständerpilze ist durch je vier auf Ständerzellen oder Basidien entstehende Sporen gekennzeichnet.
Pilze, die wie der Champignon die Sporenschicht auf Blättern oder Lamellen entwickeln, bezeichnet man als *Blätterpilze.*

Morcheln und Lorcheln, Vertreter der Schlauchpilzc

Beide Pilzsorten sind an dem hohlen Hut mit buchtiger Oberfläche leicht zu erkennen. Sie zeigt bei der *Morchel* (Morchella) grubige Einbuchtungen, bei der *Lorchel* (Helvella) hirnartige Windungen. Die Fruchtschicht überzieht die ganze Oberfläche. Die Hyphenenden schwellen keulenförmig an. Die Sporen werden im Innern von schlauchförmigen Zellen, den *Asci* (gr. ascos = Schlauch), erzeugt. Zwischen ihnen stehen unfruchtbare Endzellen, die zur Zeit der Sporenreife anschwellen. Durch den entstehenden Druck werden die Sporen aus den Schläuchen, die sich an der Spitze geöffnet haben, gepreßt und einige Zentimeter fortgeschleudert.

Merke: Pilze, deren Sporen (meist 8) in schlauchförmigen Hyphenenden, den Asci, erzeugt werden, faßt man zu den *Schlauchpilzen* oder *Ascomycetes* zusammen.

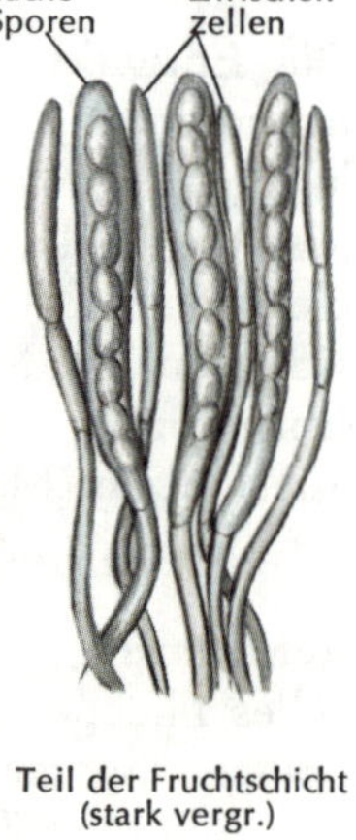

Teil der Fruchtschicht (stark vergr.)

Lorchel (nach Abkochen genießbar)
Morchel (guter Speisepilz)
Längsschnitt

Kennzeichen einiger wichtiger Pilzformen

Ständerpilze (Klasse: Basidiomycetes)

Nach der Lage der Fruchtschicht unterscheiden wir Blätterpilze, Röhrenpilze, Stachel-, Keulen- und Bauchpilze.

Blätterpilze: Das sporenbildende Gewebe liegt auf den Lamellen der Hutunterseite (Champignon).

Röhrenpilze: An der Hutunterseite stehen senkrechte, untereinander verwachsene Röhren, deren Innenseite von der Fruchtschicht überkleidet wird (Steinpilz).

Stachel- oder Stoppelpilze: Die Fruchtschicht überzieht die weichen Stacheln an der Hutunterseite (Stoppelpilz).

Keulenpilze: Die Fruchtschicht bedeckt die Außenseite der keulenförmigen Äste (Ziegenbart).

Bauchpilze: Das sporenbildende Gewebe liegt an der Innenseite einer kugeligen Hülle, die sich erst bei der Reife öffnet (Kartoffelbovist).

Schlauchpilze (Klasse: Ascomycetes)

Die Sporen entstehen — meist zu acht — im Innern einer schlauchförmigen Zelle, die man Ascus nennt (Morchel).

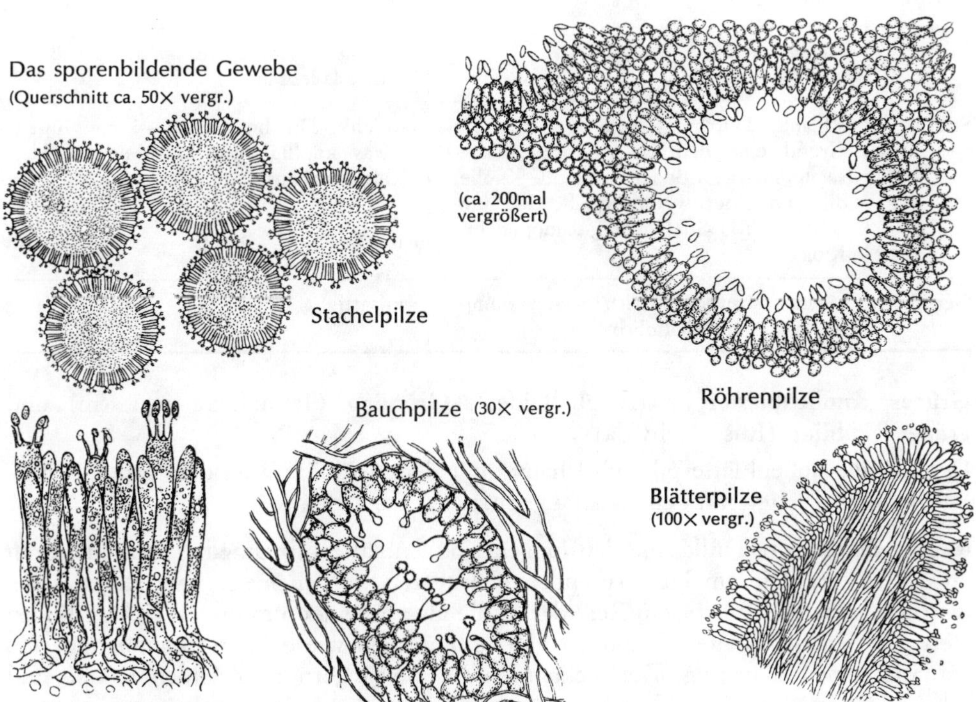

GIFTPILZE UND IHRE DOPPELGÄNGER

Nur etwa 15 Pilzarten sind für den Menschen giftig, vier von ihnen wirken meist tödlich. Manche Tiere dagegen verzehren die Giftpilze ohne Schaden, z. B. Insektenlarven, Schnecken, Käfer, Kaninchen und Schweine (s. S. 217, Aufgabe 6). Angeblich soll man Giftpilze daran erkennen, daß sie an Schnittflächen oder Druckstellen blau anlaufen oder silberne Löffel braun färben. Das widerspricht aber der Erfahrung. Nur sichere Kenntnis der giftigen Arten und ihrer Doppelgänger bewahrt uns vor Schaden. An vielen Orten sind Pilzberatungsstellen eingerichtet, dort geben Pilzkenner in Zweifelsfällen Auskunft. Natürlich sind sehr viele nicht giftige Pilze ungenießbar, weil sie schlecht schmecken, zäh oder sogar »holzig« sind. Sie bilden aber vielfach einen Schmuck der Wälder und stellen als Saprophyten auch wichtige Glieder im Kreislauf der Stoffe dar.

Knollenblätterpilze und Champignonarten

Besonders groß ist die Ähnlichkeit des jungen *Schafchampignon* (Psalliota arvensis) mit dem *weißen Knollenblätterpilz* (Amanita verna). In Deutschland sterben alljährlich etwa 100 Menschen nach dem Genuß dieses gefährlichen Pilzes.

	weißer Knollenblätterpilz	**Schafchampignon**
Hut	weiß, bei Nässe klebrig, bei Trockenheit seidenglänzend, nur selten mit Resten der Hülle behaftet	weiß oder gelblichweiß
Fleisch	dünn	dick
Blätter	bleiben weiß	anfangs weiß, später rosa, schließlich schokoladebraun
Stiel	schlank, Durchmesser 1—1,5 cm, am Grund eine deutlich vom Stiel abgesetzte, meist im Boden steckende Knolle, die von einer weißlichen Scheide umgeben wird. Stiel wollig-schuppig mit Ring.	schlank, Durchmesser 1—3 cm, unten etwas knollig verdickt, ohne Scheide, Ring derbhäutig, oft eingerissen
Geruch	anfangs schwach süßlich, später dumpfig, etwas rettichähnlich	anisartig

Grüner Knollenblätterpilz (A. phalloides), **Grünling** (Tricholoma equestre) und **grüner Täubling** (Russula livida)

Der grüne Knollenblätterpilz wird häufig mit dem Grünling und dem grünen Täubling, wohl nur selten mit dem Champignon, verwechselt.

Merke: Die äußere Hülle, die den jungen Knollenblätterpilz umgibt, zerreißt, wenn er sich streckt. Die am Hut haftenden Hautfetzen werden meist vom Regen abgewaschen, stets aber bleibt ein Rest der Hülle als »Scheide« um die oft tief im Boden steckende Knolle erhalten. Die innere Hülle hinterläßt wie bei den Champignonarten am Stiel einen Hautring. Den genannten Doppelgängern aber fehlen Knolle und Scheide. Grünling und Täubling besitzen auch keinen Ring.

Nach Verspeisen von Knollenblätterpilzen zeigen sich zunächst keine besonderen Beschwerden. Das Gift wirkt erst, wenn es bereits durch das Blut in lebenswichtige Organe (Leber) gebracht worden ist. Das ist nach etwa 9 Stunden, manchmal erst nach Tagen der Fall. Nur in Ausnahmefällen kann ärztliche Hilfe vor dem tödlichen Ausgang der Vergiftung bewahren. — Die anderen Giftpilze rufen schwere Erkrankungen der Verdauungs- und Kreislauforgane hervor.

Rißpilz (Inocybe fastigiata), **Reifpilz** (Pholiota caperata) und **Champignon:** Der giftige Rißpilz ist im jungen Zustand im Gegensatz zum Reifpilz nicht »mehlig bereift«. Der ältere Rißpilz ist leicht an den olivbraunen Sporen und den Längsrissen am Hut von seinen Doppelgängern zu unterscheiden.

Pantherpilz (A. pantherina), **Fliegenpilz** (A. muscaria) in seiner braunroten Abart und der **Perlpilz** (A. rubescens): Die zwei sehr giftigen, bräunlichen Blätterpilze können leicht mit dem wohlschmeckenden Perlpilz verwechselt werden, dessen fleischrote Kappe oft ins Graubraune abändert. Bei Druck und Verletzung läuft das weiße Fleisch des Perlpilzes allmählich rötlich an, das seiner Doppelgänger aber bleibt weiß.

Roter Speitäubling (Russula emetica) und **roter Täubling** (R. vesca): Der rohe Speitäubling schmeckt scharf brennend. Er kann unbeschadet gekostet werden, denn man spuckt die Probe gerne wieder aus! Das Fleisch des sehr ähnlichen roten oder Speisetäublings ist dagegen mild und wohlschmeckend. — Von den 50 Täublingsarten gelten 35 als genießbar.

Zottiger Reizker (Lactarius torminosus) und **echter Reizker** (L. deliciosus): Beide gehören zu den Milchlingen, bei denen aus verletzten Stellen Milchsaft austritt. Der echte Reizker, ein vorzüglicher Speisepilz, zeigt auf orangefarbenem Hut farbige Ringe. Er verfärbt sich wie die Lamellen bei Druck »grünspanig«. An verletzten Stellen tritt orangefarbener Milchsaft aus. Der Pilz ist oft von Maden völlig zerfressen (s. S. 217, Aufgabe 6). Der ähnliche, schwachgiftige zottige Reizker ist am zerfransten Hutrand und der brennendscharf schmeckenden, weißen Milch leicht vom echten Reizker zu unterscheiden. Beim Abbrühen und Kochen verliert der zottige Reizker die Giftwirkung und kann dann als Würzpilz verwendet werden.

Satanspilz (Boletus satanas) und **Steinpilz** (B. edulis): Beide sind Röhrenpilze. Der junge Steinpilz hat einen tonnenförmigen, netzadrigen Stiel. Während er sich streckt, breitet sich die zunächst kugelige, braune Kappe schirmförmig aus. Das feste Fleisch schmeckt ausgezeichnet, ist ausgiebig und besonders nahrhaft. An der Hutunterseite stehen senkrechte, untereinander verwachsene Röhren, deren Innenseite von der Fruchtschicht überzogen wird. Das reife Fruchtgewebe ist bei diesen und anderen Löcher- oder Röhrenpilzen weich und schwammig. Beim jungen Steinpilz sind die Röhren gelblichweiß, beim alten aber grüngelb. Der giftige Satanspilz hat dagegen rote Röhren, auch der Stiel ist, vor allem unten, rot gefärbt. Seine Kappe ist graubraun. Das Gift des Satanspilzes führt zu schweren Erkrankungen.

Kartoffelbovist (Scleroderma aurantiacum) und **Eierbovist** (Bovista nigrescens): Bei den Bovisten oder Stäublingen ist das sporenbildende Gewebe von einer mehr oder weniger kugeligen Hülle umschlossen, die sich erst bei der Sporenreife öffnet. Die derbe Hülle des giftigen Kartoffelbovistes ist rissig gefeldert und mit Warzen bedeckt. Von der doppelten, glatten Hülle des ähnlichen Eierbovists blättert die äußere Schicht ab. Aus der aufplatzenden, dünnen inneren Hülle stäuben schwarzbraune Sporen. Solange das Sporengewebe noch weiß ist, kann dieser Bovist, wie viele andere Stäublinge, gegessen werden.

Schwefelkopf³
Stock-
schwämm-
chen¹
Brätling¹
kleiner
Zichorien-
pilz²
Pantherpilz
giftig!
Tintenpilz²
(jung)
Fliegenpilz
giftig!
Knoblauch-
pilz¹
Perlpilz¹
echter Reizker¹
zottiger Reizker²
(nach Abkochen)
¹ guter Speisepilz
² genießbar
³ ungenießbar

grüner
Knollenbl.-
Pilz
sehr giftig!
grüner
Täubling²
gelblicher
Knollen-
blätterpilz³
Rißpilz
giftig!
Grünling¹
Schirmpilz¹
(jung)
Reifpilz¹
(jung)
Spei-
täubling³
rötlicher
Ritterling²
(jung)
Speise-
täubling¹
echter
Pfifferling¹
falscher
Pfifferling²

WERTVOLLE, LEICHT ERKENNBARE SPEISEPILZE

Pilze sind wegen ihres hohen Gehaltes an Eiweiß nahrhaft, aber schwer verdaulich, weil ihre Hyphen Chitin enthalten. Sie verderben rasch und müssen daher umgehend verwendet werden. Beim *gelben Pfifferling* oder Eierschwamm (Cantharellus cibarius) und dem zu Unrecht als giftig verschrieenen *falschen Pfifferling* (Clitocybe aurantiaca) überzieht die Fruchtschicht die ganze Oberseite. Die in den Stiel verlängerten Leisten sind keine Lamellen. Von den Röhrenpilzen werden viele dem *Steinpilz* (Boletus edulis) nahestehende Arten gesammelt. Fleisch und Fruchtschicht des dunkelbraunen *Maronenpilzes* (B. badius) laufen bei Druck blau an. Das vorzügliche Fleisch der *Rotkappe* (B. versipellis) und des *Birkenpilzes* (B. scaber) färbt sich beim Kochen graubraun. Die Stiele beider Pilze sind mit schwärzlichen Schuppen bedeckt. — Dem *Butterpilz* (B. luteus) zieht man am besten die klebrige, braune Oberhaut schon beim Sammeln ab. Sein Fleisch ist reinweiß, die Fruchtschicht goldgelb. Junge *Schirmpilze* (Lepiota) werden oft gegessen, den zähen Stiel mit dem verschiebbaren (!) Ring sollte man aber nicht verwenden.

Das Leuchten von faulendem Holz wird vom Mycel des *Hallimasch* (Armillaria mellea) hervorgerufen. Es durchzieht auch das Holz lebender Bäume. Daher richtet der Pilz in Obstgärten oft großen Schaden an. Abgekocht ist sein Fruchtkörper genießbar.

Auch *Ziegenbartarten* (Clavaria), deren Fruchtkörper an Korallenstöcke erinnern (»Korallenpilze«), sind als kräftig würzende Pilze begehrt, ebenso der *Habichtsschwamm* (Hydnum imbricatum), ein Stachelpilz. Sein derber, brauner Hut ist mit schwarzen Schuppen bedeckt. Auch der wohlschmeckende gelbe *Stoppel-* oder *Semmelpilz* (H. repandum) wird oft gesammelt.

Begründe folgende Regeln für das Sammeln und die Verwendung von Pilzen!

1. Verwende nur Pilze, die du sicher kennst. — 2. Drehe den Pilzstiel vorsichtig aus der Erde oder schneide ihn ab. — 3. Sammle keine alten Pilze. — 4. Zeigt der Schnitt durch den Stiel Madenfraß, so untersuche den Pilz durch einen Längsschnitt auf seine Brauchbarkeit. — 5. Klebrige Oberhaut ziehe am besten an Ort und Stelle ab. — 6. Sammle die Pilze in einem Korb oder in einem Karton, nicht in Plastiktüten. — 7. Pilze, die man nicht kennt, brauchen nicht umgestoßen oder zertreten zu werden. — 8. Entferne beim Putzen nur die älteren, schon schwammigen Fruchtschichten, denn die jungen enthalten mehr Nährstoffe als Hut und Stiel. — 9. Putze und zerkleinere die gesammelten Pilze möglichst noch am gleichen Tag, bereite sie spätestens nach 24 Stunden zu und hebe sie bis dahin an einem kühlen Ort offen auf. — 10. Scharf schmeckende Milchpilze müssen vor der Zubereitung überbrüht oder abgekocht werden. Brühwasser nicht verwenden. — 11. Silberne Löffel laufen in giftigen und nichtgiftigen Pilzgerichten an, können aber auch in beiden blank bleiben. (Was geschieht, wenn man Eier mit einem silbernen Löffel ißt?)

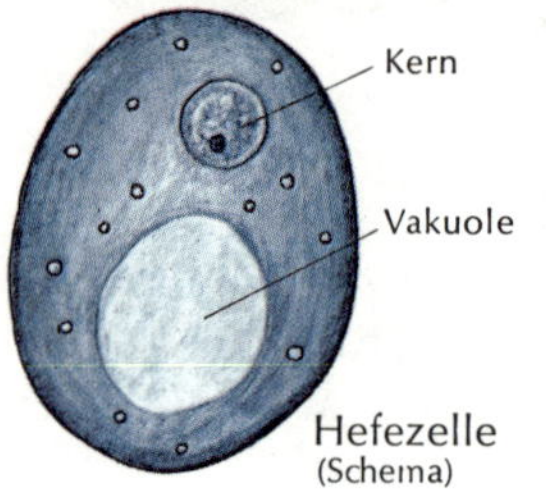

Hefezelle (Schema)

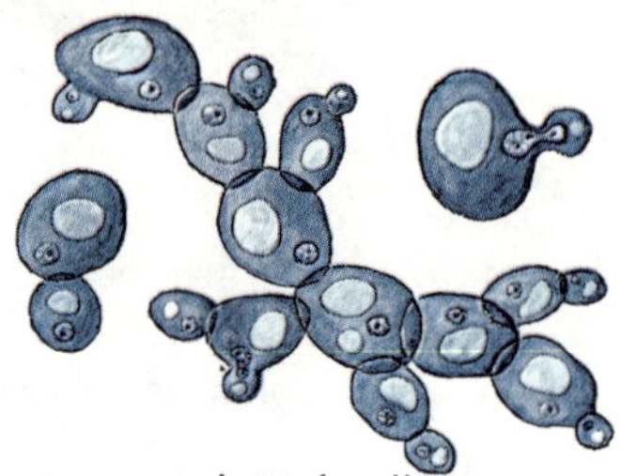
sprossende Hefezellen (800× vergr.)

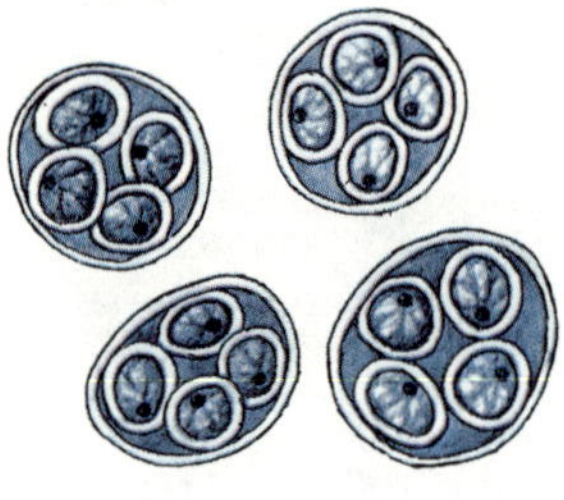
Hefezellen mit Sporen (1500× vergr.)

NÜTZLICHE KLEINPILZE

Hefe- oder Sproßpilze (Saccharomyces)

Versuche und Beobachtungsaufgaben: 1. Verreibe etwas Backhefe mit Zucker und beobachte die eintretenden Veränderungen. — 2. Bringe angeriebene Hefe in drei Erlenmeyerkolben, die etwa zu einem Drittel a) mit 8%iger, b) mit 30%iger, c) mit 60%iger Zuckerlösung gefüllt sind. Stelle diese Proben ins warme Zimmer, eine zweite Versuchsreihe in den Kühlschrank. Vergleiche. — 3. Bringe etwas Flüssigkeit des Versuches 2a) im Reagenzglas zum Kochen. Hebe die Probe einige Zeit im warmen Zimmer auf. — 4. Untersuche einen Tropfen der Flüssigkeit unter dem Mikroskop bei starker Vergrößerung. — 5. Verschließe den Kolben von Versuch 2a mit einem doppelt rechtwinklig gebogenen Glasrohr und leite die entstehenden Gase in Kalkwasser. Beobachtung? Führe den gleichen Versuch mit den im Kühlschrank aufbewahrten Proben durch. — 6. Miß die Temperatur der Lösungen zu Beginn der Versuche und nach einigen Stunden. Erklärung? — 7. Prüfe die Veränderung von Geruch und Geschmack der Lösungen. — 8. Lehrerversuch: Gib zu 100 g Preßhefe nach und nach reine konzentrierte Salzsäure (Vorsicht!) und lasse die Mischung zugedeckt einige Tage stehen. Filtriere die erhaltene braune Lösung und füge unter Umrühren doppeltkohlensaures Natron hinzu, bis das Schäumen aufhört: Hefeextrakt.

Die Hefe ist eine der ältesten Kulturpflanzen. Man erhält sie als Bierhefe von Brauereien, als Preß- oder Backhefe beim Bäcker. Alle Handelsformen sind Rassen der Art Saccharomyces cerevisiae, die wild nicht mehr beobachtet wird.

Unter dem Mikroskop erkennt man zahlreiche kugelige Zellen (5—15 μ) mit je einem Zellkern. Während der Kern meist nicht ohne weiteres sichtbar ist, sieht man deutlich in der Mitte der Zelle eine Vakuole. Die »Verflüssigung« der Hefe beruht darauf, daß der Zucker aus der Vakuole Saft zieht (Versuch 1, s. oben). In den Zuckerlösungen entstehen an den Zellen kleine Anschwellungen, der Zellkern teilt sich, und die knospenartige Vorwölbung erhält einen eigenen Kern. Nach erfolgter

Ablösung kann sich dieser Vorgang auch an den Tochterzellen wiederholen. Man bezeichnet diese Vermehrungsart als *Sprossung*. Unter günstigen Bedingungen (etwa 30° und 4—8 % Zuckergehalt) bilden sich vorübergehend Zellketten (vgl. Blaualgen). Jede Zelle kann aber auch selbständig leben. Wegen dieser Vermehrung nennt man die Hefepilze auch Sproßpilze. Bei niedrigen Temperaturen hört die Sprossung auf (Versuch 5). Die Preßhefe (Backhefe) entwickelt sich bei 28°—35° am besten, die Bierhefe bei Temperaturen um 10° C.
Unter besonderen Bedingungen, z. B. bei Nahrungsmangel, vereinigen sich Protoplasma und Zellkern zweier Hefepilze. In der gemeinsamen Hülle der verschmolzenen Zellen, dem Schlauch, entstehen *vier Schlauchsporen*. Die Hefepilze gehören also zu den Schlauchpilzen. In dem dickwandigen Schlauch können die Sporen ungünstige Verhältnisse überstehen. In den mit Hefe versetzten Zuckerlösungen (Versuch 5) entwickelt sich unter Schäumen Kohlendioxid, nach einiger Zeit schmeckt die Flüssigkeit nach Alkohol (Versuch 7). Hefe wandelt also Zucker in Alkohol und Kohlendioxid um:

$$\text{Zucker} \xrightarrow{\text{Wirkung der Hefe}} \text{Kohlendioxid, Alkohol und Energie.}$$

Wie bei der Atmung (s. S. 56) entsteht auch bei diesem Vorgang Energie, die sich bisweilen in einer Temperaturerhöhung der Flüssigkeit bemerkbar macht (Versuch 6). Für diese Umwandlung wird jedoch kein Sauerstoff benötigt. Wir bezeichnen sie als *Gärung*.

Merke: Auch durch Gärungen können Lebewesen die zum Leben nötige Energie gewinnen.

Suche Beispiele im tierischen Bereich (Darmparasiten, Bandwürmer).
Wie die chemischen Vorgänge sind auch viele Lebensvorgänge stark temperaturabhängig (Versuch 2 und 5).
Endprodukt der Gärung ist der Alkohol. Er ist sozusagen eine Ausscheidung der Hefezellen, ein Stoff, der von ihnen nicht mehr weiter verwendet werden kann. Steigt der Alkoholgehalt über 13—15 %, so gehen die Hefezellen sogar zugrunde.
Beim Backen wird der Teig durch die Kohlendioxidentwicklung (Zimmertemperatur) gelockert. Bei den Backtemperaturen (etwa 200°) werden die Hefezellen getötet, der Alkohol entweicht.

BEOBACHTUNG: Untersuche die Haut von Weinbeeren auf das Vorhandensein von Hefezellen.
An der Haut der Weinbeeren und anderer Früchte lassen sich unter dem Mikroskop leicht Hefezellen feststellen. Diese Weinhefe (Saccharomyces ellipsoideus) gelangt beim Keltern in den süßen Most und verursacht die alkoholische Gärung. — Bei der Bierherstellung aus Gerste verwandelt sich die Stärke des keimenden Korns in Malzzucker, der dann durch die Bierhefe zu Alkohol vergoren wird. — Bierhefe verarbeitet man aber auch zu vitaminreichem Hefeextrakt (Versuch 8), zu Suppenwürze und eiweißreichen Nahrungsmitteln. — Der Wert der unter Mitwirkung der Hefe gewonnenen Erzeugnisse beträgt in Deutschland jährlich viele Millionen Mark. Auch bei den Naturvölkern ist die alkoholische Gärung bekannt (»Palmwein«).

Andere nützliche Kleinpilze: Manche zu den Schlauchpilzen gehörigen »Schimmelarten« sind uns willkommene Helfer. So dient der *Reisschimmel* (Aspergillus oryzae) in Japan zur Herstellung des Reisbiers (Sake), ein anderer, *Penicillium roquefortii*, gibt dem Roquefortkäse den feinen Geschmack. *Penicillium notatum* scheidet das Penicillin ab, das gefährliche Krankheitserreger tötet. Durch die Anwendung von Penicillinpräparaten werden heute von den Ärzten viele Krankheiten schon im Anfangsstadium wirksam bekämpft. — Auf die große Bedeutung der zahlreichen im Boden lebenden Kleinpilze wurde bereits mehrfach hingewiesen.

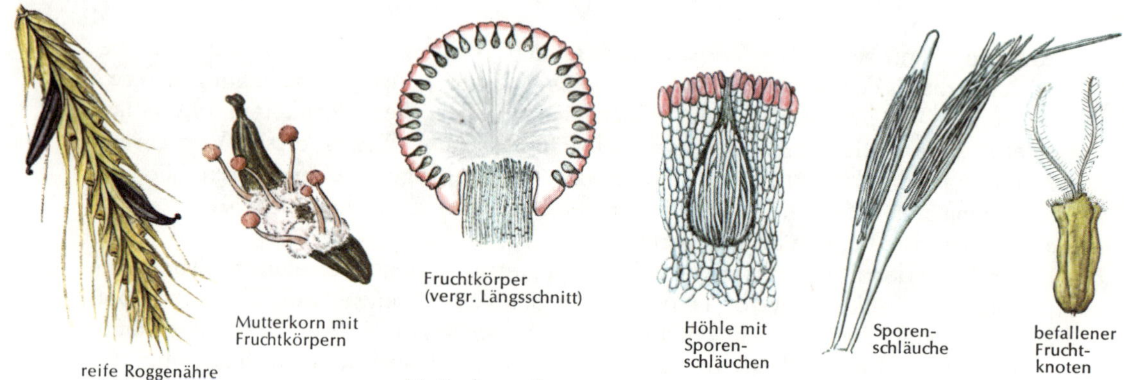

Mutterkornpilz

SCHÄDLICHE KLEINPILZE

Der Getreiderost, ein schmarotzender Ständerpilz: Auf Getreideblättern findet man häufig rostfarbene Flecken. Sie werden durch Sporen des Getreiderostpilzes (Puccinia graminis) hervorgerufen. Sein Mycel durchzieht die Zwischenzellräume der Blätter und dringt mit winzigen Saugwärzchen in die Zellen ein, denen es Nährstoffe entnimmt. Das Getreide ist die Wirtspflanze des schmarotzenden Pilzes. Manche Zellfäden wachsen aus den Spaltöffnungen hervor und schnüren je eine einzellige, gelbe *Sommerspore* ab. Durch den Wind werden diese Sommersporen auf andere Halme übertragen. Kurz vor der Getreideernte entstehen neben diesen hellen Sporen auch dunklere, dickwandige, zweizellige *Winter- oder Dauersporen,* von denen viele im Ackerboden überwintern. Im Frühjahr treiben die Wintersporen je zwei vierzellige Sporenständer (Basidien). Aus jeder Ständerzelle sproßt eine Frühjahrsspore. Diese keimt nur, wenn sie auf das Blatt einer Berberitze oder einer Mahonie gelangt. Die Pilzlager leben nun auf Kosten eines neuen Wirtes: *Wirtswechsel.* Schließlich sprengen die Pilzfäden die Epidermis der Blattunterseite und schnüren in der entstehenden becherförmigen Vertiefung dicht gedrängte Sporenketten ab, die *Bechersporen.* Sie müssen zur Weiterentwicklung wieder auf die Blätter der ersten Wirtspflanze, also aufs Getreide, gelangen.

Schema der Entwicklung

Wintersporen → Frühjahrssporen
Berberitze
2. Wirt

Sommerspore
Ansteckung anderen
Getreides

Getreide
1. Wirt

Bechersporen an
der Blattunterseite

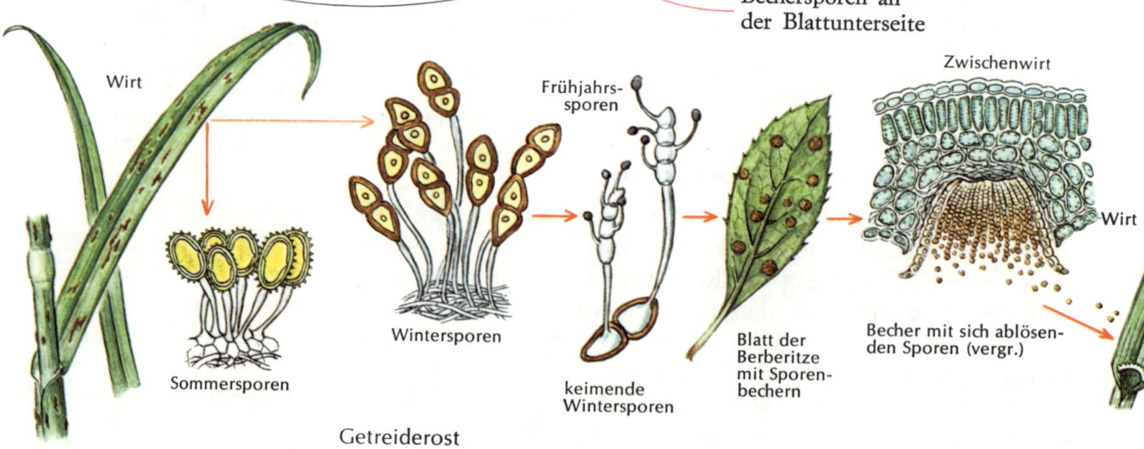

Getreiderost

Der Mutterkornpilz, ein schmarotzender Schlauchpilz: Aus reifenden Roggenähren sieht man hie und da hornförmige, harte, schwarze Körner ragen. Das sind *Dauermycelien* des Mutterkornpilzes (Claviceps purpurea). Aus diesen giftigen Dauermycelien gewinnt man ein Heilmittel. Bei der Getreideernte fallen meist einige von ihnen zur Erde. Zur Zeit der Roggenblüte treiben sie mehrere gestielte, blaßrote Fruchtkörper. Im vergrößerten Längsschnitt erkennt man zahlreiche becherförmige Vertiefungen und in diesen ein Bündel Sporenschläuche. Jeder Schlauch enthält acht fadenförmige Sporen: *Frühjahrs-* oder *Schlauchsporen* (Endosporen). Nach dem Freiwerden gelangen manche durch den Wind auf Fruchtknoten blühenden Getreides und wachsen in diesen auf Kosten des Kornes zu Pilzlagern heran. Die befallenen Blüten werden auffallenderweise von Bienen besucht. Das Mycel schnürt nämlich eine große Zahl winziger *Sommersporen* (Exosporen) ab. Diese fließen in einem ausgeschiedenen Flüssigkeitstropfen (»Honigtau«) zusammen. Insekten, die diesen Saft saugen, übertragen solche Sporen auf andere Ähren. Da die Sporen dort sofort keimen, verbreitet sich der Schmarotzer sehr rasch. Sind die Nährstoffe des Korns verbraucht, so legen sich die Pilzfäden fest aufeinander und verflechten sich zu dem harten »Mutterkorn«. Mit diesem Dauermycel übersteht der Pilz den Winter und erzeugt im Frühjahr wieder Schlauchsporen.
Der Mutterkornpilz bildet also zweierlei Sporen: freie Sommersporen (Exosporen) und Schlauch- oder Frühjahrssporen (Endosporen).

Schimmelpilze: Unter diesem Sammelbegriff faßt man Kleinpilze zusammen, deren Mycel auf Brot, Früchten und Nahrungsmitteln »Schimmelrasen« bildet. *Gießkannen-* und *Pinselschimmel* vermehren sich durch Abschnüren von Exosporen an den Enden vielzelliger Hyphen. In winzigen Fruchtkörpern bilden sie manchmal Schlauchsporen. — Der *Köpfchenschimmel* erzeugt Sporen in dem kugeligen Sporenbehälter,

Köpfchenschimmel

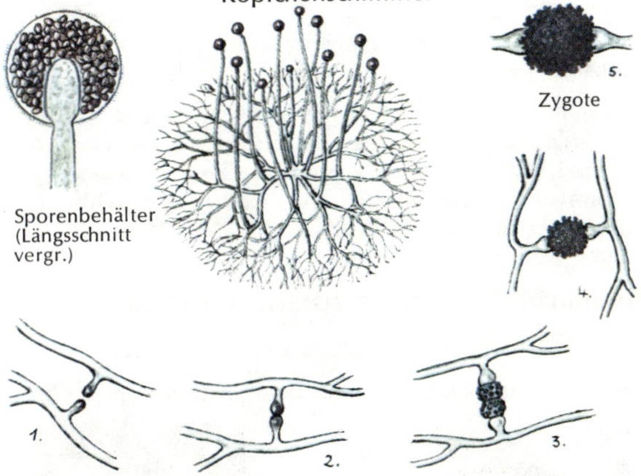

Bildung einer Zygote (vergr.)

Gießkannenschimmel

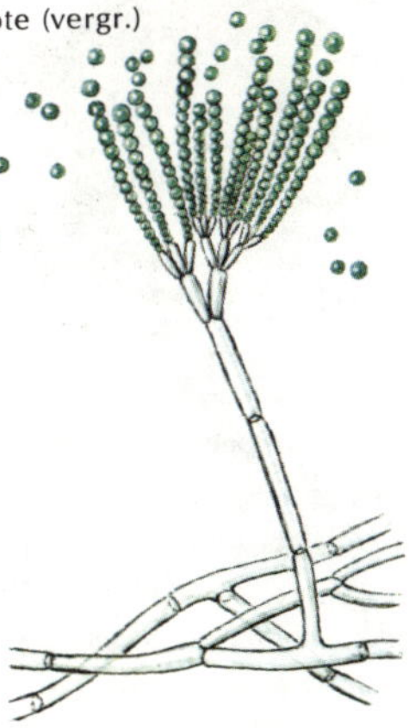
Pinselschimmel

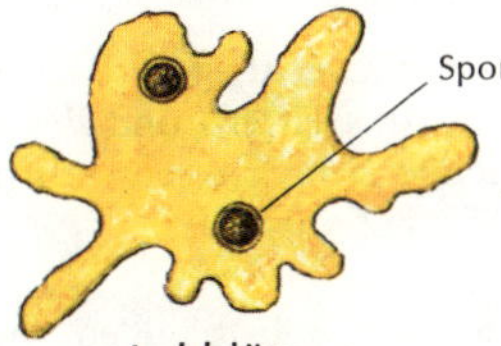

Lohblüte

Fell- oder Pelzstäubling (7× vergr.)

Kelchstäubling (7× vergr.)

Fadenstäubling (3× vergr.)

Haar-stäubling

Röhren-stäubling (7× vergr.)

Deckel-stäubling

der am Ende der reichverzweigten einzigen Schlauchzelle abgeschnürt wird: »Algenpilz«. Wie die Jochalgen erzeugt er als Dauerzustand auch Zygoten.

Schleimpilze: Sie bilden kein Fadengeflecht, aber in mannigfaltig gestalteten Fruchtkörpern Sporen. Ihr schleimiger Körper bewegt sich kriechend. Der Körper der seltsamen Pflänzchen ähnelt einem Wechseltierchen, das aber Sporen erzeugt. Diese entstehen manchmal in schöngefärbten, seltsam geformten »Fruchtkörpern«. Aus den Sporen schlüpfen begeißelte, bewegliche Zellen, die wieder zur Amöbe werden: »Pilztiere«.

Beobachtungen über schädliche Pilze

Schädliche Pilze in Gärten und Anlagen

Große hufeisen- oder nierenförmige Fruchtkörper, oft noch in 12 m Höhe an den Baumstämmen:

Birkenporling (Polyporus betulinus)

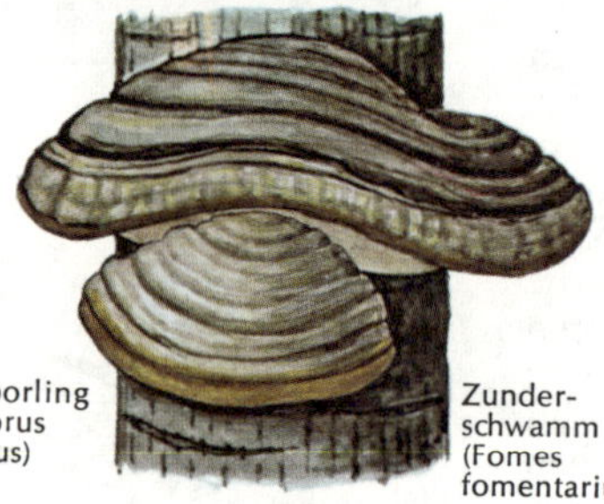

Zunderschwamm (Fomes fomentarius)

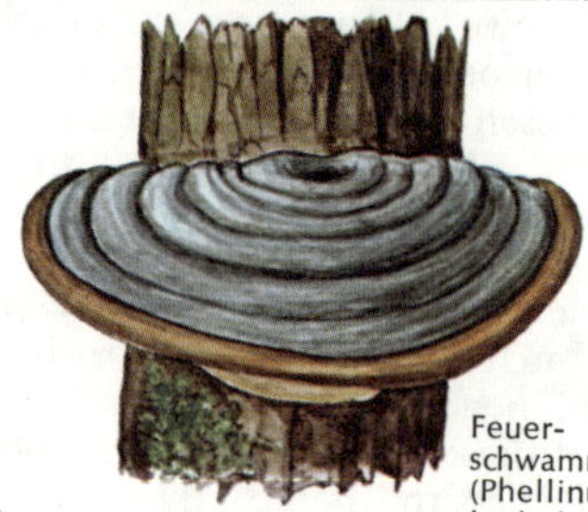

Feuerschwamm (Phellinus igniarius)

Fruchtkörper mit bloßem Auge meist nicht sichtbar.

Vorhandensein des Pilzes oft nur an den Sporen und an Veränderungen der Wirtspflanzen zu erkennen:

1. Weißer, mehlartiger Staub und spinnwebartige Pilzfäden auf Rosen-, Eichen- und Stachelbeerblättern, auf Blättern und Beeren des Weinstocks (auch aufgeplatzte, faulende Beeren): sehr schädlich. . . **Hyphen und »Außensporen«** von **Mehltaupilzen** Erysiphaceae (Schlauchpilze)
   Bekämpfung: Bestreuen mit Schwefelpulver.
2. Anschwellungen an der Rinde von Obstbäumen, mit wulstigen Rändern. *»Obstbaumkrebs«*. Sehr schädlich. . . . . . . **Erreger: Nectria galligena** (Schlauchpilz)
   Bekämpfung: Ausschneiden und Bestreichen der Wunden mit erwärmtem Steinkohlenteer. Züchtung »krebsfester« Sorten.
3. **Schorf- (d. i. Kork-)bildung** auf Blättern und Früchten von Birn- und Apfelbäumen, Früchte oft stark verkümmert . . . . . **Erreger:** (Venturia-Arten) **»Fusicladium«** (Schlauchpilz)
   Bekämpfung: Spritzen mit schwefelhaltigen Mitteln
4. Mißgestaltete Pflaumen (sog. *Taschen oder Narren*) . . . . **Erreger: Taphrina pruni** (Schlauchpilz)
   Bekämpfung: sorgfältiges Vernichten der erkrankten Früchte.
5. Blasige, rotgefärbte Auftreibungen an Pfirsichblättern: *»Kräuselkrankheit«* . . . . **Erreger:** Exoascus deformans (Schlauchpilz)
   Bekämpfung: Abpflücken und Verbrennen der kranken Blätter.
6. Dichte büschelige Verzweigungen auf Kirschbäumen und Weißbuchen, sog. *Hexenbesen* . . . . **Erreger: Exoascus cerasi** bzw. **Taphrina carpini** (Schlauchpilz)
7. Etwa pfenniggroße **schwarze Flecken auf Ahornblättern,** besonders auf den gelben Herbstblättern des Baumes . . . . . . Überwinterndes **Dauermyzel von Rhytisma acerinum** (Schlauchpilz)
8. **Gelbliche, sich bräunende Flecken auf den Blättern des Weinstocks, Abfallen der Blätter und Beeren. Sehr schädlich** . . . . . **Erreger: falscher Rebenmehltau,** Plasmopara viticola (Algenpilz)
   Bekämpfung: Bespritzen mit Kupferkalkbrühe.
9. Gallenartige, **massive Anschwellungen** an den Wurzeln der Kohlarten: *»Kropfkrankheit«* (Hernie) . . . . **Plasmodiophora brassicae** (Algenpilz)
   Bekämpfung: Verbrennen der erkrankten Pflanzen, Fruchtwechsel.

Pilze, die Getreidekrankheiten verursachen

1. Zwischen den reifenden Getreidekörnern ragen vereinzelt **schwarze, hornförmige, holzharte »Körner«** weit hervor . . . . . .
   Bekämpfung: Sammeln der giftigen, heilkräftigen Körner.
   »Mutterkorn«, d. i. das **Dauermyzel des Mutterkornpilzes** Claviceps purpurea (Schlauchpilz)

2. Blätter der Getreidearten sind mit rundlichen oder strichförmigen »Rostflecken« bedeckt . . . .
   dunkelbrauner Rost; sehr schädlich . . . .
   Bekämpfung: Beizen des Saatgutes, Ausrotten der Berberitze (»Zwischenwirt«) in der Nähe der Getreidefelder, Verbrennen des »rostigen« Strohes.
   Getreiderost Puccinia
   Sommersporen
   Wintersporen
   (Ständerpilz)

3. Im Weizenfeld, kurz nach der Blütezeit, Ähren, die durch ihre blaugrüne Farbe auffallen, manchmal länger, manchmal kürzer als die gesunden Ähren sind. Statt des Getreidekorns enthalten sie **blaugrüne bis graue, beim Zerreiben schmierige, nach Heringslake riechende Sporenmassen,** sehr schädlich.
   Bekämpfung: Beizen des Saatgutes.
   Sporen des Stink- oder Schmierbrandes Tilletia (Ständerpilz)

4. An reifenden Ähren von Hafer, Gerste, Weizen brandiger »Anflug« **braunschwarzen Sporenstaubes.** Pflanzen meist im Wachstum zurückgeblieben. Bekämpfung: Einlegen der Saatkörner in warmes Wasser.
   Sporen des **Staub-** oder **Flugbrandes** Ustilago (Ständerpilz)

Pilze, die Erkrankungen der Kartoffel verursachen

Kartoffelpilz
(Phytophthora infestans)

Flechten (Abteilung: Lichenes)

Rindenflechte

Wandflechte

Die Rinde mancher Bäume ist vor allem auf der »Wetterseite« oft dicht mit grauen, blattartigen Lappen bedeckt, von den Zweigen alter Fichten und Tannen hängen seltsame, bartartige Fäden herab und auf trockenem Boden erheben sich ganze Rasen zierlich verästelter, 5—20 cm hoher, strauchartig aussehender Pflänzchen. Im Volksmund werden sie vielfach kurz »Moose« genannt. Es handelt sich hierbei aber um Flechten, die mit den Moosen nicht einmal verwandt sind. Da unter der dichten Bedeckung mit Flechten die Äste absterben können, nimmt man oft an, daß die Flechten sich parasitisch ernähren. Man findet sie aber auch auf nackten Steinen und Felsen, die ihnen sicher keine »fertige Nahrung« liefern können. Erst die mikroskopische Untersuchung einer Flechte erklärt, warum diese Pflanzen so außerordentlich anspruchslos sind.

Die Wandflechte (Xanthoria parietina)

Die gelbgefärbte Wand- oder Schüsselflechte kommt an Baumrinden, Mauern und Bretterzäunen vor. Ihr Körper bildet ein Lager (Thallus) aus vielen buchtigen, lappenartigen Stücken.

Körperbau: Unter dem Mikroskop erkennt man im Schnitt durch einen Lappen zahlreiche Pilzfäden. Außen, in der sog. *Rindenschicht,* sind sie fest zu einer Art Gewebe verflochten, ähnlich wie im Dauermyzel der Pilze (Beispiel Mutterkorn). In der mittleren Schicht, der sog. *Markschicht,* bilden sie ein lockeres Gefüge: zwischen den Fäden liegen kugelförmige, einzellige Grünalgen in großer Zahl. Der unteren Rindenschicht entspringen Rhizoide, die die Flechten auf der Unterlage befestigen. Untersucht man andere Flechten, so zeigen sie trotz verschiedener äußerer Gestalt unter dem Mikroskop stets einen ähnlichen Aufbau. An Stelle der Grünalgen treffen wir häufig auch Blaualgen zwischen den Pilzfäden an. Manchmal leben auch verschiedene Algen mit dem gleichen Pilz zusammen.

Im Schutze des Pilzgeflechtes können die Algen ihr eigentliches Lebenselement, das Wasser, verlassen und auch an sehr trockenen Orten leben. Regen, Tau, auch der Wasserdampf der Luft werden von den Pilzfäden aufgesogen und mit den darin gelösten Nährsalzen den Algen zugeführt. Diese assimilieren und geben die organischen Stoffe zum Teil an den Pilz ab, der sie selbst nicht erzeugen kann. Man hat versucht, Pilze und Algen des Flechtenkörpers voneinander zu trennen und für sich zu kultivieren. Das gelingt zwar häufig, aber die kennzeichnende Gestalt des Flechtenkörpers geht dabei stets verloren und der Pilz gedeiht nur schlecht.
Wir erkennen: Der Thallus der Flechten besteht stets aus Pilzfäden, die Grün- oder Blaualgen einschließen. Die charakteristische Gestalt der Flechten entwickelt sich nur dann, wenn bestimmte Pilze mit bestimmten Algen zusammenleben. Pilze und Algen bilden eine enge Lebensgemeinschaft zu beidseitigem Nutzen, eine *Symbiose.*

Vermehrung: An der Wandflechte bilden sich von Zeit zu Zeit kleine schüsselförmige Fruchtkörper. In ihnen stehen Sporenschläuche im Wechsel mit unfruchtbaren Schlauchzellen (s. Morchel). Die reifen Sporen wachsen nur dann zu einer neuen Flechte heran, wenn sie »ihre« Alge treffen.
Bei allen Flechten der gemäßigten und kalten Zonen gehören die »Flechtenpilze« zu den Schlauchpilzen. Im Gegensatz zu dem sehr vergänglichen Fruchtkörper der »selbständigen« Schlauchpilze sind jedoch die der Flechten derb und daher langlebig.
Die Wahrscheinlichkeit, daß die Pilzsporen die zugehörige Algenart antreffen, ist recht gering. Die Vermehrung und Verbreitung durch »Ableger« oder *Brutkörper* (Soredien) sichert jedoch den Fortbestand der Flechten. Die Brutkörper der Schüsselflechte sind mit der Lupe als feine Körner an den Rändern der Flechte zu erkennen. Sie bestehen aus Pilzfäden, die einige kugelförmige Algen umschließen. Die abgelösten Brutkörper werden vom Wind verbreitet.

Andere Flechten

Da die Flechtenpilze nur wachsen, wenn sie die entsprechenden Algen finden, faßt man die Flechten zu einer eigenen Abteilung zusammen. Flechten wachsen im allgemeinen sehr langsam. Man nimmt an, daß manche ein Alter von mehreren hundert Jahren, vielleicht sogar von tausend Jahren erreichen. Überraschend ist die Tatsache, daß die sonst so anspruchslosen und widerstandsfähigen Pflanzen gegen Verunreinigungen der Luft empfindlich sind. Aus diesem Grunde können sie sich oft in der Nähe größerer Siedlungen nicht behaupten.

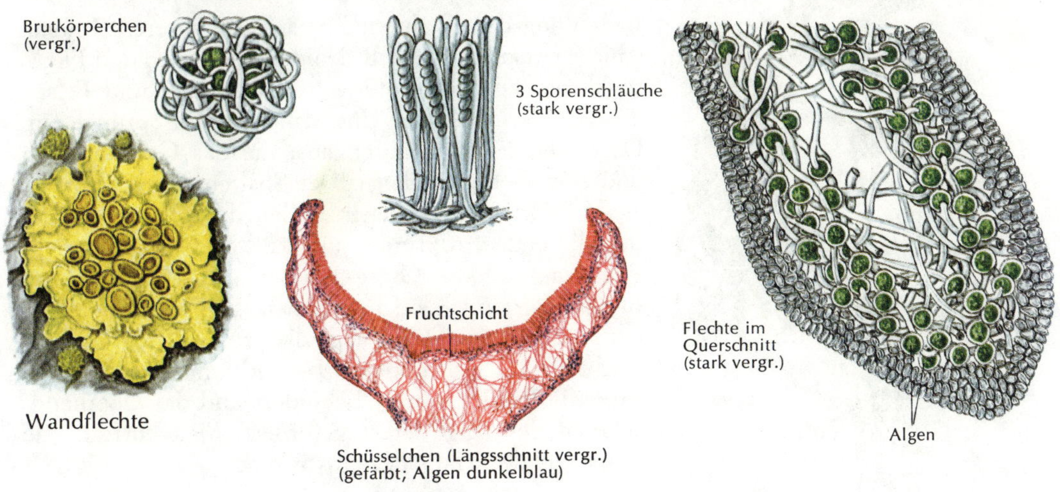

Rentierflechte (3× vergr.)

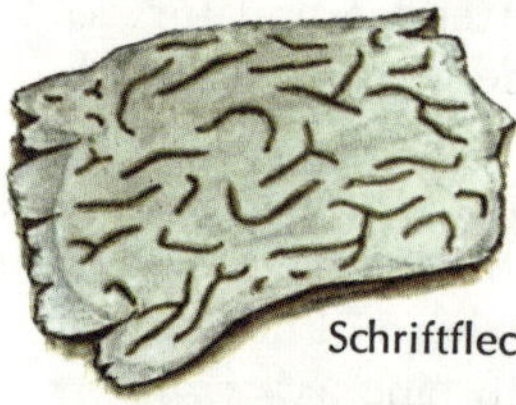

Schriftflechte

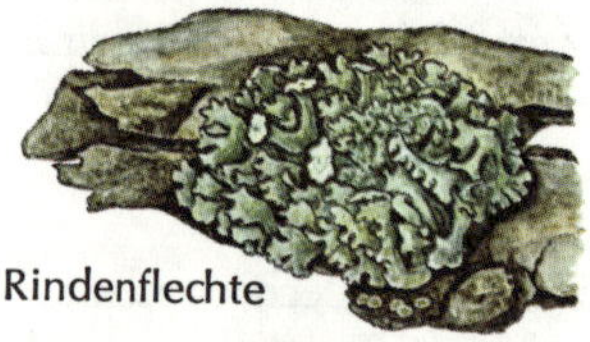

Rindenflechte

Becherflechte

Lungenflechte

isländisches Moos

Bartflechte

Astflechte

1. Krustenflechten: Sie bedecken Baumrinden, Felsen und den Erdboden mit krustenartigen Überzügen. Die *Landkartenflechte* (Rhizocarpon geographicum) erinnert durch den unregelmäßig begrenzten Thallus und die strichförmigen, schwarzen Fruchtkörper an eine »Landkarte«. Die seltsamen »Hieroglyphen« der *Schriftflechte* (Graphis scripta) sind auch nichts anderes als die schwarzen Fruchtkörperchen der Pflanze.

2. Laubflechten: Außer der Wandflechte gehören *Rindenflechten* (Parmelia) zu den blattförmigen Vertretern. Sie wachsen vor allem auf Baumrinden. Am gleichen Ort findet man die *Lungenflechte* (Lobaria pulmonaria), deren bräunlicher Thallus grubenartige Vertiefungen aufweist. Sie wurde früher als Heilmittel verwendet.

3. Strauchflechten: Auf den Heiden und Moorböden der Polarländer überdecken die zierlichen, verzweigten, grauen Stämmchen der *Rentierflechte* (Cladonia rangiferina) weite Flächen. Da sie während der langen Winterszeit die einzige Nahrung der Rentiere bilden, sind sie für diese Gebiete von größter wirtschaftlicher Bedeutung. Auch bei uns kommen die Flechten im trockenen Kiefernwald häufig vor. Zwischen ihnen oder aus dem grünen Moos erheben die *Becher-* oder *Säulenflechten* (Cladonia coccifera u.a.) ihre graugrünen, trichterförmigen Fruchtträger mit leuchtend roten Fruchtkörperchen (»Korallenmoos«). Reich verzweigt sind die *Astflechten* (Ramalina), Bewohner der Felsen und Bretterzäune. — Bandartige, zerlappte Blätter bildet das *isländische »Moos«* (Cetraria islandica), eine Bodenflechte, aus der ein hustenstillendes Mittel hergestellt wird. Die braunen, scheibenförmigen Fruchtkörper sind endständig. Das gilt auch für die *Bartflechten* (Usnea). Ihre großen Fruchtkörper hängen am Ende ihrer gefiederten, oft meterlangen »Barthaare«. — Einen wichtigen Farbstoff für chemische Untersuchungen liefert die *Lackmusflechte* (Roccella tinctoria). Sie gedeiht vor allem an den Küsten Ostindiens und des südlichen Atlantischen Ozeans. Die *Mannaflechte* (Lecanora esculenta) ist eine Bodenflechte der nordafrikanischen und asiatischen Steppenländer. Sie wächst ziemlich schnell und wird von den Steppenstürmen oft in Haufen zusammengefegt. In Notzeiten dient sie als Speise (»Erdbrot« der Kirgisen).

Bedeutung der Flechten: Die aus der unteren Rindenschicht entspringenden Rhizoiden befestigen den Flechtenkörper auf der Unterlage. An Steinen und Felsen dringen sie in winzige Unebenheiten und Sprünge ein. Dort scheiden sie Säuren aus, die das Gestein lösen und sein Gefüge lockern. Der Spaltenfrost zerstört es weiter. Mit abgestorbenen Teilen der Flechten bildet sich die erste Erdkrume, und bald siedeln sich andere Pflanzen — Moose, Gräser und schließlich andere kleine Blütenpflanzen — auf dem durch die Flechten eroberten Neuland an. Darin liegt die große Bedeutung der Flechten. Bei zu üppiger Entwicklung auf Bäumen wird die Rindenatmung behindert und das Überhandnehmen des Ungeziefers gefördert. Man entfernt sie daher von der Rinde der Obstbäume.

Überblick über das Pflanzenreich

Abteilung	Klasse	Artenzahl (geschätzt)
1. Spaltpflanzen (Schizophyta)	Bakterien Blaualgen	6 000 1 400
2. Algen (Phycophyta)	Grünalgen mit Jochalgen und Armleuchteralgen Braunalgen Rotalgen Chrysophyceae* mit Kieselalgen Xanthophyceae* mit Schlauchalgen	20 000
3. Pilze (Mycophyta)	Ständerpilze Schlauchpilze Algenpilze Schleimpilze	35 000
4. Flechten (Lichenes)		20 000
5. Moose (Bryophyta)	Laubmoose Lebermoose	25 000
6. Farnpflanzen (Pteridophyta)	Bärlappgewächse Schachtelhalmgewächse Farne	10 000
7. Samenpflanzen (Spermatophyta)		170 000
Unterabteilung: Nacktsamer (Gymnospermae)	Nadelhölzer	600
Unterabteilung: Bedecktsamer (Angiospermae)	Zweikeimblättrige Gewächse Einkeimblättrige Gewächse	130 000 40 000

* Für diese Klassen sind deutsche Bezeichnungen nicht eingeführt.

1. Abteilung: **Spaltpflanzen**

Man unterscheidet zwei Klassen, die Spaltpilze oder Bakterien und die Spaltalgen oder Blaualgen. Es sind Einzeller ohne echten Zellkern, jedoch mit einem Kernäquivalent. Die Vermehrung erfolgt durch Zellspaltung.

2. Abteilung: **Algen**

Die Algen besitzen assimilierende Farbstoffe und ernähren sich selbständig oder autotroph. Neben einzelligen und fadenförmigen Algen gibt es solche mit sproßähnlichem Thallus. Doch fehlen stets Stützorgane und Leitbündel. Algen können nur

im Wasser oder an feuchten Orten leben. Von einzelligen Arten über Zellkolonien bis zu echten Vielzellern sind alle Übergänge anzutreffen.
Die Vermehrung geschieht ungeschlechtlich durch Teilung oder durch Zoosporen. Bei der geschlechtlichen Fortpflanzung unterscheidet man Konjugation, Isogamie, Anisogamie und Oogamie. In der Entwicklung mancher Algen findet ein Generationswechsel statt.

3. Abteilung: **Pilze**

Pilze besitzen kein Blattgrün. Sie ernähren sich als Saprophyten oder als Parasiten.
Schleimpilze besitzen keine Zellwände. Sie bilden zunächst Geißelzellen und werden dann zu Schleimwechseltierchen. Da sie Sporen erzeugen, rechnet man sie zu den Pflanzen.
Algenpilze bestehen aus einer einzigen, schlauchförmigen, reichverästelten, vielkernigen Zelle.
Ständer- und Schlauchpilze besitzen ein Mycel aus vielzelligen Hyphen. Bei Ständerpilzen schnüren besondere Ständerzellen, die Basidien, nach außen Sporen ab, bei Schlauchpilzen entstehen sie im Innern von schlauchförmigen Zellen, den Asci. Daneben kommt andere Sporenbildung vor.
Bei den Pilzen hat man mitunter geschlechtliche Vorgänge beobachtet.

4. Abteilung: **Flechten**

Der Flechtenkörper besteht aus Pilzfäden und Grün- oder Blaualgen, die in Symbiose leben. Die Vermehrung geschieht ungeschlechtlich durch Brutkörperchen oder durch Schlauchsporen des Pilzes. Diese können sich nur entwickeln, wenn sie mit der zugehörigen Alge zusammentreffen. Die Flechtenalgen vermehren sich ausschließlich durch Teilung.

5. Abteilung: **Moose**

Bei ihnen treten bereits echte Gewebe auf. Die Nährstoffe werden in langgestreckten Zellen, »Adern«, weitergeleitet. Doch fehlen echte Gefäße und echte Wurzeln.
Man unterscheidet zwei Klassen, die Laubmoose mit verhältnismäßig reich gegliedertem Sproß und die einfach gebauten Lebermoose. In der Vermehrung findet ein Generationswechsel statt.

Vermehrung der Moose:

männl. Organ — Schwärmer (Antheridium)
weibl. Organ — Eizelle (Archegonium)
} befr. Eizelle

Spore → **Vorfaden** (Protonema) → **Moospfl.** → männl./weibl. Organ → befr. Eizelle → **Sporenkapsel** → Spore

geschlechtl. Generation | ungeschlechtl. Generation

Bei beiden Klassen kommt auch ungeschlechtliche Vermehrung vor, bei Lebermoosen in Form von Brutbechern.

6. Abteilung: **Farnpflanzen**

Die drei Klassen der Farne, Schachtelhalme und Bärlappgewächse besitzen echte Wurzeln. Von den Wurzeln führen besondere Gefäßbündel (Leitgewebe) die Nährstoffe in den beblätterten Sproß: Gefäßsporenpflanzen. Auch in der Entwicklung der Farnpflanzen findet ein Generationswechsel statt.

Vermehrung der farnartigen Gewächse:

Spore → **Vorkeim** → (Prothallium)

männl. Organ (Antheridium)	— Schwärmer
weibl. Organ (Archegonium)	— Eizelle

→ befr. Eizelle → **neue Pfl.** → Sporenbehälter — Spore

geschlechtl. Generation | ungeschlechtl. Generation

Diese 6 Abteilungen wurden früher unter der Bezeichnung Sporenpflanzen zusammengefaßt, da ihre Vermehrung durch einzellige »Keime«, die Sporen, geschieht. Da echte Blüten, Früchte und Samen fehlen, nannte man sie auch Kryptogamen (Verborgenblütige Pflanzen).

7. Abteilung: **Samen- oder Blütenpflanzen**

Die Samenpflanzen sind in Wurzel, Stengel und Blätter gegliedert. Sie besitzen Blüten, aus denen Früchte und Samen hervorgehen. Die wesentlichen Bestandteile der Blüte sind die Staubblätter und Fruchtblätter. In den Staubbeuteln der Staubblätter entsteht Blütenstaub oder Pollen. Die Fruchtblätter tragen Samenanlagen. Sollen aus diesen Samen werden, so muß ein Pollenkorn zu den Fruchtblättern gelangen (Bestäubung) und sein Geschlechtskern schließlich mit der Eizelle der Samenanlage verschmelzen (Befruchtung).

Die Blüten sind zwittrig, wenn jede Blüte Staubblätter und Fruchtblätter enthält. Sind dagegen in einer Blüte nur Staubblätter (männliche Blüten), oder nur Stempel (weibliche Blüten), so sind die Blüten getrenntgeschlechtig. An einer einhäusigen Pflanze entwickeln sich männliche und weibliche Blüten. Finden sich jedoch auf einer Pflanze nur männliche Blüten und auf einer zweiten der gleichen Art nur weibliche Blüten, so bezeichnet man sie als zweihäusig.

1. Unterabteilung: **Nacktsamige Pflanzen**

Die getrenntgeschlechtigen Blüten sind sehr einfach gebaut. Die männlichen Blüten bestehen aus zahlreichen Staubblättern, die weiblichen aus »Fruchtblättern« mit freiliegenden Samenanlagen. Die »Fruchtblätter« werden nach der Bestäubung durch den Wind zu holzigen Zapfen, seltener zu fleischigen Scheinfrüchten.

2. Unterabteilung: **Bedecktsamige Pflanzen**

Bei den Bedecktsamigen Gewächsen werden die Samenanlagen vom Fruchtknoten umschlossen, der von einem Fruchtblatt oder von mehreren verwachsenen Fruchtblättern gebildet wird. Bei der Reife wird er zur Frucht, in der die Samen liegen.

Man unterscheidet zwei Klassen, die Zweikeimblättrigen Gewächse und die Einkeimblättrigen Gewächse (s. S. 84).

Moosfarn aus der Steinkohlenzeit

Moosfarn, eine noch heute lebende Form

Urkunden im Gestein

In unvorstellbar langen Zeiten haben sich Steinkohle, Braunkohle und Torf aus organischen Pflanzenteilen gebildet. In solchen Lagerstätten, aber auch in anderen geologischen Schichten, finden sich mitunter sehr gut erhaltene Überreste von Pflanzen. Durch sie ist der Bau längst ausgestorbener Gewächse zum Teil so gut bekannt wie der heute lebender. Gerüststoffe der Pflanzen, wie Holz, Kalk und Kieselsäure bleiben verhältnismäßig oft im Gestein erhalten. Die leicht zersetzlichen organischen Bestandteile hinterließen nur dann Spuren im Gestein, wenn sie sich sehr langsam unter Luftabschluß zersetzten. Dabei wandelten sie sich allmählich in kohleartige Feststoffe um. So zeigen Farnreste in den Kohlenflözen noch die zarten, verkohlten Farnwedel. Sogar die Sporen der verschiedenen Arten lassen sich unterscheiden. — Langsam verwesende Pflanzenteile hinterlassen einen Hohlraum im verfestigten Gestein, das ihren Abdruck wiedergibt (vgl. die Herstellung von Gipsabdrücken). — Werden die verwesenden organischen Stoffe durch Einsickern von Mineralien, z. B. Kieselsäure oder Kalk, ersetzt, so entstehen Versteinerungen. Dünnschliffe an verkieselten Baumstämmen lassen die ursprüngliche Holzstruktur noch genau erkennen.
Von verfaulenden Pflanzen (Algen und Pilzen) findet man nur selten »Urkunden« im Gestein, zahlreiche dagegen von Sumpf- und Wasserpflanzen. Landpflanzen hinterlassen nur selten Spuren, da sie sich in der Regel nicht unter Luftabschluß zersetzen.
Wie weit die Erdzeitalter zurückliegen, in denen sich solche »Spuren im Gestein« bildeten, kann man heute durch Untersuchung des radioaktiven Verhaltens solcher Reste feststellen. Ein Bild von der Flora dieser Epochen und ihrer klimatischen Bedingungen läßt sich aus den aufgefundenen Urkunden gewinnen. Vergleicht man diese mit den heute lebenden Pflanzen, so erkennt man eine Entwicklung der Lebewesen aus einfach organisierten Formen zu reich gegliederten.

Querschnitt eines verkieselten Baumfarns der Permzeit (etwa 260 Millionen Jahre alt)

Zweig eines Schachtelhalmbaumes

Oberhaut von der Blattunterseite eines Samenfarns aus der Jurazeit (etwa 180 Millionen Jahre alt, 200fach vergrößert)

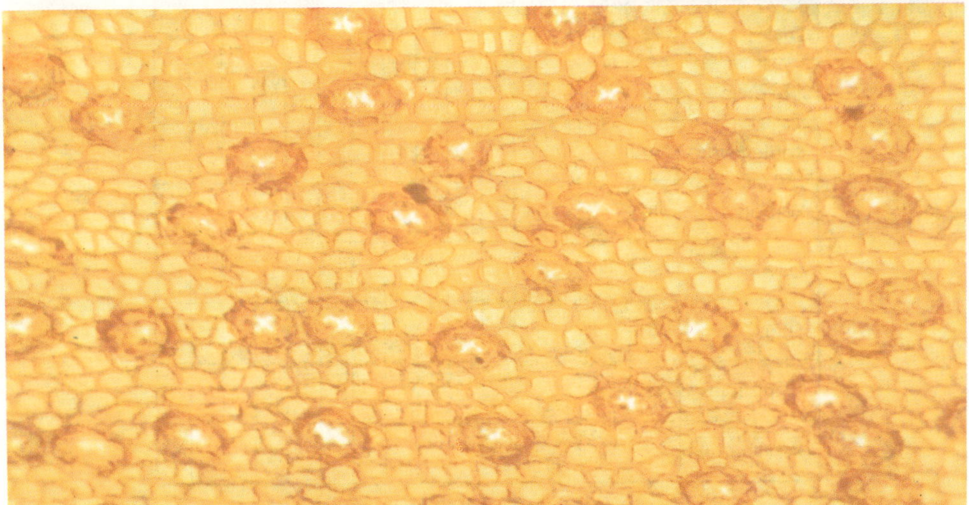

Die Entfaltung der Pflanzenwelt im Laufe der Erdgeschichte

Entwicklung im Altertum und Mittelalter

Der Entwicklungsgang wurde durch die paläontologischen Funde aufgezeichnet. Dabei fällt auf, daß die einfach organisierten Pflanzengruppen am frühesten auftraten, viele von ihnen ausgestorben sind, andere, wie Algen, Pilze und Moose sich als »langlebig« erwiesen haben. Auch war das Leben der Pflanzen zunächst fast völlig aufs Wasser beschränkt. Der Übergang zum Landleben setzte die Entstehung von Leitungsbahnen voraus. In einfachster Form beobachten wir sie bei den Nacktfarnen. Leitbündel finden wir erst bei den höheren Farngewächsen. Die älteren Formen zeigen nur gabelige Verzweigung. An deren Stelle tritt bei den höheren Pflanzen die Ausbildung von Seitenästen an starkem Hauptstamm, der durch Dickenzuwachs beträchtlichen Umfang erreichen kann. Der kräftige Stamm mit breiter, allseitig verzweigter Krone verleiht den hochwüchsigen Formen der Samenpflanzen große Sta-

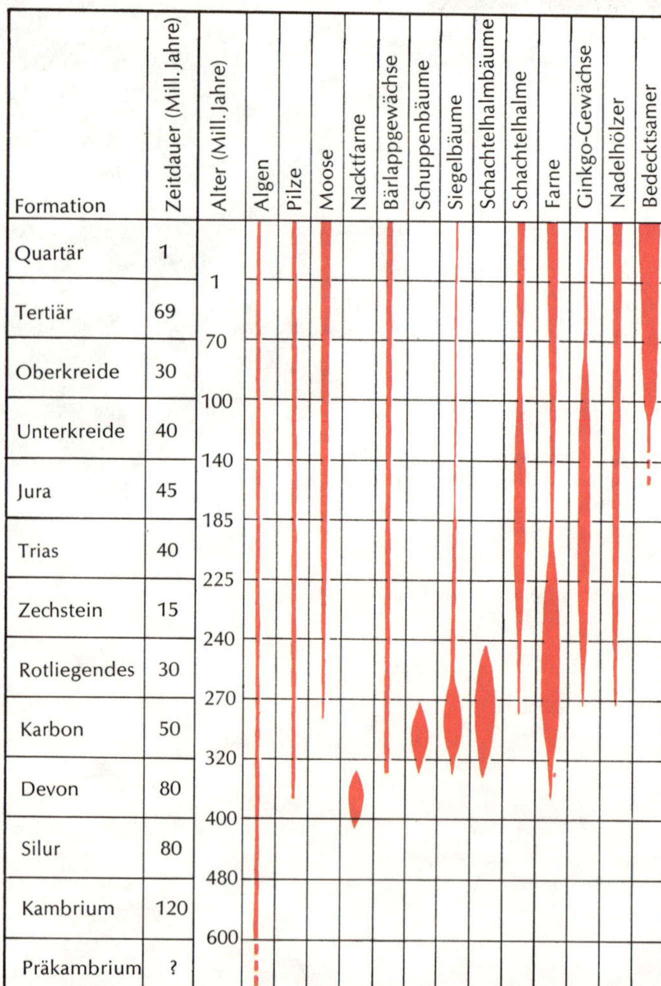

Die Entwicklung der Pflanzenwelt (nach Mägdefrau)

Nacktfarn (Rhynia, Mitteldevon, etwa 0,5 m hoch)

Schuppenbaum (Lepidodendron, bis 30 m hoch)

Siegelbaum (Sigillaria, etwa 8 m hoch)

Baumfarn Asterothea (Pecopteris) arborescens (etwa 10 m hoch) Rekonstruktion

Rekonstruktionen von Pflanzen aus dem Erdaltertum

bilität. Sie sind dadurch den baumartigen Farnen weit überlegen. Außerdem sind die Samenpflanzen den niedrigen Pflanzen gegenüber auch durch ihre Fortpflanzung im Vorteil: Die Befruchtung durch einen Pollenschlauch macht sie vom Wasser unabhängig, ohne das die Spermatozoiden der Sporenpflanzen nicht zu der Eizelle gelangen können. Ferner sind durch Ausbildung von Früchten und Samen die landbewohnenden Nackt- und Bedecktsamer besser in der Lage, klimatisch ungünstige Zeiten zu überstehen und ihre Ausbreitung zu sichern (s. S. 115). Herrschend waren in den verschiedenen Erdzeitaltern die Formen, »die gerade die höchste Stufe der Vervollkommnung erreicht hatten. Im Paläozoikum waren das die Farnpflanzen, im Mesozoikum die Nacktsamer, und seit der oberen Kreide sind es die Bedecktsamigen Blütenpflanzen« (Mägdefrau).
Die Ergebnisse der modernen Paläontologie haben also den Entwicklungsgedanken bestätigt, den der englische Naturforscher Charles Darwin 1859 in seinem Buch »Über den Ursprung der Arten« als erster klar ausgesprochen und mit vielen Beispielen belegt hat.

Entwicklung der Pflanzenwelt in der Neuzeit

Zu Ende der Kreidezeit traten die Bedecktsamigen Gewächse ihren beispiellosen Siegeszug an (s. Tabelle S. 242). Man findet in diesen Schichten gleichzeitig Vertreter der Freikronblättrigen »Zweikeimer« und der Einkeimblättrigen Gewächse. Die Verwachsenkronblättrigen Gewächse treten erst im Tertiär auf. In dieser Zeit der jüngsten großen Gebirgsauffaltungen (Alpen, Karpaten usw.) muß in Mitteleuropa ein feuchtwarmes Klima geherrscht haben. Hat man doch im Siebengebirge, bei Kempten, bei Mainz und Halle Reste von Palmen, Zimt- und Kampferbäumen, von Lorbeer- und Feigengewächsen gefunden. Verwandte unserer Nadelbäume und Erlen, Pappeln und Buchen kamen dagegen im hohen Norden vor. In dem Aussterben der wärmeliebenden Formen während der Braunkohlenzeit und dem Vordringen von

Blüte der Magnolie
(etwa 1/3 nat. Gr.)

Zweig des Ginkgobaumes
(etwa 1/3 nat. Gr.)

sommergrünen Laubbäumen und Nadelhölzern nach Süden deutet sich ein Klimawandel an. Die heute auf Nordamerika beschränkten Mammutbäume (s. S. 151) wuchsen damals als Wildform auch in Mitteleuropa ebenso wie die in Nordamerika und Südostasien heimischen Magnolien und die in Ostasien vorkommenden Ginkgobäume, altertümliche Nacktsamer mit fächerförmigen, zweilappigen, gabelnervigen Blättern. Sie werden bei uns in Gärten und Anlagen gepflanzt. Frostspuren an versteinerten Blättern zeigen für das ausgehende Tertiär ein merkliches Kühlerwerden des Klimas an.

Mit beginnender Eiszeit (Diluvium) wichen damals die wärmeliebenden Pflanzen vor den ständig wachsenden Eismassen des nördlichen Gebietes nach Süden aus. Dieser Abwanderung wurde durch die nach Norden vordringenden Gletscher der jungen Faltengebirge (Alpen usw.) eine Grenze gesetzt. So starben in den schmalen, eisfreien Gürteln — in Deutschland zwischen dem Alpenvorland und dem Nordrand der Mittelgebirge — die kälteempfindlichen Arten aus. Die klimafesteren Pflanzen hielten sich und eroberten in den wärmeren Zwischeneiszeiten ihre alten Gebiete zum Teil zurück, wurden aber bei den folgenden Eisvorstößen immer wieder schärfster Auslese unterworfen. Die Waldgrenze ging auf 500 m herab. Nur kleine Wälder der anspruchslosen Birken und Kiefern hielten sich in besonders geschützten Gebieten (Wiener Becken, Oberrheinische Tiefebene).

Überlegung: Warum war wohl in Nordamerika ein Zurückwandern der abgedrängten Pflanzen, z. B. der Mammutbäume, in das ursprüngliche nördliche Verbreitungsgebiet leichter möglich als in Europa?

Auch die Pflanzen des hohen Nordens und hochalpine Gewächse mußten den Eismassen ausweichen. Auf diese Weise erlangte z. B. die *Silberwurz* (Dryas octopetala) in Mitteleuropa starke Verbreitung. In ihrer Gesellschaft wuchsen das *Scheuchzersche Wollgras* (Eriophorum scheuchzeri) und der *Knollenknöterich* (Polygonum viviparum), auch *Zwergbirke* (Betula nana), *Krähenbeere* (Empetrum nigrum) und *Fieberklee* (Menyanthes trifoliata): *Dryasflora.* So haben sich damals »Hochgebirgspflanzen und Polarpflanzen in den asiatisch-europäischen Niederungen die Hände gereicht und sich dann nach der Wiedererwärmung Hand in Hand nach dem hohen Norden wie in die Gebirge zurückgezogen« (Gradmann). Silberwurz, Knollenknöterich und das genannte Wollgras kommen daher heute sowohl im arktischen Gebiet wie in den

Fieberklee

Wollgras

Silberwurz

Alpen vor. Andere Arten aber haben auf »verlorenem Posten« ausgehalten und sind als Überbleibsel der Eiszeit, *»Eiszeitrelikte«*, noch zerstreut, oft nur vereinzelt, in Gebirgen und Mooren zu finden, z. B. Krähenbeere und Zwergbirke. Die Silberwurz kam vor kurzem noch am Hohen Meißner in Hessen vor, ist aber jetzt dort ausgerottet, obwohl die genannten Eiszeitrelikte unter Naturschutz stehen.

In der Nacheiszeit (Diluvium) und im Alluvium hat sich mit steigender Erwärmung der Wald Schritt um Schritt wieder im mitteleuropäischen Raum ausgebreitet. Darüber, welche Holzart in den verschiedenen Abschnitten der Nacheiszeit vorherrschend war, gibt vor allem die Pollenanalyse recht genau Aufschluß (s. S. 176).

Aus der graphischen Darstellung sieht man, daß zunächst Kiefer und Birke bestandbildend waren. Da die wärmeempfindliche Krähenbeere und Zwergbirke ebenfalls noch häufig vorkamen, muß das Klima weiterhin sehr kühl gewesen sein. — In der folgenden viel wärmeren, trockenen Zeit nahm der Haselstrauch weite Gebiete ein. Eichen, Ulmen, Linden, Ahorn und Eschen schlossen sich zu Wäldern zusammen. — Diese Eichenmischwälder erreichten später in niederschlagsreicher Zeit die größte

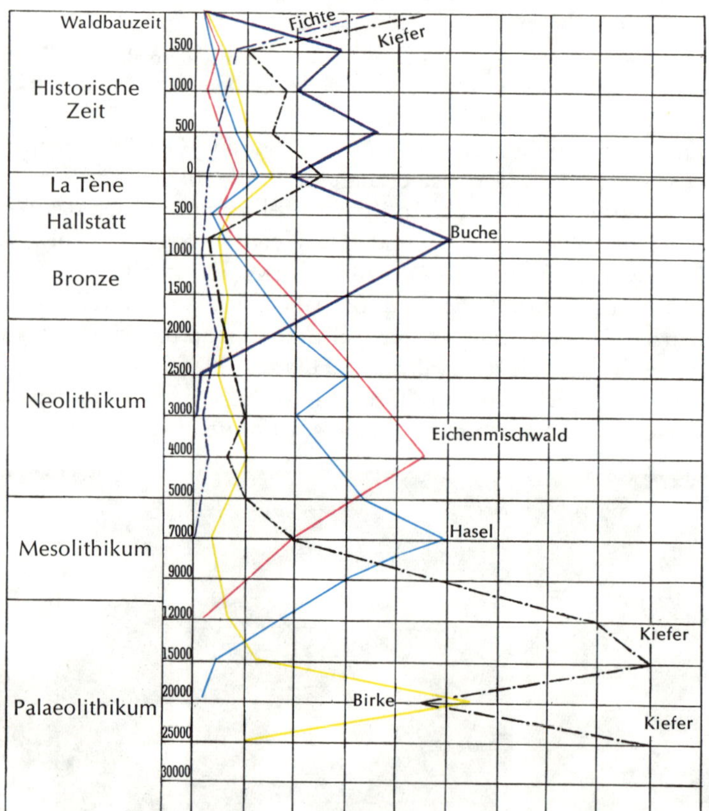

Durchschnittsdiagramm für die Baumbesiedlung seit der Eiszeit am Federsee (mittleres Oberschwaben) auf Grund der Pollenanalyse

Ordinate: Absolute Zeit (in Jahren); außerdem sind die zugehörigen Kulturzeiten angegeben
Abszisse: Pollengehalt der betreffenden Schichten in Prozenten

Gesunde Kulturlandschaft

Zerstörte Landschaft

Ausdehnung, besonders in den Mittelgebirgen. In den Niederungen zogen sich große Erlenbrüche hin. Die Kiefernwälder beschränkten sich schon damals auf sandige Gegenden. Die Verbreitung des Haselstrauches ging rasch zurück. — In den nächsten zwei Jahrtausenden verdrängten Fichte und Tanne im Gebirge den Mischwald immer mehr. In den tieferen Lagen breitete sich die Buche aus. — Zwischen 800 und 500 v. Chr. setzte starke Klimaverschlechterung ein (Abkühlung), die der Buche zur Vorherrschaft verhalf. In der Buchenzeit verschob sich die Baumgrenze von Norden nach Süden und sank im Gebirge ungefähr auf die heutige Höhe von 1700 bis 1800 m.

Durch die Hand des Menschen ist seitdem das ursprüngliche Landschaftsbild stark verändert worden. Weite Waldgebiete wurden in Wiesen und Ackerland umgewandelt, Moore und Brüche trocken gelegt und nutzbar gemacht. Schlimm wirkt sich jeder Raubbau am Wald auf Klima und Bewässerung einer Gegend aus (s. S. 156). Unsere Natur- und Kulturlandschaften werden heute durch das Wachstum der Städte, vor allem aber durch große Industrieanlagen äußerst gefährdet. Luftverschmutzung und Abwässer bedrohen ebenso die menschliche Gesundheit wie das ungestörte Wachstum der Pflanzen und das Leben vieler Tiere. Deshalb sollte sich jeder für die Erhaltung der Landschaft und für die Schaffung von Naturschutzgebieten einsetzen.

Register

Fettdruck bedeutet Abbildung